经济数学基础

概率论与数理统计

张学清 曲子芳 孔凡秋 马建静 张硕 姜波 代金辉 编著

清华大学出版社

北 京

内 容 简 介

本书定位于应用型本科人才培养的概率论与数理统计教材,内容共分为 8 章.前 5 章为概率论部分,内容包括随机事件及其概率、随机变量及其概率分布、多维随机变量及其概率分布、随机变量的数字特征、大数定律与中心极限定理等.后 3 章为数理统计部分,内容包括统计量及其分布、参数估计、假设检验等.本书每节配有分层次的习题;每章配有趣味拓展材料、测试题;扫描各章测试题后的二维码可获得近 10 年的考研真题和参考答案.

本书适合高等学校理工农医类(非数学专业)、经管类专业本科生以及专科生使用,也适合作为考研复习的参考书.

图书在版编目(CIP)数据

概率论与数理统计 / 张学清等编著. -- 北京:清华大学出版社,2024. 8(2025.1 重印). --(经济数学基础).

ISBN 978-7-302-66497-0

Ⅰ. O21

中国国家版本馆 CIP 数据核字第 2024LP0466 号

责任编辑:刘 颖
封面设计:傅瑞学
责任校对:王淑云
责任印制:刘 菲

出版发行:清华大学出版社

网 址:https://www.tup.com.cn,https://www.wqxuetang.com
地 址:北京清华大学学研大厦 A 座　邮 编:100084
社 总 机:010-83470000　邮 购:010-62786544
投稿与读者服务:010-62776969,c-service@tup.tsinghua.edu.cn
质量反馈:010-62772015,zhiliang@tup.tsinghua.edu.cn

印 装 者:三河市东方印刷有限公司
经 销:全国新华书店
开 本:185mm×260mm　印 张:15.25　字 数:369 千字
版 次:2024 年 8 月第 1 版　印 次:2025 年 1 月第 2 次印刷
定 价:46.00 元

产品编号:106174-01

随着大数据、人工智能时代的到来,作为高等院校理工农医和经管类专业本科学生必修的公共基础课的概率论与数理统计课程,需要顺应时代发展,在教学改革中,需全面推进课程思政建设,落实立德树人根本任务.教学改革,教材先行.本书定位于应用型本科人才培养的概率论与数理统计教材,内容共分为 8 章.前 5 章为概率论部分,内容包括随机事件及其概率、随机变量及其概率分布、多维随机变量及其概率分布、随机变量的数字特征、大数定律与中心极限定理等.后 3 章为数理统计部分,内容包括统计量及其分布、参数估计、假设检验等.在编写本书时特别注重以下几个方面:

1. 在经典概率论与数理统计教材的框架下融入学科发展史,同时力求所阐述的知识点通俗易懂,力求更好地引导读者进行自主探究式学习.

2. 精选例题.既有经典例题,又有融合不同学科专业建模思想的新颖例题,增加教材的趣味性和可读性.

3. 每节内容后面分层次设计习题,各节后面的(A)模块习题是基础题,主要是帮助读者快速消化和理解本节学习的内容;(B)模块习题是提高题,加强读者对知识点的进一步理解和运用.每章后面附有完整的测试题,帮助读者检测对本章知识的掌握情况.每章后面增设趣味拓展材料,引导读者了解学科发展历史,感受国内外伟大科学家的成就和魅力,在学习理论知识的同时体验人生的哲理.每章测试题后面附以二维码,扫码即可获得近 10 年的考研真题及其参考答案.以满足有报考研究生愿望的读者的需求,较早地了解考研试卷中对所学知识的考核标准.

张学清提出本书的整体架构,并负责编写第 1、3 章;孔凡秋负责编写第 2 章;马建静负责编写第 4 章;张硕负责编写第 5 章;曲子芳负责编写第 6 章;代金辉负责编写第 7 章;姜波负责编写第 8 章.全书由张学清负责统稿.

作 者

2024 年 3 月

目录

CONTENTS

第1章

随机事件及其概率

在自然界和人类社会活动中经常出现各种现象,归纳起来大致可分为两类.其中一类现象,在一定条件下必然发生,只要条件不变,结果是可以准确预知的,比如,"水在标准大气压下温度达到100℃时必然沸腾""同性电荷相斥,异性电荷相吸"等,称这类现象为确定性现象或必然现象(certainty phenomenon).另一类现象指在相同条件下,试验或观测的结果可能发生,也可能不发生,因此在试验或观测前不能预知确切的结果,比如,"向上投掷一枚硬币,结果可能是正面向上,也可能是反面向上""一名步枪击运动员的各次射击结果,可能命中靶心,也可能不命中靶心,而且各次弹着点也不尽相同""一个人的体检结果是健康还是不健康",等等.称这类现象为不确定现象(uncertainty phenomenon).在不确定现象中,有一类现象,个别试验或观测中结果呈现出随机性,而在大量重复试验或观测中其结果具有某种规律性,如多次投掷一枚硬币得到正面向上和反面向上的结果大概各占一半,同一名射击运动员在一段时间内射击的弹着点有一定的规律,等等.这种在大量重复试验或观测中呈现出的固有规律性称为统计规律性(statistic regularity),这类现象称为随机现象(random phenomenon).

概率论与数理统计(probability theory and mathematical statistics)就是研究和揭示随机现象统计规律性的一门数学学科,它包括概率论(probability theory)和数理统计(mathematical statistics)两方面的内容.其中,概率论研究随机现象的规律性,而数理统计则以概率论为基础,研究如何有效地收集、整理和分析受随机性影响的数据,并据此对所研究的问题做出统计推断和预测,从而为采取决策和行动提供依据和建议.

概率论与数理统计在自然科学、社会科学、工程技术、军事科学及工农业生产等诸多领域中都发挥着巨大的作用.诸如在航空航天、天气预报、地震预报、海洋探险、电子技术、医学生物学、环境科学、经济决策、金融保险、市场营销、产品质量检测等领域都有广泛的应用.概率论与数理统计的理论和方法渗入各个基础学科、工程技术学科和社会学科,已成为近代科学发展的明显特征之一.

本章主要介绍随机事件的概念、关系与运算,概率的几种不同形式的定义及其计算,条件概率,以及事件的独立性.

1.1 随机事件

1.1.1 随机试验与样本空间

为了研究随机现象的内在规律性,必然要对客观事物进行观察、测定和实验.通常,把对随机现象的观察或进行一次实验,称为一个试验.

定义 1.1 若一个试验具有以下 3 个特点:

(1) 可重复性:可以在相同的条件下重复进行;

(2) 明确性:每次试验的结果可能不止一个,且试验前能明确所有可能的结果;

(3) 随机性:进行一次试验之前不能确定会出现所有可能结果中的哪个结果.

则称该试验为**随机试验**(**random experiment**),记为 E.

例 1.1 以下是一些随机试验的例子.

(1) E_1:将一枚硬币连续抛两次,观察出现正面 H 和反面 T 的情况;

(2) E_2:将一枚硬币连续抛两次,观察正面 H 出现的次数;

(3) E_3:抛一枚均匀的骰子,观察落地时出现点的个数;

(4) E_4:观察小李某条朋友圈信息 24h 之内收到好友的点赞数(假定小李有好友 500 人);

(5) E_5:记录某城市高铁站出站口某一天的乘客人数;

(6) E_6:在某小学一年级同学中任选一人,测量其身高 h、体重 w(假定这些同学的身高介于 100cm 和 140cm 之间,体重介于 15kg 和 40kg 之间);

(7) E_7:从同一批次的手机中任取一台,测试其使用寿命.

定义 1.2 随机试验 E 的所有可能的结果组成的集合称为 E 的**样本空间**(**sample space**),记为 Ω.样本空间中的元素,即 E 的每一个可能的试验结果称为**样本点**(**sample point**),记为 ω.

例 1.2 写出例 1.1 中的随机试验对应的样本空间.

解 (1) $\Omega_1 = \{HH, HT, TH, TT\}$;

(2) $\Omega_2 = \{0, 1, 2\}$;

(3) $\Omega_3 = \{1, 2, 3, 4, 5, 6\}$;

(4) $\Omega_4 = \{0, 1, 2, \cdots, 500\}$;

(5) $\Omega_5 = \{0, 1, 2, \cdots\}$;

(6) $\Omega_6 = \{(h, w) \mid 100 \leqslant h \leqslant 140, 15 \leqslant w \leqslant 40\}$;

(7) $\Omega_7 = \{t \mid t \geqslant 0\}$.

由上述例子可知,样本空间的样本点数有的有限(如 $\Omega_1, \Omega_2, \Omega_3, \Omega_4$),有的无限可数(如 Ω_5),有的无限不可数(如 Ω_6, Ω_7).样本空间的样本点是由试验目的确定的,在试验 E_1 和 E_2 中,都是将硬币连续抛两次,由于实验目的不同,其样本空间也不同.

1.1.2 随机事件

> **定义 1.3** 随机试验的样本点构成的集合称为**随机事件**(random event),简称事件(event),通常用大写英文字母 $A,B,C,\cdots$ 表示.
>
> 事件是样本空间的子集.由单个样本点组成的事件称为基本事件,由多个样本点组成的事件称为**复合事件**.

在随机试验中,若组成随机事件 A 的某个样本点出现,则称事件 A 发生;反之,则称 A 不发生.显然,随机事件在一次试验中可能发生,也可能不发生.

比如,在掷骰子的试验中,用 A 表示事件"出现点数为奇数",则 $A=\{1,3,5\}$;用 B 表示事件"出现点数最小",则 $B=\{1\}$.显然 A 是复合事件,B 是基本事件.若试验结果是"出现 3 点",则事件 A 发生,事件 B 不发生.

> **定义 1.4** 每次试验都必然发生的事件,称为**必然事件**(certain event),记为 Ω.
>
> 样本空间中包含所有的样本点,每次试验中都必然发生,故它是必然事件.
>
> **定义 1.5** 每次试验中不可能发生的事件,称为**不可能事件**(impossible event),记为 $\varnothing$.
>
> 即它不包含任何样本点.

必然事件与不可能事件实为确定性事件,无随机性,但是为了讨论方便,将它们看作特殊的随机事件.

1.1.3 随机事件的关系与运算

在同一个随机试验中,一般会有多个随机事件,对于复杂的事件,可以表示为复合事件或基本事件的集合.为了更加深入地认识事件的本质,我们有必要分析事件之间的关系.而事件是集合,因此事件之间的关系与运算可以用集合之间的关系与运算来处理.

给定一个随机试验,其样本空间是 Ω,事件 A,B,C 与 $A_1,A_2,\cdots$ 都是 Ω 的子集.

1. 事件的关系

(1)事件的包含

若事件 A 发生必然导致事件 B 发生,则称事件 B 包含事件 A,或称事件 A 是事件 B 的**子事件**(subevent).记作 $B \supset A$ 或 $A \subset B$.

(2)事件的相等

若事件 A 与事件 B 满足 $A \subset B$ 与 $B \supset A$ 同时成立,则称事件 A 与事件 B 相等,记为 $A=B$.

(3)事件的和(或并)

事件 A 与事件 B 至少有一个发生,这一事件称为事件 A 与事件 B 的**和(或并)事件**(union of events),记为 $A \cup B$.

两个事件的和事件的概念可以推广到有限个事件的和事件或可列个事件的和事件的情形.

n 个事件 $A_1,A_2,\cdots,A_n$ 的和事件记为 $A_1 \cup A_2 \cup \cdots \cup A_n$,简记为 $\bigcup\limits_{i=1}^{n} A_i$,表示 A_1,

$A_2, \cdots, A_n$ 至少有一个发生.

可列个事件 $A_1, A_2, \cdots$ 的和事件记为 $A_1 \cup A_2 \cup \cdots \cup A_n \cdots$，简记为 $\bigcup\limits_{i=1}^{\infty} A_i$，表示 A_1，$A_2, \cdots$ 至少有一个发生.

（4）事件的积（或交）

事件 A 与事件 B 同时发生这一事件,称为事件 A 与 B 的**积（或交）事件**（**product events**）,记为 $A \cap B$,简记为 AB.

两事件的积事件的概念可以推广到有限个事件的积事件或可列个事件的积事件的情形.

n 个事件 $A_1, A_2, \cdots, A_n$ 的积事件记为 $A_1 \cap A_2 \cap \cdots \cap A_n$,简记为 $\bigcap\limits_{i=1}^{n} A_i$,表示 A_1，$A_2, \cdots, A_n$ 同时发生.

可列个事件 $A_1, A_2, \cdots$ 的积事件记为 $A_1 \cap A_2 \cap \cdots \cap A_n \cdots$,简记为 $\bigcap\limits_{i=1}^{\infty} A_i$,表示 A_1，$A_2, \cdots$ 同时发生.

（5）事件的互不相容（或互斥）

若事件 A 与事件 B 不能同时发生,即 $A \cap B = \varnothing$,则称事件 A 与 B **互不相容**（**mutually exclusive**）或**互斥**（**disjoint**）.

若有限个事件 $A_1, A_2, \cdots, A_n$ 两两互不相容,即 $A_i A_j = \varnothing (i \neq j; i, j = 1, 2, \cdots, n)$,则称 $A_1, A_2, \cdots, A_n$ 为互不相容事件组.

若可列个事件 $A_1, A_2, \cdots$ 两两互不相容,即 $A_i A_j = \varnothing (i \neq j; i, j = 1, 2, \cdots)$,则称 A_1，$A_2, \cdots$ 为互不相容事件组.

（6）事件的差

事件 A 发生但事件 B 不发生,这一事件称为事件 A 与 B 的**差事件**（**minus events**）,记为 $A - B$.

（7）对立事件（逆事件）

设 A 是样本空间 Ω 的事件,则 $\Omega - A$ 称为 A 的**对立事件**（**complementary events**）或**逆事件**（**inverse event**）,即 A 不发生,记为 $\bar{A}$.

显然,有

$$A \cap \bar{A} = \varnothing, \quad A \cup \bar{A} = \Omega, \quad \bar{\bar{A}} = A.$$

事件 A 不发生意味着事件 $\bar{A}$ 发生,即在一次试验中 A 和 $\bar{A}$ 有且仅有一个发生. 差事件 $A - B$ 可表示为 $A\bar{B}$. 必然事件与不可能事件互为对立事件,即 $\Omega = \bar{\varnothing}$.

（8）完备事件组

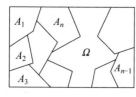

若事件组 $A_1, A_2, \cdots, A_n$ 两两互不相容,且 $\bigcup\limits_{i=1}^{n} A_i = \Omega$,则称 $A_1, A_2, \cdots, A_n$ 为**完备事件组**（**complete event group**）,或称 A_1，$A_2, \cdots, A_n$ 为 Ω 的一个**划分**（**partition**）,如图 1-1 所示.

图 1-1　完备事件组

事件间的关系可用如图 1-2 所示的韦恩图表示.

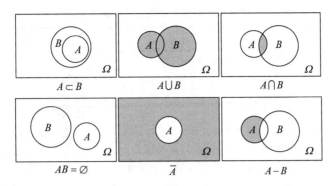

图 1-2　事件间的关系图

例 1.3 某人在庙会上连续玩套圈游戏 3 次, A_i ＝{第 i 次套中}(i＝1,2,3). 用上述事件分别表示下列各事件:

(1) 第一次未套中;

(2) 第一次套中而第二次未套中;

(3) 三次都套中;

(4) 三次至少一次套中;

(5) 三次只有一次套中;

(6) 三次最多两次套中;

(7) 三次都未套中.

解　(1) $\overline{A_1}$;　　(2) $A_1 \cap \overline{A_2}$;　　(3) $A_1 \cap A_2 \cap A_3$;　　(4) $A_1 \cup A_2 \cup A_3$;

(5) $A_1 \overline{A_2}\, \overline{A_3} \cup \overline{A_1} A_2 \overline{A_3} \cup \overline{A_1}\, \overline{A_2} A_3$;　　(6) $\overline{A_1} \cup \overline{A_2} \cup \overline{A_3}$;　　(7) $\overline{A_1} \cap \overline{A_2} \cap \overline{A_3}$.

2. 事件的运算规律

可以验证事件的运算满足如下运算律.

(1) **交换律**(commutative law)　$A \cup B = B \cup A$;　　　$A \cap B = B \cap A$.

(2) **结合律**(associative law)　$A \cup B \cup C = A \cup (B \cup C)$;　　　$A \cap B \cap C = A \cap (B \cap C)$.

(3) **分配律**(distributive law)

$$(A \cup B) \cap C = (A \cap C) \cup (B \cap C); \qquad A \cup (B \cap C) = (A \cup B) \cap (A \cup C).$$

(4) **对偶律**(dual law)或**德摩根律**(De Morgan law)

$$\overline{A \cup B} = \overline{A} \cap \overline{B}, \qquad \overline{A \cap B} = \overline{A} \cup \overline{B}.$$

以上运算规律可以推广至有限个或可列个事件的情形. 以对偶律为例, 对有限个或可列个事件, 和事件的逆等于逆事件的积, 积事件的逆等于逆事件的和, 即

$$\overline{\bigcup_{i=1}^{n} A_i} = \bigcap_{i=1}^{n} \overline{A_i}; \quad \overline{\bigcap_{i=1}^{n} A_i} = \bigcup_{i=1}^{n} \overline{A_i}; \quad \overline{\bigcup_{i=1}^{\infty} A_i} = \bigcap_{i=1}^{\infty} \overline{A_i}; \quad \overline{\bigcap_{i=1}^{\infty} A_i} = \bigcup_{i=1}^{\infty} \overline{A_i}.$$

例 1.4 化简 $(A \cup B)(A \cup \overline{B})$.

解　$(A \cup B)(A \cup \overline{B}) = AA \cup A\overline{B} \cup BA \cup B\overline{B} = A \cup A(B \cup B) \cup \varnothing = A.$

3. 概率论中的术语与集合论中的术语对照表

概率论中的术语与集合论中的术语对照见表 1.1.

表 1.1 概率论中的术语与集合论中的术语对照表

符　　号	概　率　论	集　合　论
Ω	样本空间,必然事件	全集
$\varnothing$	不可能事件	空集
ω	样本点	Ω 中的点(或称元素)
A	事件 A	Ω 的子集 A
$A \subset B$	事件 B 包含事件 A	A 是 B 的子集
$A = B$	事件 A 与事件 B 相等(或等价)	集合 A 与集合 B 相等(或等价)
$A \cup B$	事件 A 与事件 B 至少有一个发生	集合 A 与集合 B 的并集
$A \cap B$	事件 A 与事件 B 同时发生	集合 A 与集合 B 的交集
$\overline{A}$	事件 A 的对立事件	集合 A 的余集(或补集)
$A - B$	事件 A 发生但事件 B 不发生	集合 A 与集合 B 的差集
$A \cap B = \varnothing$	事件 A 与事件 B 互不相容	集合 A 与集合 B 无公共元素

习题 1.1

（A）

1. 写出下列随机试验的样本空间,对于每个样本空间,指出它是有限的、无限可数的还是无限不可数的.

(1) 某个家庭的孩子的性别(男孩用 B 表示,女孩用 G 表示);

(2) 同时抛掷两颗骰子点数之和;

(3) 某人一天内收到的微信数量;

(4) 我们班概率论与数理统计考试的平均成绩(成绩按百分制);

(5) 在圆心为原点、半径为 2 的圆内任取一点,记录它的坐标;

(6) 某品牌的新能源汽车生产线上,生产的每一部电池都需要进行测试,以检查它是否合格.若连续检查两部电池都不合格,则停止生产并进行检修,否则生产继续进行.试写出停止生产进行检修时,测试过的电池数量.

2. 用事件 A, B, C 的运算关系表达下列各事件:

(1) A 发生;　　　　　(2) 仅 A 发生;　　　　　(3) A, B, C 都发生;

(4) A, B, C 都不发生;　　(5) A, B, C 不都发生;　　(6) A, B, C 至少发生两个.

3. 一枚硬币连掷两次,记录正、反面出现的情况,写出样本空间.用 A, B, C 分别表示事件"第一次出现正面","两次出现同一面","至少有一次出现正面",写出事件 A, B, C 中的样本点.

4. 设 $A = \{$甲来听报告$\}$,$B = \{$乙来听报告$\}$,试写出下列事件的含义:

(1) $A \cup B$;　　(2) $A \cap B$;　　(3) $\overline{A \cup B}$;　　(4) $\overline{A} \cup B$.

5. 把 $A \cup B$ 分别表示为两个互不相容的事件的和.

6. 证明等式: $\overline{(AB)} \cup (\overline{A}B) = (A - B) \cup (B - A)$.

7. 给出两个事件互不相容和两个事件对立的区别,并举例说明.

（B）

1. 在某专业学生中任选一名学生,令事件 A 表示选出的是男生,事件 B 表示选出的是二年级的学生,事件 C 表示该生参加数学建模比赛.

(1) 叙述事件 $AB\bar{C}$ 的含义;　　　　(2) 在什么时候 $ABC=C$ 成立?

(3) 在什么时候 $\overline{A}BC=C$ 成立?

2. 设 A,B,C 满足 $ABC=\varnothing$,把下列各事件表示为一些互不相容事件的和:

(1) $A\bigcup B\bigcup C$;　　(2) $AB\bigcup C$;　　(3) $B\bigcup AC$;　　(4) $B-AC$.

3. 已知事件 A,B 是对立事件,求证 $\overline{A}$ 与 $\overline{B}$ 也是对立事件.

4. 化简 $\overline{\overline{A_1 A_2}+\overline{A_1 A_3}+\overline{A_2 A_3}}$.

1.2 随机事件的概率

一个随机事件在一次试验中可能发生也可能不发生,但通过大量重复的试验或长期的观察及对问题性质的分析发现,随机事件在一次试验中发生的可能性大小是不同的.如在掷骰子试验中,事件 $A=\{$掷出的点数为奇数$\}$ 与事件 $B=\{$掷出点数 1$\}$ 发生的可能性大小不同,前者要大一些,这是一种内在的客观规律性.因而我们在研究随机现象时,还希望知道随机事件发生的可能性的大小,随机事件的概率就是从数量上描述随机事件出现的可能性大小的一个数量指标,它是概率论中最基本的概念之一.任意随机事件 A 的概率用 $P(A)$ 表示.本节从最基本的古典概型和几何概型着手,研究如何计算随机事件的概率;然后给出适应于一般情形的概率的统计定义;最后给出概率的公理化定义.

1.2.1 古典概型

古典概型是概率论发展初期的研究对象,其具体定义是由法国著名数学家拉普拉斯 (Pierre-Simon marquis de Laplace,1749—1827)在其 1812 年出版的名著《概率的分析理论》中给出的.

> **定义 1.6** 若随机试验 E 满足如下两个条件:
>
> (1) 有限性:E 的样本点总数为有限个;
>
> (2) 等可能性:每一个基本事件的发生是等可能的.
>
> 则称随机试验 E 为**古典概型**(classical model of probability)(或等可能概型).

在古典概型中,设随机试验 E 的样本空间为 $\Omega=\{\omega_1,\omega_2,\cdots,\omega_n\}$,事件 A 包含 k 个样本点,则有

$$P(A)=\frac{A\text{ 包含的样本点数}}{\Omega\text{ 包含的样本点数}}=\frac{k}{n}.$$

一般来说,要计算古典概型中事件 A 的概率,需计算样本空间 Ω 所包含的样本点的总数 n 以及事件 A 所包含的样本点个数 k.对较简单的情况可以把样本空间中的样本点一一列出,当 n 较大时,不可能一一列出,这时常常要用到加法原理、乘法原理和排列、组合的相

关知识.

易见,古典概型的概率具有以下性质:

(1) 非负性:对任意事件 A,$0 \leqslant P(A) \leqslant 1$;

(2) 规范性:$P(\Omega) = 1$;

(3) 有限可加性:若 $A_1, A_2, \cdots, A_m$ 两两互不相容,则 $P\left(\bigcup_{i=1}^{m} A_i\right) = \sum_{i=1}^{m} P(A_i)$.

例 1.5（摸球模型）　有 8 个球,其中 5 个白球 3 个黑球,从中任取 2 个,分别按如下方式抽取:(1)无放回抽取,任取两次,每次一个;(2)无放回抽取,一次任取两个;(3)有放回抽取,每次任取一个. 求在各种抽取方式下,事件 $A = \{$取到两个白球$\}$ 的概率.

解　(1) 第一次从 8 个球中抽取 1 个,不再放回,故第二次是从 7 个球中抽取一个,因此样本点总数为 A_8^2. 因为第一次有 5 个白球供抽取,第二次有 4 个白球供抽取,所以"两个球都是白球"的事件 A 包含的样本点数为 A_5^2,故

$$P(A) = \frac{A_5^2}{A_8^2} = \frac{5}{14}.$$

(2) 因为不考虑次序,将从 8 个球中抽取 2 个的可能组合数作为基本事件数,总数为 C_8^2. 导致事件 A 发生的样本点数为从 5 个白球中任取 2 个的组合数,有 C_5^2 个,故

$$P(A) = \frac{C_5^2}{C_8^2} = \frac{5}{14}.$$

(3) 由于每次都是从 8 个球中抽取,故基本事件总数为 8^2. 因为两次都是从 5 个白球中抽取,故构成 A 的样本点数为 5^2,因此

$$P(A) = \frac{5^2}{8^2} = \frac{25}{64}.$$

比较(1)、(2)的结果可以看到,"两个同时取出"与"无放回地抽取两次,每次一个",两种抽样方法是等效的.

例 1.5 中我们对摸球模型的各种摸球方式进行了归纳,如果把白球、黑球换成产品中的正品、次品,或换成甲物、乙物,这样的人、那样的人…… 就可以得到形形色色的摸球问题. 如果能灵活地将这些实际问题与前面的模型类型对号入座,我们就能解决有关的实际问题,为我们的生活带来方便和乐趣.例如:灯泡厂检验合格率等这些产品抽样问题;把全班学生分成两组,求每组中男女生人数相等的概率;从一副扑克牌中任取 6 张,求取得 3 张红色的和 3 张黑色的概率;在安排值班的问题中,也可以按照无放回模型进行分析;在买彩票的过程中,可以把双色球、D3、36 选 7 等玩法的中奖概率求出,增加自己的中奖机会.

例 1.6（抽签原理）　袋中有 a 个黑球和 b 个白球,现一个个摸出. 求第 k($1 \leqslant k \leqslant a+b$)次摸出黑球的概率.

解　设事件 $A = \{$第 k 次摸出黑球$\}$($1 \leqslant k \leqslant a+b$).把 a 个黑球和 b 个白球都看作不同的球(设想把它们进行编号),若把摸出的球依次放在排列成一条直线的 $a+b$ 个位置上,则可能的排列相当于把 $a+b$ 个元素进行全排列,将每一种排列作为基本事件,于是样本点总数为 $(a+b)!$.

由于第 k 次摸得黑球有 a 种取法,而另外 $a+b-1$ 次摸球相当于将 $a+b-1$ 个球进行

全排列,所以事件 A 包含的样本点数为 $a(a+b-1)!$,因此所求概率为

$$P(A) = \frac{a(a+b-1)!}{(a+b)!} = \frac{a}{a+b}.$$

在上述抽签问题中,第 $k(1 \leqslant k \leqslant a+b)$ 次摸出黑球的概率与摸球次序无关,而与黑球的个数成正比,与球的总个数成反比.试想一下,若在上述摸球试验中,摸到第 $m(1 \leqslant m \leqslant a+b)$ 个球时,试验突然停止,则第 $k(1 \leqslant k \leqslant m)$ 次摸出黑球的概率是多少?

例 1.7（放球模型） 将 3 个不同的球随机地放入 4 个不同的盒子中,求盒子中球的最大个数分别是 1,2,3 的概率.

解 设 $A_i = \{$盒子中球的最大个数是 i 个$\}$,$i = 1,2,3$.因为每个球都有 4 种放法,故将 3 个不同的球随机放入 4 个不同的盒子中,共有 4^3 种放法.

盒子中球的最大个数是 1,说明 4 个盒子中有 3 个盒子各放 1 个球,共有 A_4^3 种放法,故

$$P(A_1) = \frac{A_4^3}{4^3} = \frac{3}{8}.$$

盒子中球的最大个数是 2,说明 4 个盒子中有 1 个盒子放 1 个球,有 1 个盒子放 2 个球,共有 $C_4^1 C_3^2 C_3^1$ 种放法,故

$$P(A_2) = \frac{C_4^1 C_3^2 C_3^1}{4^3} = \frac{9}{16};$$

盒子中球的最大个数是 3,说明 4 个盒子中有 1 个盒子放 3 个球,共有 $C_4^1 C_3^3$ 种放法,故

$$P(A_3) = \frac{C_4^1 C_3^3}{4^3} = \frac{1}{16}.$$

放球模型概括了很多的古典概型问题.①如果把盒子看作 365 天,可研究 n 个人的生日问题;②如果把盒子看作每周的 7 天,可研究值班的安排问题;③如果把球看作人,盒子看作房子,可研究住房分配问题;④如果把粒子看作球,盒子看作空间的小区域,可研究统计物理的麦克斯韦-玻尔兹曼统计模型;⑤如果把信看作球,盒子看作邮筒,可研究投信问题;⑥如果把骰子(硬币)看作球,骰子(硬币)上的六点(正面和反面)看作 6(2) 个盒子,可研究骰子(硬币)问题;⑦如果将旅客视为球,各个车站看作盒子,可研究旅客下车问题.不难看出放球模型可以用来描述很多直观背景完全不同但实质都完全一样的随机试验,应透过表面抓住本质,把相关问题与相应的模型联系起来,加以转化,这样问题就不难解决了.

例 1.8（随机取数模型） 从 1,2,3,4,5 中任取 3 个数排成一列.求所取三位数为偶数的概率.

解 从 5 个数中任取 3 个,不管怎样排都是三位数.因为 123 不同于 231,故样本点是从 5 个元素中任取 3 个的无重复排列,样本点总数为 A_5^3.

设 $A = \{$所取三位数为偶数$\}$,要求个位数在 2,4 里取,其余两位数在剩下的 4 个数里取,共 $C_2^1 A_4^2$ 种取法.故

$$P(A) = \frac{C_2^1 A_4^2}{A_5^3} = \frac{24}{60} = \frac{2}{5}.$$

例 1.9（配对模型） 从 5 双不同手套中任取 4 只.求 4 只都不配对的概率.

解 设 $A = \{$所取 4 只手套都不配对$\}$.从 5 双不同手套中任取 4 只,共 C_{10}^4 种取法.要

使得取到的 4 只手套都不配对,可以先从 5 双不同的手套中任取 4 双,共 C_5^4 种取法;再从所取的每双手套中任取 1 只,则共 $C_5^4(C_2^1)^4$ 种取法.故所求概率为

$$P(A)=\frac{C_5^4(C_2^1)^4}{C_{10}^4}=\frac{8}{21}.$$

1.2.2　几何概型

古典概型的概率计算,只适用于有限等可能性的样本空间.将古典概型加以推广,考虑无限等可能性的样本空间,就是几何概型.法国数学家比丰(C. D. Buffon,1707—1788)是几何概型的开创者,他于 1777 年给出了第一个几何概型的例子,即著名的比丰投针问题.

比丰投针问题可表述为:在平面上画一组等距离的平行线,其间距都等于 a,把一根长度 $l<a$ 的针随机投上去,求这根针和任意一条直线相交的概率.比丰本人证明了此概率是 $\frac{2l}{\pi a}$,其中 π 为圆周率(见习题 1.2 的 B 组题目第 9 题).特别地,当 $l=\frac{1}{2}a$ 时,概率为 $\frac{1}{\pi}$,从而可以通过很多次随机投针试验算出 π 的近似值,投针次数越多,求出的 π 的近似值越精确.

> **定义 1.7**　满足以下两个特点的随机试验 E 称为**几何概型**(geometric model of probability):
>
> (1) 样本空间 Ω 是一个可度量的有界几何区域(这个区域可以是一维、二维、三维,甚至 n 维),并把 Ω 的几何度量记作 $L(\Omega)$;
>
> (2) 向区域 Ω 内等可能地随机投掷质点 M,其落在区域内任一个点处都是"等可能的",或者质点 M 落在 Ω 的任意可度量的子区域 A 的可能性大小只与 A 的几何度量 $L(A)$ 成正比,与 A 的位置和形状无关.
>
> 令 $A=\{$质点 M 落在区域 A 内$\}$,则 A 的概率
>
> $$P(A)=\frac{A\ \text{的几何度量}}{\Omega\ \text{的几何度量}}=\frac{L(A)}{L(\Omega)},$$
>
> 称为**几何概率**(geometric probability).

几何概型的概率也有类似于古典概型的概率所具有的性质:

(1) 非负性:对任意事件 A,$0\leqslant P(A)\leqslant 1$;

(2) 规范性:$P(\Omega)=1$;

(3) 有限可加性:若 $A_1,A_2,\cdots,A_m$ 两两互不相容,则 $P\left(\bigcup_{i=1}^m A_i\right)=\sum_{i=1}^m P(A_i)$.

例 1.10　10 路公交车每 10min 一班到达学校公交站点,求乘客到达该站点后,等待时间不超过 5min 的概率.

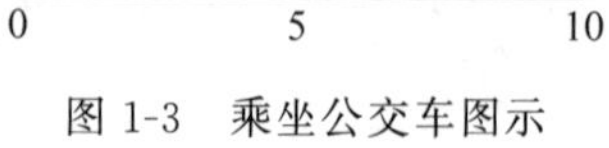

图 1-3　乘坐公交车图示

解　相邻两辆公交车到达该站点的时刻的时间间隔是 10min,故乘客到达该站点的等待时间不超过 10min,如图 1-3 所示,样本空间可表示为 $\Omega=\{0\leqslant t\leqslant 10\}$(单位:min);乘客到达站点的时刻 $t(0\leqslant t\leqslant 10)$ 可视为向时间段 $[0,10]$ 投掷一随机点.事件 $A=\{5\leqslant t\leqslant 10\}$ 表示"等待时间不超过 5min",因此事件 A 的概率决定于线段 $[5,10]$ 与 $[0,10]$ 的长度比,即

$$P(A)=\frac{5}{10}=\frac{1}{2}.$$

例 1.11 甲、乙两人相约 12:00～13:00 之间在某地点会面,先到者等待时间不超过 20min,过时不候.设两人到达的时间是随机且等可能的,求两人会面成功的概率.

解 将 12:00 和 13:00 转换为 0 和 60(单位：min).设 X,Y 分别表示甲乙两人到达的时刻,则 $0<X<60,0<Y<60$,于是可用如图 1-4 所示正方形区域 Ω 来表示.设 $A=\{$两人会面成功$\}$,则 A 表示为图 1-4 中阴影区域,即

$$A=\{(X,Y)\mid\mid X-Y\mid\leqslant 20,(X,Y)\in\Omega\},$$

则 $L(\Omega)=60^2=3600,L(A)=60^2-40^2=2000$,故

$$P(A)=\frac{L(A)}{L(\Omega)}=\frac{2000}{3600}=\frac{5}{9}.$$

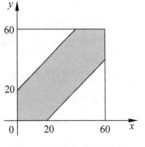

图 1-4　双人会面图示

1.2.3 概率的统计定义

1. 频率的稳定性

古典概型和几何概型中,概率的定义都是以等可能为基础的,然而一般的随机试验的结果却不一定具有等可能性.因而我们需要考虑在一般情形下,如何定义事件的概率.为此,先引入频率的概念.

> **定义 1.8** 设 E 为一个随机试验,A 是 E 的一个事件.在相同条件下,将 E 进行 n 次,在这 n 次试验中,事件 A 发生的次数 n_A,称为事件 A 发生的频数,$\dfrac{n_A}{n}$ 称为事件 A 发生的频率(**frequency**),记为 $f_n(A)$.

易见,频率有如下性质：

(1) 非负性：$f_n(A)\geqslant 0$;

(2) 规范性：$f_n(\Omega)=1$;

(3) 有限可加性：若 $A_1,A_2,\cdots,A_m$ 两两互不相容,则 $f_n\left(\bigcup_{i=1}^{m}A_i\right)=\sum_{i=1}^{m}f_n(A_i)$.

事件 A 的频率表示 A 发生的频繁程度.一般地,如果 A 在一次试验中发生的可能性越大,则在多次重复试验中 A 出现的就会越频繁,即 A 的频率越大.因此,频率与概率有紧密的关系.

历史上有一些著名的试验,德·摩根、比丰和皮尔逊都曾进行过大量掷硬币试验,所得结果如表 1.2 所示.

表 1.2　投币试验表

试　验　者	掷硬币次数	出现正面次数	出现正面的频率
德·摩根	2048	1061	0.5181
比丰	4040	2048	0.5069
皮尔逊	12 000	6019	0.5016
皮尔逊	24 000	12 012	0.5005

可见,出现正面的频率总在 0.5 附近摆动,随着试验次数的增加,它逐渐稳定于 0.5,0.5 反映了正面出现的可能性的大小.每个事件都存在一个这样的常数与之对应,故可将这个常数定义为事件 A 发生的概率.

2. 概率的统计定义

> **定义 1.9** 设事件 A 在 n 次重复试验中发生的频率 $f_n(A)$ 在某一数值 p 的附近摆动.随着试验次数的增加,频率逐渐稳定于常数 p,则称常数 p 为事件 A 发生的概率,记为 $P(A)=p$.

在第 5 章将证明,当 $n\to\infty$ 时,频率 $f_n(A)$ 在一定意义下趋近于概率 $P(A)$,故有理由用概率 $P(A)$ 作为事件 A 在一次试验中发生的可能性大小的度量.

然而在进行理论研究时,不可能对每个事件都进行大量重复的试验,从中得到频率的稳定值.因此还需要给出一般情形下概率的定义.

1.2.4　概率的公理化定义及其性质

1. 概率的公理化定义

概率论的公理化体系是苏联数学家柯尔莫哥洛夫(Andrey Nikolaevich Kolmogorov,1903—1987)建立的,在概率论的公理化结构中,把一个随机事件的概率所应具备的 3 个基本属性作为建立概率的数学理论的出发点.下面给出概率的公理化定义.

> **定义 1.10** 设 E 是一个随机试验,Ω 是其样本空间.对于 E 中的每一个事件 A 赋予一个实数,记作 $P(A)$.如果 $P(A)$ 满足以下条件,则称实数 $P(A)$ 为事件 A 发生的概率:
> (1) 公理 1(非负性)$P(A)\geqslant 0$;
> (2) 公理 2(规范性)$P(\Omega)=1$;
> (3) 公理 3(可列可加性) 若 $A_1,A_2,\cdots,A_n,\cdots$ 两两互不相容,则
> $$P\left(\bigcup_{i=1}^{\infty}A_i\right)=\sum_{i=1}^{\infty}P(A_i).$$

可以验证,古典概型和几何概型中定义的事件的概率均满足上述公理化定义的要求.概率论的全部结论都可由这 3 条公理演绎导出.

2. 概率的性质

由概率的公理化定义,可以推导出概率的一系列重要性质,从而帮助我们更好地理解和计算事件的概率.

性质 1.1 $P(\varnothing)=0$.

证 令 $A_i=\varnothing(i=1,2,\cdots)$,则 $\bigcup_{i=1}^{\infty}A_i=\bigcup_{i=1}^{\infty}\varnothing=\varnothing$,$A_iA_j=\varnothing(i\neq j,i,j=1,2,\cdots)$,由概率的可列可加性得

$$P(\varnothing)=P\left(\bigcup_{i=1}^{\infty}A_i\right)=\sum_{i=1}^{\infty}P(A_i)=\sum_{i=1}^{\infty}P(\varnothing)=0.$$

性质 1.2（有限可加性）　若 $A_1, A_2, \cdots, A_n$ 是两两互不相容的事件,则

$$P\left(\bigcup_{i=1}^{n} A_i\right) = \sum_{i=1}^{n} P(A_i).$$

证　令 $A_{n+1} = A_{n+2} = \cdots = \varnothing$,则有 $A_i A_j = \varnothing\,(i \neq j, i, j = 1, 2, \cdots)$,由概率的可列可加性得

$$P\left(\bigcup_{i=1}^{n} A_i\right) = P\left(\bigcup_{i=1}^{\infty} A_i\right) = \sum_{i=1}^{\infty} P(A_i) = \sum_{i=1}^{n} P(A_i).$$

特别地,若事件 A, B 互不相容,则 $P(A \cup B) = P(A) + P(B)$.

性质 1.3（对立事件的概率）　对任意事件 A,有
$$P(\overline{A}) = 1 - P(A).$$

性质 1.4（减法公式）　设 A, B 是任意两个事件,则
$$P(A - B) = P(A) - P(AB).$$

特别地,若 $B \subset A$,则
$$P(A - B) = P(A) - P(B).$$

从而由概率的非负性有,若 $B \subset A$,则
$$P(B) \leqslant P(A).$$

此性质称为概率的**单调性**.

性质 1.5（加法公式）　对任意两个事件 A, B 有
$$P(A \cup B) = P(A) + P(B) - P(AB).$$

证　因为 $A \cup B = A \cup (B - A)$,且 $A \cap (B - A) = \varnothing$,故由有限可加性和减法公式得
$$P(A \cup B) = P(A) + P(B - A) = P(A) + P(B) - P(AB).$$

对任意三个事件 A, B, C,有
$$P(A \cup B \cup C) = P(A) + P(B) + P(C) - P(AB) - P(AC) - P(BC) + P(ABC).$$

一般地,对任意 n 个事件 $A_1, A_2, \cdots, A_n$,有

$$P\left(\bigcup_{i=1}^{n} A_i\right) = \sum_{i=1}^{n} P(A_i) - \sum_{1 \leqslant i < j \leqslant n} P(A_i A_j) + \sum_{1 \leqslant i < j < k \leqslant n} P(A_i A_j A_k) - \cdots +$$
$$(-1)^{n-1} P(A_1 A_2 \cdots A_n).$$

例 1.12　假设事件 A 发生的概率为 0.6,事件 B 发生的概率为 0.4,A 与 B 都发生的概率为 0.1. 求:(1)A 发生但 B 不发生的概率;(2)A 与 B 至少发生一个的概率;(3)A 与 B 都不发生的概率;(4)A 与 B 至少有一个不发生的概率.

解　由题意,$P(A) = 0.6, P(B) = 0.4, P(AB) = 0.1$,于是

(1) $P(A - B) = P(A) - P(AB) = 0.6 - 0.1 = 0.5$;

(2) $P(A \cup B) = P(A) + P(B) - P(AB) = 0.6 + 0.4 - 0.1 = 0.9$;

(3) $P(\overline{A}\,\overline{B}) = P(\overline{A \cup B}) = 1 - P(A \cup B) = 1 - 0.9 = 0.1$;

(4) $P(\overline{A} \cup \overline{B}) = P(\overline{AB}) = 1 - P(AB) = 1 - 0.1 = 0.9$.

习题 1.2

（A）

1. 在房间里有 10 个人，分别佩戴从 1 号到 10 号的纪念章，任选 3 人记录其纪念章的号码. 求：(1) 最小号码为 5 的概率；(2) 最大号码为 5 的概率.

2. 某团队共有成员 10 名，其中女性成员 3 名，现从该团队中任选 4 名成员参加某个会议，求被选的 4 名成员中至少有 1 名女性成员的概率.

3. 把 n 个不同的质点随机地放入 $N(N \geqslant n)$ 个匣子中，求下列事件的概率：

(1) 某指定的 n 个匣子中各有一个质点；   (2) 任意 n 个匣子中各有一个质点；

(3) 指定的某个匣子恰有 $m(m<n)$ 个质点.

4. 某班有 $n(n \leqslant 365)$ 名学生，每年按 365 天算. 求至少两人同一天生日的概率是多少？并计算当 n 分别取 $10,15,20,25,30,40,45,50,55$ 时的概率值.

5. 今有 10 张电影票，其中只有 2 张座号在第一排，现采取抽签方式发放给 10 名同学，则_____.

    A. 先抽者有更大可能抽到第一排座票   B. 后抽者更可能获得第一排座票

    C. 各位的抽签结果与抽签顺序无关   D. 抽签结果受抽签顺序的严重制约

6. 某 APP 登录验证码由四个数字组成，每个数字可以是 0～9 中的任意一个数. 试求下列各事件的概率：

(1) $A_1 = \{$四个数字排成一个偶数$\}$；   (2) $A_2 = \{$四个数字排成一个四位数$\}$；

(3) $A_3 = \{$四个数字中 0 恰好出现两次$\}$；   (4) $A_4 = \{$四个数字中 0 不出现$\}$.

7. 在半径为 10m 的大花坛内嵌套着 5 个半径为 2m 的花圃，一只蝴蝶将要随机地落在大花坛内，求它恰好落在某个花圃内的概率.

8. 从区间 $(0,1)$ 内任取两个数，求这两个数之差小于 $\frac{1}{2}$ 的概率.

9. 某人外出旅游两天，据天气预报，第一天下雨的概率为 0.6，第二天下雨的概率为 0.3，两天都下雨的概率为 0.1. 试求：

(1) 第一天下雨而第二天不下雨的概率；   (2) 第一天不下雨而第二天下雨的概率；

(3) 至少有一天下雨的概率；   (4) 两天都不下雨的概率；

(5) 至少有一天不下雨的概率.

10. 设随机事件 A,B 满足 $P(A)=0.4$，$P(B)=0.3$，$P(A \cup B)=0.6$，求 $P(A\bar{B})$.

11. 已知 $P(A)=P(B)=P(C)=\frac{1}{4}$，$P(AB)=0$，$P(BC)=P(AC)=\frac{1}{6}$，求 A,B,C 全都不发生的概率.

12. 比较 $P(AB)$，$P(A)+P(B)$ 和 $P(A \cup B)$ 的大小.

（B）

1. 5 把钥匙中有 3 把能打开门,今任取 2 把,求能打开门的概率.

2. 从一副除掉大小王的 52 张的扑克牌中任取 5 张,分别按如下方式抽取:(a)无放回抽取;(b)有放回抽取,每次任取一张.分别在两种抽取方式下,求下列事件的概率:

(1) 5 张牌为同一颜色;

(2) 5 张牌恰为同一花色;

(3) 3 张牌的点数相同,另 2 张是相同的另一点数;

(4) 5 张牌中有两个不同的对.

3. 某宾馆一楼有 4 部电梯,今有 5 人要乘电梯,假定各自选哪部电梯是随机的,求每部电梯中至少有 1 人的概率是多少?

4. 共有 10 个笔记本作为 10 份奖品,其中蓝色笔记本 6 个,粉色笔记本 4 个.有 3 位同学先行来抽取奖品,每人随机任意抽取一份,求第三位同学抽取到粉色笔记本的概率.

5. 从 n 双不同的鞋子中任取 $2r(2r<n)$ 只,求下列事件发生的概率:

(1) 无成对的鞋子;　　(2) 恰有两对鞋子;　　(3) 有 r 对鞋子.

6. 有 n 个人排队.(1)若排成一行,其中甲、乙两人相邻的概率是多少?(2)若排成一圈,甲、乙两人相邻的概率是多少?

7. 甲、乙两艘轮船驶向一个不能同时停泊两艘轮船的码头,它们在一昼夜内到达的时间是等可能的.如果甲船停泊的时间是 1h,乙船停泊的时间是 2h,求两艘船都不需要等候码头空出的概率是多少?

8. 从 1～200 这 200 个整数中任取一个数,求此数不能被 6 和 8 整除的概率.

9. 一平面上画有等距离的平行线,平行线之间的距离为 $a(a>0)$,向平面上任意投一枚长为 $l(l<a)$ 的针,求针与平行线之间相交的概率.

1.3 条件概率

本节首先引入条件概率的概念,然后给出与条件概率相关的 3 个重要公式:乘法公式、全概率公式、贝叶斯公式.

1.3.1 条件概率的定义

在现实生活中,在考虑某事件的概率时,时常以某个已经发生的事件为条件,这种概率称为条件概率,如央行降息条件下,考虑股票价格上涨的概率;生病发高烧条件下,考虑病人感染肺炎的概率;已知某山体滑坡条件下,该山体近期再次发生滑坡的概率等.

例 1.13 高校某专业二年级共有学生 80 名,其中女生 60 名,男生 20 名.女生报名参加"互联网＋"大学生创新创业大赛的人数为 20 名,男生报名参加"互联网＋"大学生创新创业大赛的人数为 10 名.现从该专业中任选一名学生.求:

(1) 该生报名参加"互联网＋"大学生创新创业大赛的概率;

(2) 已知该生是女生,她报名参加"互联网＋"大学生创新创业大赛的概率.

解 设事件 $A=\{$任选一名学生,其报名参加"互联网＋"大学生创新创业大赛$\}$,事件 $B=\{$任选一名学生,选到女生$\}$.

(1) $P(A)=\dfrac{20+10}{80}=\dfrac{3}{8}$.

(2) 因为选到的是女生,所以缩小了学生范围,不需要再考虑男生,她报名参加"互联网＋"大学生创新创业大赛的概率为

$$P=\frac{20}{60}=\frac{1}{3},$$

这个概率也可以表示为

$$P=\frac{20}{60}=\frac{20/80}{60/80}=\frac{P(AB)}{P(B)}=\frac{1}{3}.$$

这个概率是在已知事件 B 发生的条件下,事件 A 发生的概率,是条件概率,记作 $P(A|B)$.

定义 1.11 设 A,B 为两个事件,且 $P(A)>0$,则

$$P(B\mid A)=\frac{P(AB)}{P(A)},$$

称为在事件 A 发生的条件下,事件 B 发生的**条件概率**(conditional probability).

条件概率也是概率.易验证,条件概率满足概率的 3 条公理:

(1) 非负性: $P(B|A)\geqslant0$.

(2) 规范性: $P(\Omega|A)=1$.

(3) 可列可加性:若 $B_1,B_2,\cdots,B_n,\cdots$ 两两互不相容,则

$$P\left(\bigcup_{i=1}^{\infty}B_i\mid A\right)=\sum_{i=1}^{\infty}P(B_i\mid A).$$

从而,也满足概率的其他性质:

(1) $P(\bar{B}|A)=1-P(B|A)$.

(2) $P(B_1-B_2|A)=P(B_1|A)-P(B_1B_2|A)$.

(3) $P(B_1\bigcup B_2|A)=P(B_1|A)+P(B_2|A)-P(B_1B_2|A)$.

例 1.14 抛掷一枚质地均匀的硬币 2 次,观察出现正面 H 和反面 T 的情况.事件 A 表示"至少出现一次正面",事件 B 表示"两次出现同一面".求 $P(B|A)$,$P(A|B)$.

解 显然,$\Omega=\{HH,HT,TH,TT\}$,$A=\{HH,HT,TH\}$,$B=\{HH,TT\}$,$AB=\{HH\}$.则:

方法 1 $P(B\mid A)=\dfrac{P(AB)}{P(A)}=\dfrac{1/4}{3/4}=\dfrac{1}{3}$,$P(A\mid B)=\dfrac{P(AB)}{P(B)}=\dfrac{1/4}{2/4}=\dfrac{1}{2}$.

方法 2 $P(B|A)$ 表示在 A 已经发生的条件下,AB 发生的可能性的大小.因为已知至少出现一次正面,可认为样本空间由 Ω 缩减为 A.事件 $A=\{HH,HT,TH\}$ 含有 3 个样本点,事件 $AB=\{HH\}$ 含有 1 个样本点,故

$$P(B\mid A)=\frac{1}{3}.$$

同理

$$P(A\mid B)=\frac{1}{2}.$$

求条件概率通常用到以下两种方法：

方法 1（**定义法**）　在样本空间 Ω 中，先求概率 $P(AB)$ 和 $P(A)$，然后代入公式

$$P(B \mid A) = \frac{P(AB)}{P(A)}.$$

方法 2（**缩减样本空间法**）　在计算时，可认为样本空间由 Ω 缩减为 A，在缩减的样本空间中求 B 发生的概率，即 $P(B \mid A)$.

若已知的条件是"概率""比率"等，用方法 1；若已知条件与数量有关，两种方法皆可.

1.3.2　乘法公式

由条件概率的定义 1.11，容易得到如下的定理.

> **定理 1.1**　设 A，B 为两个事件，若 $P(A) > 0$，则
> $$P(AB) = P(A)P(B \mid A).$$
> 若 $P(B) > 0$，则
> $$P(AB) = P(B)P(A \mid B).$$
> 上式称为**乘法公式**（multiplication formula）.
> 一般地，对于事件 $A_1, A_2, \cdots, A_n$，当 $P(A_1 A_2 \cdots A_{n-1}) > 0$ 时，有
> $$P(A_1 A_2 \cdots A_n) = P(A_1)P(A_2 \mid A_1)P(A_3 \mid A_1 A_2) \cdots P(A_n \mid A_1 A_2 \cdots A_{n-1})$$

例 1.15　一批元件 100 个，其中 95 个正品，5 个次品. 现从中不放回地任取 3 个，求：(1) 第三次才取到正品的概率；(2) 前三次取到正品的概率.

解　令 $A_i = \{$第 i 次取到正品$\}$，$i = 1, 2, 3$，则

(1) $P(\overline{A_1}\ \overline{A_2} A_3) = P(\overline{A_1})P(\overline{A_2} \mid \overline{A_1})P(A_3 \mid \overline{A_1}\ \overline{A_2}) = \dfrac{5}{100} \times \dfrac{4}{99} \times \dfrac{95}{98} \approx 0.0020.$

(2) $P(A_1 \bigcup A_2 \bigcup A_3) = 1 - P(\overline{A_1}\ \overline{A_2}\ \overline{A_3}) = 1 - P(\overline{A_1})P(\overline{A_2} \mid \overline{A_1})P(\overline{A_3} \mid \overline{A_1}\ \overline{A_2})$

$$= 1 - \frac{5}{100} \times \frac{4}{99} \times \frac{3}{98} \approx 0.9999.$$

1.3.3　全概率公式

对于简单的随机事件的概率，我们可以直接算出，而对于复杂的随机事件，我们需要将其分解为一组基本事件之和，再通过加法法则、乘法法则去求概率，将这种解题思路一般化就得到全概率公式.

例 1.16　根据以往的概率统计考试成绩分析可知，不认真学习的学生有 80% 的可能考试不及格，认真学习的学生仅有 4% 的可能考试不及格. 根据调查认真学习的学生比例为 80%. 任意抽取一名学生，求他概率统计考试不及格的概率.

解　令 $A = \{$任意抽取一名学生，概率统计考试不及格$\}$，$B = \{$该学生认真学习$\}$，由题意知，$P(B) = 80\%$，$P(\overline{B}) = 20\%$，$P(A \mid B) = 4\%$，$P(A \mid \overline{B}) = 80\%$. 则

$$P(A) = P(AB \bigcup A\overline{B}) = P(AB) + P(A\overline{B})$$

$$= P(B)P(A \mid B) + P(\overline{B})P(A \mid \overline{B})$$

$$= 80\% \times 4\% + 20\% \times 80\% = 19.2\%.$$

在例 1.16 中,我们将事件 $A=\{$任意抽取一名学生,概率统计考试不及格$\}$ 分解为事件 $AB=\{$该学生认真学习概率统计考试不及格$\}$ 和事件 $A\bar{B}=\{$该学生不认真学习概率统计考试不及格$\}$ 的和事件 $AB\bigcup A\bar{B}$,而 $B\bigcup\bar{B}=\Omega$,$B\bar{B}=\varnothing$,则由有限可加性,以及利用乘法公式计算 $P(AB)$,$P(A\bar{B})$,从而算得 $P(A)$.

将上述例题一般化,可得到如下的定理.

> **定理 1.2**　设 A 为样本空间 Ω 中的任一事件,B_1,B_2,$\cdots$,B_n 为 Ω 的一个划分,且 $P(B_i)>0$,$i=1,2,\cdots,n$,则有
>
> $$P(A)=\sum_{i=1}^{n}P(B_i)P(A\mid B_i).$$
>
> 上式称为**全概率公式**(**total probability formula**).

证　$A=A\Omega=A(B_1\bigcup B_2\bigcup\cdots\bigcup B_n)=AB_1\bigcup AB_2\bigcup\cdots\bigcup AB_n$. 由于 B_1,B_2,$\cdots$,B_n 两两互不相容,因此 AB_1,AB_2,$\cdots$,AB_n 也两两互不相容. 由有限可加性和乘法公式得

$$P(A)=\sum_{i=1}^{n}P(AB_i)=\sum_{i=1}^{n}P(B_i)P(A\mid B_i).$$

利用全概率公式,可通过综合分析复杂事件 A 发生的不同原因、情况或途径(即 Ω 的一个划分 B_1,B_2,$\cdots$,B_n)及其可能性,计算出复杂事件 A 发生的概率.

例 1.17　某厂仓库有同样规格的产品 6 箱,其中一、二、三个车间生产的各有 3 箱、2 箱和 1 箱,且 3 个车间的次品率分别为 $\frac{1}{15}$,$\frac{1}{10}$,$\frac{1}{20}$,现从这 6 箱中任取一箱,再从取到的一箱中任取一件,试求取到次品的概率.

解　令 $A=\{$取到次品$\}$,$B_i=\{$取到的产品是第 i 个车间生产的$\}$,$i=1,2,3$,则

$$P(B_1)=\frac{1}{2},P(B_2)=\frac{1}{3},P(B_3)=\frac{1}{6},P(A\mid B_1)=\frac{1}{15},P(A\mid B_2)=\frac{1}{10},P(A\mid B_3)=\frac{1}{20}.$$

由全概率公式得

$$P(A)=\sum_{i=1}^{3}P(B_i)P(A\mid B_i)=\frac{1}{2}\times\frac{1}{15}+\frac{1}{3}\times\frac{1}{10}+\frac{1}{6}\times\frac{1}{20}=\frac{3}{40}.$$

1.3.4　贝叶斯公式

现在考虑与全概率公式相反的问题,若一事件已经发生,考查该事件发生的各种原因、情况或途径的可能性.

例 1.18　在例 1.16 中,若已知某学生概率统计考试不及格,求:

(1) 该学生认真学习的概率;　　　　　　(2) 该学生不认真学习的概率.

解　(1) $P(B\mid A)=\dfrac{P(AB)}{P(A)}=\dfrac{P(B)P(A\mid B)}{P(A)}=\dfrac{P(B)P(A\mid B)}{P(B)P(A\mid B)+P(\bar{B})P(A\mid\bar{B})}$

$$=\frac{80\%\times 4\%}{19.2\%}=16.7\%.$$

(2) $P(\bar{B}\mid A)=1-P(B\mid A)=1-16.7\%=83.3\%$.

由例 1.18,可归纳一般情形下定理如下.

定理 1.3(贝叶斯公式) 设 $B_1, B_2, \cdots, B_n$ 为 Ω 的一个划分,且 $P(B_i) > 0, i = 1, 2, \cdots, n$,对样本空间 Ω 中任一事件 A,只要 $P(A) > 0$,则

$$P(B_i \mid A) = \frac{P(B_i)P(A \mid B_i)}{\sum\limits_{i=1}^{n} P(B_i)P(A \mid B_i)}, \quad i = 1, 2, \cdots, n.$$

上式称为**贝叶斯公式(Bayes formula)**,又称逆概率公式.

在贝叶斯公式中,如果问题中的"结果"A 发生了,反过来要考查导致 A 发生的各种因素 B_i,即欲求 $P(B_i \mid A)$ 时,可使用贝叶斯公式.这里 $P(B_i)$ 称为先验概率,它表示第 i 个"原因"发生的概率,是试验之前就已经知道的.$P(B_i \mid A)$ 称为后验概率,它能反映在 A 发生后,对各种"原因"或前提发生的概率有了进一步的认识,是对先验概率 $P(B_i)$ 的修正,由此对导致 A 发生的"原因"$\{B_i\}_{i=1}^{n}$ 作出新的认识和评价.

例 1.19 医学上使用甲胎蛋白法诊断肝癌.设事件 $A = \{$被检验者试验反应为阳性$\}$,$B = \{$被检验者患有肝癌$\}$,患有肝癌检验呈阳性的概率为 0.99,未患肝癌检验呈阳性的概率为 0.05.据调查,某地区居民的肝癌发病率为 0.0004,若该地区某居民检验结果呈阳性,问此人患肝癌的概率是多少?

解 由题意知 $P(B) = 0.0004, P(\bar{B}) = 0.9996, P(A \mid B) = 0.99, P(A \mid \bar{B}) = 0.05$.
由贝叶斯公式得

$$P(B \mid A) = \frac{P(B)P(A \mid B)}{P(B)P(A \mid B) + P(\bar{B})P(A \mid \bar{B})}$$

$$= \frac{0.0004 \times 0.99}{0.0004 \times 0.99 + 0.9996 \times 0.05} \approx 0.007\,86.$$

这表明,在检查结果呈阳性的人中,真正患肝癌的人不到 1%.在实际应用中,医生常采用复查或用一些简单易行的辅助方法进行初筛,排除大量明显不是肝癌的人后,再用甲胎蛋白法对"疑似肝癌"者进行检查,这时再用贝叶斯公式进行计算,就大大提高了甲胎蛋白法的准确率了.

习题 1.3

(A)

1. 已知一个家庭有两个小孩,且生男生女等可能.(1)已知老大是女孩,求老二是女孩的概率;(2)已知一个小孩是女孩,求另一个小孩也是女孩的概率.

2. 经统计,学生上、下两学期成绩均优的占 5%,仅上学期得优的占 7.9%,仅下学期得优的占 8.9%.求:(1)已知上学期得优,则下学期得优的概率;(2)已知上学期没得优,则下学期得优的概率;(3)上、下学期均未得优的概率.

3. 一批元件 100 个,其中 95 个正品,5 个次品.现从中任取 5 个,全部合格则接收整批元件,否则拒收.求这批元件被拒收的概率.

4. 盒中有 5 个产品,其中 3 个一等品,2 个二等品. 从中不放回任取 2 次,每次 1 个. 求:(1)两次都取得一等品的概率;(2)第二次才取得一等品的概率;(3)已知第一次取得二等品,求第二次取得一等品的概率;(4)第二次取得一等品的概率.

5. 已知 $P(A) = \frac{1}{4}$,$P(B|A) = \frac{1}{3}$,$P(A|B) = \frac{1}{2}$,求 $P(A \cup B)$.

6. 有 10 张卡,其中 4 张中奖卡. 3 人依次抽取卡片,令 $A_i = \{$第 i 人取到中奖卡$\}$,$i = 1, 2, 3$. 求 $P(A_i)$.

7. 设某批产品中甲、乙、丙三厂生产的产品分别占 40%、35%、25%,各厂的次品率分别为 2%、4%、5%. 现从中任取一件,求:(1)取到的产品是次品的概率;(2)经检验发现取到的产品是次品,求该产品是甲厂生产的概率.

8. 已知男性有 5% 是色盲患者,女性有 0.25% 是色盲患者. 今从男女人数相等的人群中随机挑选一人,恰好是色盲患者,求此人是男性的概率.

9. 主人外出,委托邻居给他的树浇水. 若不浇水,树死去的概率为 0.8;若浇水,树死去的概率为 0.15. 有 0.9 的把握确定邻居会记得浇水. 求:(1)主人回来树还活着的概率;(2)若主人回来树已死去,邻居忘记浇水的概率.

10. 某公司对员工进行工作考核. 在圆满完成工作的员工中,70% 通过了考核,而在未能圆满完成工作的员工中,20% 通过考核. 根据以往统计,90% 的员工能圆满完成工作任务. 请问一个通过考核的员工未能圆满完成工作任务的概率是多少?

(B)

1. 事件 A, B,若 $0 < P(A) < 1, 0 < P(B) < 1$,则 $P(A|B) > P(A|\bar{B})$ 的充要条件是(   ).

    A. $P(B|A) > P(B|\bar{A})$ B. $P(B|A) < P(B|\bar{A})$

    C. $P(\bar{B}|A) > P(B|\bar{A})$ D. $P(\bar{B}|A) < P(B|\bar{A})$

2. 事件 A, B,若 $0 < P(B) < 1$,下列命题是假命题的是(   ).

    A. 若 $P(A|B) = P(A)$,则 $P(A|\bar{B}) = P(A)$

    B. 若 $P(A|B) > P(A)$,则 $P(\bar{A}|\bar{B}) > P(\bar{A})$

    C. 若 $P(A|B) > P(A|\bar{B})$,则 $P(A|B) > P(A)$

    D. 若 $P(A|A \cup B) > P(\bar{A}|A \cup B)$,则 $P(A) > P(B)$

3. 某建筑物按设计要求,使用寿命超过 50 年的概率为 0.8,使用寿命超过 60 年的概率为 0.6. 求:(1)该建筑的使用年限在 50~60 年间的概率;(2)在经历 50 年后,该建筑将在 10 年内达到使用年限的概率.

4. 某城市下雨的日子占全年的一半,而有雨时气象台预报有雨的概率为 0.8. 某人每天上班很为下雨烦恼,凡是气象台预报下雨他就带伞,即使预报无雨,他也有一半的日子带伞. 求他没带伞而遇雨的概率.

5. 从 1, 2, 3, 4 中任取一个数,记为 X,再从 $1, 2, \cdots, X$ 中任取一个数,记为 Y. 求 $P\{Y = 2\}$.

6. 有 12 个新乒乓球,每次比赛取 3 个,比赛后放回. 求事件 $A = \{$第三次比赛取到 3 个新球$\}$ 的概率.

7. 某机器调整良好的概率为 75%,机器调整良好时的产品合格率为 90%,调整不好时的产品合格率为 30%.求:(1)若生产第一件产品合格,机器调整良好的概率;(2)若生产第一件产品不合格,机器调整不好的概率.

1.4　事件的独立性

1.4.1　两个事件相互独立

对于随机试验 E 中的随机事件 A,B,若 $P(B)>0$,一般来说 $P(A|B)\neq P(A)$,说明事件 A,B 相关联,即事件 B 的发生对事件 A 发生的概率是有影响的.如果 $P(A|B)=P(A)$,则意味着事件 B 发生与否对事件 A 发生的概率没有影响,则称事件 A 独立于事件 B.此时,若 $P(A)>0$,则可推出 $P(B|A)=P(B)$,即事件 B 独立于事件 A.由此可见,事件独立性是相互的.

根据乘法公式,在 $P(A)>0,P(B)>0$ 时,$P(B|A)=P(B)$ 和 $P(A|B)=P(A)$ 都等价于 $P(AB)=P(A)P(B)$.下面给出独立性的定义.

> **定义 1.12** 对于随机事件 A,B,如果满足 $P(AB)=P(A)P(B)$,则称事件 A 与事件 B 相互独立(mutual independent).

在定义 1.12 里,事件 A 与事件 B 可以是任意事件,没有概率不为零的限制,并且事件 A 与事件 B 的位置是对称的,更容易推广到多于两个事件的一般情形.容易判断,必然事件、不可能事件均与任何事件独立.

当 $P(A)>0,P(B)>0$ 时,下面 4 个结论是等价的:
(1) 事件 A 与事件 B 相互独立;
(2) $P(AB)=P(A)P(B)$;
(3) $P(A|B)=P(A)$;
(4) $P(B|A)=P(B)$.

例 1.20 (1) 令 $A=\{$烟台下雪$\},B=\{$央行降低存款准备金率$\}$.这两个事件是相互独立的.

(2) 令 $A=\{$今天烟台下雪$\},B=\{$今天烟台的交通事故发生次数$\}$.下雪天更容易发生交通事故,因而这两个事件不是相互独立的.

(3) 令 $A=\{$上证 180 价格指数上涨$\},B=\{$央行定期存款利率下调$\}$.央行定期存款利率下调,一般会刺激股票价格上升,因而这两个事件不是相互独立的.

> **定理 1.4** 如果事件 A 与事件 B 相互独立,则 A 与 $\bar{B}$,$\bar{A}$ 与 B,$\bar{A}$ 与 $\bar{B}$ 也相互独立.

证 先证 A 与 $\bar{B}$ 相互独立.
由 $P(A)=P(AB\cup A\bar{B})=P(AB)+P(A\bar{B})$,得
$$P(A\bar{B})=P(A)-P(AB)=P(A)-P(A)P(B)=P(A)[1-P(B)]=P(A)P(\bar{B}),$$
即 A 与 $\bar{B}$ 相互独立.再由事件独立定义中 A 与 B 的对称性可知,$\bar{A}$ 与 B 相互独立.最后由 $\bar{A}$ 与 B 相互独立的条件,利用上面证明的结果,可得 $\bar{A}$ 与 $\bar{B}$ 也相互独立.

定理 1.4 说明, 若两个事件相互独立, 则一个事件的发生与否对另一个事件的发生与否的概率都没有影响. 如在例 1.20(1) 中, 烟台是否下雪与央行提高或降低存款准备金率是相互独立的.

在实际问题中, 对于两个事件 A,B, 常常不是利用定义去判断, 而是根据其实际意义来确定它们相互是否有影响, 从而判断它们是否独立. 例如在随机抽取试验中, 有放回抽取事件是独立的, 无放回抽取事件一般不是独立的.

在 1.1 节我们还学习过两个事件互不相容的概念, 那两个事件互不相容与两个事件相互独立有什么关系吗?

例 1.21 若 $P(A)>0,P(B)>0$, 则 A 与 B 相互独立与互不相容不可能同时成立.

证 (1) 设 A 与 B 相互独立, 则 $P(AB)=P(A)P(B)>0$, 故 $AB\neq\varnothing$, 即 A 与 B 是相容的.

(2) 设 A 与 B 互不相容, 则 $P(AB)=P(\varnothing)=0$. 又因为 $P(A)P(B)>0$, 故 $P(AB)\neq P(A)P(B)$, 即 A 与 B 不独立.

想一想, 上例中若 $P(A)=0$ 或 $P(B)=0$, 会得出什么样的结论呢?

1.4.2 多个事件相互独立

现在定义两个以上事件的独立性.

定义 1.13 对于随机事件 A,B,C, 若下面 4 个等式同时成立
$$P(AB)=P(A)P(B), \quad P(AC)=P(A)P(C),$$
$$P(BC)=P(B)P(C), \quad P(ABC)=P(A)P(B)P(C),$$
则称事件 A,B,C **相互独立**.

在定义 1.13 中, 前三个等式成立时, 称事件 A,B,C **两两独立**(pairwise independent). 相互独立的事件一定两两独立, 但两两独立的事件不一定相互独立.

例 1.22 投掷两枚均匀的硬币, 用 A,B,C 分别表示 $A=\{$第 1 枚出现正面$\},B=\{$第 2 枚出现反面$\},C=\{$两枚同时正面或同时反面$\}$. 证明 A,B,C 两两独立但不相互独立.

证 易知
$$P(A)=P(B)=P(C)=\frac{1}{2}, \quad P(AB)=P(BC)=P(CA)=\frac{1}{4}, \quad P(ABC)=0.$$

这说明 A,B,C 两两独立, 但不相互独立.

定义 1.14 对于事件组 $A_1,A_2,\cdots,A_n$, 其中任意 $k(2\leqslant k\leqslant n)$ 个事件有以下等式
$$P(A_{i_1}A_{i_2}\cdots A_{i_k})=P(A_{i_1})P(A_{i_2})\cdots P(A_{i_k})$$
成立, 则称事件 $A_1,A_2,\cdots,A_n$ **相互独立**.

上式中包含有 $C_n^2+C_n^3+\cdots+C_n^n=2^n-n-1$ 个等式.

若 $A_1,A_2,\cdots,A_n$ 相互独立, 则任意 $k(2\leqslant k\leqslant n)$ 个事件相互独立, 不含相同事件的事件组经某种运算(和、积、差、对立)后所得的事件仍相互独立.

例 1.23 已知事件 A,B,C 相互独立,证明事件 $\overline{A}$ 与 $B \cup C$ 也相互独立.

证
$$
\begin{aligned}
P(\overline{A}(B \cup C)) &= P(B \cup C) - P(A(B \cup C)) \\
&= P(B \cup C) - [P(AB) + P(AC) - P(ABC)] \\
&= P(B \cup C) - [P(B) + P(C) - P(B)P(C)]P(A) \\
&= P(\overline{A})P(B \cup C).
\end{aligned}
$$

所以 $\overline{A}$ 与 $B \cup C$ 也相互独立.

1.4.3　独立性的应用

利用独立性计算和事件的概率,可以简化事件概率的计算.

定理 1.5 设 $A_1,A_2,\cdots,A_n$ 相互独立,则
$$
\begin{aligned}
P(A_1 \cup A_2 \cup \cdots \cup A_n) &= 1 - P(\overline{A_1 \cup A_2 \cup \cdots \cup A_n}) \\
&= 1 - P(\overline{A_1}\ \overline{A_2} \cdots \overline{A_n}) \\
&= 1 - P(\overline{A_1})P(\overline{A_2}) \cdots P(\overline{A_n}) \\
&= 1 - \prod_{i=1}^{n}(1 - P(A_i)) \\
&= 1 - \prod_{i=1}^{n}P(\overline{A_i}).
\end{aligned}
$$

例 1.24 假如每个人血清中含有某种肝炎病毒的概率为 0.4%,求来自不同地区的 100 个人的血清混合液中含有此种肝炎病毒的概率.

解 令 $A = \{100$ 个人的混合血清含有此种肝炎病毒$\}$,$A_i = \{$第 i 个人的血清中含有此种肝炎病毒$\}(i=1,2,\cdots,100)$,则 $A = \bigcup_{i=1}^{100} A_i$. 由题意知,$P(A_i) = 0.4\%$,故

$$
P(A) = 1 - \prod_{i=1}^{100} P(\overline{A_i}) = 1 - (1 - 0.4\%)^{100} \approx 0.33.
$$

例 1.25(系统的可靠性问题) 一个元件能正常工作的概率称为该元件的可靠性.元件组成系统,系统正常工作的概率称为该系统的可靠性.设有 n 个元件,用 A_i 表示"第 i 个元件正常工作",$i=1,2,\cdots,n$. 每个元件的可靠性均为 $p(0<p<1)$,且各元件能否正常工作是相互独立的.现有两个系统,系统Ⅰ是由 n 个元件串联而成,系统Ⅱ是由 n 个元件并联而成.分别求系统Ⅰ和系统Ⅱ的可靠性.

解 系统Ⅰ为串联系统,当所有元件均正常工作时,系统Ⅰ才能正常工作,故系统Ⅰ的可靠性为

$$
P\left(\bigcap_{i=1}^{n} A_i\right) = \prod_{i=1}^{n} P(A_i) = p^n.
$$

系统Ⅱ为并联系统,当至少有一个元件正常工作时,系统Ⅱ才能正常工作,故系统Ⅱ的可靠性为

$$
P\left(\bigcup_{i=1}^{n} A_i\right) = 1 - \prod_{i=1}^{n}(1 - P(A_i)) = 1 - (1-p)^n.
$$

例 1.26 某自动报警器的开关采用并联方式,险情发生时每个开关自动闭合的概率为 0.9,则至少并联多少个开关才能使报警器的可靠性不低于 0.9999?

解 设需要 n 个开关.令 $A=\{$ 报警器发出警报 $\}$,$A_i=\{$ 第 i 个开关闭合 $\}$,$i=1,2,\cdots,n$,则 $P(A_i)=0.9$ 且 A_i 相互独立,而 $A=\bigcup\limits_{i=1}^{n}A_i$,于是

$$P(A)=P\left(\bigcup\limits_{i=1}^{n}A_i\right)=1-\prod\limits_{i=1}^{n}(1-P(A_i))=1-(1-0.9)^n\geqslant 0.9999,$$

即 $0.1^n\leqslant 0.0001$,故 $n\geqslant 4$.

因此至少需并联 4 个开关,才能使可靠性不低于 0.9999.

习题 1.4

(A)

1. 若 $0<P(A)<1,0<P(B)<1$,证明:A 与 B 相互独立的充要条件是
$$P(B\mid A)=P(B\mid\overline{A}).$$

2. 设 $P(A)=0.4,P(B)=0.5$.求:(1)若 A 与 B 相互独立,A 与 B 只有一个发生的概率;(2)若 A 与 B 互不相容,A 与 B 只有一个发生的概率.

3. 甲、乙两人同时独立地向某一目标射击,他们射中目标的概率分别为 0.8,0.7.求:(1)两人都射中目标的概率;(2)恰有一人射中目标的概率;(3)至少有一人射中目标的概率.

4. 甲、乙、丙三人各自去破译一个密码,他们能破译出的概率分别为 $\dfrac{1}{5}$,$\dfrac{1}{4}$,$\dfrac{1}{3}$.试求:(1)恰有一人能破译出的概率;(2)密码能破译的概率.

5. 某高校的概率统计大学 MOOC 课程的单元测试是 10 道选择题,每题有 4 个选项,并且仅有 1 个选项正确.若某同学每题都猜,求:(1)10 道题都猜错的概率是多少?(2)至少猜对 1 道题的概率是多少?

6. 某登山者在登山途中遇险后,他每隔半小时发出一次求救信号.如果每个求救信号被搜救队发现的概率是 0.1,要以 0.95 以上的概率保证搜救队能发现其求救信号,该登山者至少要发出多少个求救信号?

(B)

1. 三台机床独立工作,由一位工人管理.在某段时间内它们不需要工人管理的概率,第一台为 0.9,第二台为 0.8,第三台为 0.7.求在这段时间内:(1)无机床需要工人管理的概率;(2)至多有一台机床需要工人管理的概率;(3) 机床因无人管理而误工的概率.

2. 两两独立事件 A,B,C 满足:$ABC=\varnothing$,$P(A)=P(B)=P(C)<\dfrac{1}{2}$,且已知 $P(A\cup B\cup C)=\dfrac{9}{16}$,求 $P(A)$.

3. 设两个独立的事件 A 和事件 B 都不发生的概率为 $\frac{1}{9}$，A 发生 B 不发生的概率与 B 发生 A 不发生的概率相等，求 $P(A)$.

4. 设在三次独立试验中，事件 A 出现的概率相等，若已知 A 至少出现一次的概率为 $\frac{19}{27}$，求事件 A 在一次试验中出现的概率.

5. 甲、乙两人独立对同一目标射击一次，命中率分别为 0.6，0.5. 现已知目标被命中，求它是甲射中的概率.

趣味拓展材料1.1 概率论发展简史

概率论是一门既古老又年轻的学科. 按概率论学科发展的时间顺序，大概经历以下几个阶段.

1. 起源

概率论这门学科可以说起源于赌博. 尽管早在 15 世纪与 16 世纪，意大利的一些数学家如卡尔达诺(Girolamo Cardano,1501—1576)、帕乔利(Luca Pacioli,1445—1517)、尼科塔尔塔利亚(Niccolò Tartaglia,1499 或 1500—1557)等已经对某些机会游戏如赌博、占卜中的特定的概率进行了计算，但是概率论作为一门学科起源于 17 世纪中期. 1654 年，一个名叫德梅尔的法国贵族对赌博以及赌博中的概率问题很感兴趣，但他对一些问题感到很困惑，为解决自己的困惑，他向法国著名数学家帕斯卡(B. Pascal,1623—1662)求助. 为解答德梅尔提出的问题，帕斯卡与另外一位法国著名数学家费马(Pierre de Fermat,1601—1665)通信进行了讨论. 1655 年，荷兰数学家惠更斯(Christiaan Huyghens,1629—1695)首次访问巴黎，在此期间他学习帕斯卡与费马关于概率论的工作. 1657 年，他回到荷兰后，写了一本《论赌博中的计算》的小册子，这是关于概率论的第一本书. 在这个时期，"数学期望"这一基本概念以及关于概率的可加性、可乘性已建立.

2. 18 世纪

概率论在 18 世纪得到了快速发展，在此期间的主要贡献者是雅各·伯努利(Jacob Bernoulli,1654—1705) 与棣莫弗(Abraham De Moivre,1667—1754).

雅各·伯努利是一位瑞士数学家，伯努利家族的第一位数学家. 其标志性成果是证明了概率论中的第一个极限定理，现称之为伯努利大数定律. 伯努利的这一定律在概率论的发展史上起到了理论奠基的作用. 这一结果发表在 1713 年出版的遗著《推测术》中. 而他也是使概率论成为数学的一个分支的真正奠基人.

棣莫弗是一位法国数学家，但是大部分时间他住在英国. 棣莫弗开创了概率论的现代方法：1718 年发表了《机会论》. 在此书中统计独立性的定义首次出现. 该书在 1738 年与 1756 年出了扩展版，生日问题出现在 1738 年的版本中，赌徒破产问题出现在 1756 年的版本中. 1730 年棣莫弗的另外一本专著《解析方法》正式出版. 其中，首次提出关于对称伯努利试验的中心极限定理并给出证明. 1733 年给出了二项分布的正态近似，这也是正态分布的第一次出现，然而他并没有意识到他发现的分布的深远用途.

3. 19 世纪

19 世纪，概率论的早期理论得到了进一步的发展与推广，在此期间的主要贡献者有法国数学家拉普拉斯(Pierre-Simon marquis de Laplace,1749—1827)、法国数学家泊松(Simeon-Denis Poisson,1781—1840)、德国数学家高斯(Carolus Fridericus Gauss,1777—1855)、俄罗斯数学家切比雪夫(Pafnuty Lvovich Chebyshev,1821—1894)、俄罗斯数学家马尔可夫(A. A. Markov,1856—1922)及俄罗斯数学家李雅普诺夫(A. M. Lyapunov,1857—1918).这个时期的研究主要围绕极限定理展开.

1812年,拉普拉斯的名著《概率的分析理论》出版,书中系统地总结了自己及前人关于概率论的研究成果,明确了概率的古典定义,将棣莫弗中心极限定理推广到伯努利试验非对称情形,最重要的成就是将概率论方法应用在观察和测量的误差方面.他还在概率论中引入分析方法,把概率论提高到一个新的发展阶段——分析概率论阶段.

泊松改进了概率论的运用方法,特别是用于统计方面的方法,提出了泊松分布、泊松过程,推广了伯努利的大数定律,并导出了在概率论与数理方程中有重要应用的泊松积分等.

高斯创立了误差理论,创立了最小二乘法的基本方法,首次导出正态分布,因而正态分布又称为高斯分布.

切比雪夫、马尔可夫和李雅普诺夫在研究独立但不同分布的随机变量和的极限定理方面发展了有效的方法.在切比雪夫之前,概率论的主要兴趣在于对随机事件的概率进行计算.而切比雪夫是第一个清晰认识并充分利用随机变量及其数学期望概念的人.他于1866年建立的独立随机变量的大数定律,使伯努利和泊松的大数定律成为其特例,他还把棣莫弗与拉普拉斯的极限定理推广成一般的中心极限定理.切比雪夫思想的主要倡导者是他的学生马尔可夫,他将其老师的结果完整清晰地展现出来.马尔可夫自己对概率论的重大贡献之一是创立概率论的一个分支:研究相依随机变量的理论,称为"马尔可夫过程".为证明概率论的中心极限定理,切比雪夫与马尔可夫利用的是矩方法,而李雅普诺夫利用了特征函数方法.极限定理的后续发展表明特征函数方法是一种强大的解析工具.

4. 20 世纪至今

20世纪可称为概率论发展的现代时期,本时期开始于概率论的公理化.在这个方向上俄罗斯数学家伯恩斯坦(S. N. Berstein,1880—1968)与奥地利数学家冯·米西斯(R. von Mises,1883—1953)对概率论的公理化做了最早的尝试.但他们提出的公理理论并不完善.事实上,真正严格的公理化概率论只有在测度论和实变函数理论的基础上才可能建立.测度论的奠基人,法国数学家博雷尔(E. Borel,1871—1956)首先将测度论方法引入概率论重要问题的研究中,并且他的工作激起了数学家们沿这一崭新方向开展一系列探索.特别是俄罗斯著名数学家柯尔莫戈洛夫(Andrey Nikolaevich Kolmogorov,1903—1987)的工作最为卓著.1933年,柯尔莫戈洛夫发表了《概率论的基本概念》,第一次在测度论的基础上建立了概率论的严密公理化体系,提出了概率论的公理定义,在公理的框架内系统地建立起概率论的理论体系,从而使概率论成为一个严谨的数学分支.

在概率论公理化体系建立后,现代概率论取得了一系列的突破.不但其理论迅速发展,而且研究方向也快速增加,形成了现代概率论丰富多彩的研究局面.随机过程理论(马氏过程、平稳过程、鞅、随机过程的极限定理等)得到了快速发展.另外,还有许多分支,比如(排名不分先后)随机微分方程、随机偏微分方程、倒向随机微分方程、随机微分几何、Malliavin 变分、白噪声分析、狄氏型理论、遍历理论、数理金融、大偏差理论、交互粒子系统、测度值过程、概率不等式、泛函不等式、渗流、最优传输、SLE、随机矩阵、随机优化、随机控制、随机动力系统等众多概率论、随机分析及相关领域中的分支得到了快速发展.

趣味拓展材料 1.2　中国概率论的发展

自华蘅芳(1833—1902)和傅兰雅(1839—1928)翻译中国第一部概率论著作《决疑数学》问世,历经百年中西方概率文化的融合和发展,中国概率论研究已从最初的引进融合、后来的奋起直追,至现在某些研究方向进入了前沿跟踪阶段.

《决疑数学》把西方概率论较为系统地引进了中国,同时一些留学生也逐渐把概率知识带回国内.1915 年创办的《科学》月刊,先后刊载了一些有关概率论与数理统计的文章.西方概率论逐步渗透融合到中国传统数值算法.在西南联大期间,许宝騄(1910—1970)首次开设了"数理统计"课程,并招收概率统计方向研究生王寿仁(1916—2001)、钟开莱(1917—2009)等.当时许宝騄发表的论文已接近或达到世界先进水平.1955 年郑曾同(1915—1980)发表的《关于独立随机变数之和的渐近展式》是中国最早关于古典极限定理的论文.1956 年的全国第一次科学规划确定"概率统计"为数学科学发展的重点学科之一.同年,在柯尔莫戈洛夫的建议下,北京大学成立了中国第一个概率统计教研室,这一举措成为中国概率论学科发展的重要里程碑.1956 年秋,北京大学数学系开始举办概率统计培训班.其间一批优秀学者如梁之舜、江泽培(1923—2004)和王梓坤等前往苏联学习概率论.目前中国概率论研究队伍已形成规模,且越来越强大.中国学者已在马尔可夫过程、测度值马尔可夫过程、马尔可夫骨架过程、鞅论、倒向随机微方程等领域取得了具有国际先进水平的科研成果.

测 试 题 1

一、填空题(每空 2 分,共 20 分)

1. 某同学既不喜欢唱歌也不喜欢游泳的对立事件为_____.

2. 检查两件产品,记 $A = \{$至少有一件产品不合格$\}$,$B = \{$两次检查结果不同$\}$,则事件 A 与事件 B 的关系_____.

3. 设 $P(A) = 0.3$,$P(A \cup B) = 0.6$.

(1) 若 A 与 B 互不相容,则 $P(B) = $_____;

(2) 若 A 与 B 相互独立,则 $P(B) = $_____;

(3) 若 $A \subset B$,则 $P(B) = $_____;

(4) 若 $P(AB) = 0.2$,则 $P(B) = $_____.

4. 射手射靶 5 次,各次命中的概率均为 0.6,则第一、三、五次中靶,第二、四次脱靶的概率为_____.

5. 一批产品共 10 个正品和 2 个次品,不放回任取两次,每次取 1 个,则第二次抽出的是次品的概率为_____.

6. 已知 A,B,C 两两独立,其概率分别为 $0.2,0.4,0.6$,$P(A \cup B \cup C) = 0.76$,则概率 $P(\overline{A} \cup \overline{B} \cup \overline{C}) = $_____;$P(A \mid BC) = $_____.

二、选择题(每题 3 分,共 15 分)

1. 设事件 A,B,C 都是某个随机试验中的随机事件,事件 D 表示 A,B,C 恰好有一个发生,则 $D = ($　　$)$.

A. $A\cup B\cup C$

B. $\Omega-\overline{ABC}$

C. $A\cup(B-C)\cup[C-(A\cup B)]$

D. $AB\overline{C}+\overline{A}B\overline{C}+\overline{A}\overline{B}C$

2. 设事件 A 与事件 B 的概率均大于 0 小于 1,且 A 与 B 相互独立,则有(　　).

A. A 与 B 互不相容

B. A 与 B 一定相容

C. $\overline{A}$ 与 $\overline{B}$ 互不相容

D. $\overline{A}$ 与 $\overline{B}$ 一定相容

3. n 张奖券中含有 m 张有奖券,k 个人购买,每人 1 张,其中至少有 1 个人中奖的概率是(　　).

A. $\dfrac{m}{C_n^k}$

B. $1-\dfrac{C_{n-m}^k}{C_n^k}$

C. $\dfrac{C_m^1 C_{n-m}^{k-1}}{C_n^k}$

D. $\sum\limits_{i=1}^{k}\dfrac{C_m^i}{C_n^k}$

4. 事件 A,B,$0<P(A)<1$,$P(B)>0$,$P(B|A)=P(B|\overline{A})$,则必有(　　).

A. $P(A|B)=P(\overline{A}|B)$

B. $P(A|B)\neq P(\overline{A}|B)$

C. $P(AB)=P(A)P(B)$

D. $P(AB)\neq P(A)P(B)$

5. 对任意事件 A,B,则有(　　).

A. $P(AB)\leqslant\dfrac{P(A)+P(B)}{2}$

B. $P(AB)\geqslant\dfrac{P(A)+P(B)}{2}$

C. $P(AB)\leqslant P(A)P(B)$

D. $P(AB)\geqslant P(A)P(B)$

三、计算题(共 **7** 题,共 **65** 分)

1. (8分)一间宿舍内住有 6 名同学,求他们之中恰有 4 人的生日在同一月份的概率.

2. (9分)一间宿舍中,有 3 名同学的学生证混放在一起,现 3 名同学每人任取一个,求每个人都没拿到自己学生证的概率.

3. (9分)对概率统计课程的一份试卷,由甲、乙、丙 3 名学生去答,已知甲、乙、丙各获得 90 分以上的概率分别为 $\dfrac{2}{3},\dfrac{3}{5},\dfrac{1}{2}$,求至少有 2 人获得 90 分以上的概率.

4. (14分)学校商业街一商店出售某种型号的蓝牙耳机,货架上共有 30 个蓝牙耳机,其中 3 个是次品.每次有顾客购买该耳机时,老板随机从货架上取 1 个.求:(1)第三次才取到次品的概率;(2)第三次取到次品的概率;(3)第二次、第三次都取到次品的概率.

5. (7分)若 A,B 互不相容,且 $0<P(B)<1$,试证:$P(A|\overline{B})=\dfrac{P(A)}{1-P(B)}$.

6. (9分)某实验室聘请 3 名同学做助研,负责处理实验数据.甲、乙、丙 3 名同学处理实验数据出错的概率分别是 0.05,0.06,0.02.甲和丙的工作量都是乙的 2 倍.当实验室老师核查数据处理结果时,发现有错误.请问此实验数据最可能是哪名同学处理的?

7. (9分)随机地向半圆 $0<y<\sqrt{2ax-x^2}$($a>0$)内掷一点,点落在半圆内任何区域的概率与区域的面积成正比,求事件$\left\{$原点和该点的连线与 x 轴的夹角小于 $\dfrac{\pi}{4}\right\}$的概率.

第 1 章涉及的考研真题

第2章

随机变量及其概率分布

在第 1 章中,我们主要以"随机事件"作为研究对象,讨论了随机事件及其概率.由概率的公理化定义可知,事件的概率 P 是定义在随机事件集合上的函数,但此定义域不是数集,为了更加全面、深入、方便地研究随机试验的结果,揭示随机现象的统计规律性,更好地利用高等数学的知识解决概率论的问题,需要将随机试验的结果与实数对应起来,即将随机试验的结果数值化.于是本章中引入随机变量的概念.本章主要内容是随机变量及其分布的相关知识点:离散型随机变量及其分布律的概念、性质和常见的离散型随机变量;适用于任意类型随机变量的分布函数的概念及性质;连续型随机变量及其概率密度函数的概念、性质和常见的连续型随机变量;随机变量函数的分布.对离散型随机变量及其分布律的主要数学工具是求和与级数;对连续型随机变量及其分布函数的主要数学工具是微积分.

2.1 随机变量

在第 1 章,我们注意到在一些随机试验中,它们的结果与实数之间存在着某种客观的联系.例如,在产品检验问题中,我们关心的是抽样中出现的次品数,某段时间内电话呼叫台的呼叫次数,等等.对于这类随机现象,其试验结果显然可以用数值来描述,并且随着试验的结果不同而取不同的数值.然而,有些看起来与数值无关的随机现象,也可以用数值来描述结果.比如,某只股票的价格要么上涨,要么下跌,这两种结果与数值没有联系,但我们可以通过指定数"1"代表上涨,"0"代表下跌,从而使这一随机试验的结果与数值发生联系.

由上可知,不管随机试验的结果是否具有数量的性质,我们都可以建立一个样本空间和实数空间的对应关系,使之与数值发生联系.

为了全面地研究随机试验的结果,揭示随机现象的统计规律性,我们将随机试验的结果与实数对应起来,将随机试验的结果数量化,从而引入随机变量的概念.

引例 随机试验 E:一个袋子中有 10 个篮球,编号为 $0,1,2,\cdots,9$,从袋中任意摸一球,则其样本空间 $\Omega=\{\omega_0,\omega_1,\cdots,\omega_9\}$,其中 ω_i 表示"摸到编号为 i 的篮球",$i=0,1,2,\cdots,9$.

定义映射 $X:\omega_i\to i$,即 $X(\omega_i)=i,i=0,1,2,\cdots,9$.

这是 Ω 和整数集 $\{0,1,2,\cdots,9\}$ 的一个对应关系,此时 X 表示摸到篮球的号码.

从本例中,我们可以看出:

1. X 的取值是随机的,也就是说,在试验之前,X 取什么值不能确定,而是由随机试验的可能结果决定的,但 X 的所有可能取值是事先可以确定的.

2. X 是定义在 Ω 上而取值在 $\mathbb{R}$ 上的映射.

定义了随机变量 X 后可以用随机变量的取值范围来刻画该试验的任意随机事件.本例中,我们可以用集合 $\{\omega_i:\ X(\omega_i)\leqslant 5\}$ 表示"摸到篮球的号码不大于5"这一随机事件,因而可以计算其概率.习惯上我们称定义在样本空间 Ω 上的单值实映射 X 为随机变量.

2.1.1 随机变量的定义

定义 2.1 设随机试验 E 的样本空间为 $\Omega=\{\omega\}$,$X=X(\omega)$ 是定义在 Ω 上的单值实映射,则称 $X=X(\omega)$ 为**随机变量**(random variable).

本书中,一般用大写字母 $X,Y,Z,\cdots$ 表示随机变量,用小写字母 $x,y,z,\cdots$ 表示随机变量的具体取值.

例 2.1 抛一枚硬币,观察这枚硬币出现的正反面情况.

本例中试验结果本身不是数值,我们可以指定数"1"代表正面,"0"代表反面,令

$$X(\omega)=\begin{cases}0, & \omega \text{ 为反面},\\ 1, & \omega \text{ 为正面},\end{cases}$$

则随机变量 X 的全部取值为两个,这是一个有限数.

例 2.2 假设市场上发行6只股票和3种期权,某投资商为分散投资风险,欲选择 X 只股票和1种期权构成投资组合进行投资.

本例中随机变量 X 的所有可能取值为 $1,2,\cdots,6$,取值为有限个.

例 2.3 用 Y 表示"上午 $8:00\sim9:00$ 时间段内通过某路口的汽车数".

本例中随机变量 Y 的所有可能取值为 $0,1,2,\cdots$,取值为有限个.

例 2.4 观察某生物的寿命(单位:h),用 Z 表示"该生物的寿命".

本例中随机变量 Z 的取值区间为 $[0,+\infty)$,全部取值为无限不可列.

2.1.2 随机变量的分类

根据随机变量取值的特点,可以把随机变量分为两类.如果随机变量的所有可能取值为有限个或者无限可列个,则称这类随机变量为离散型随机变量(如例2.1,例2.2,例2.3);其他取值的随机变量称为非离散型随机变量.非离散型随机变量中最重要的也是在实际生活中最常用的是连续型随机变量,连续型随机变量的取值可以充满某个区间(如例2.4).本章主要讨论离散型随机变量和连续型随机变量.

习题 2.1

(A)

1. 抛一颗质地均匀的骰子,用 X 表示骰子的点数,写出 X 的全部取值.

2. 一射手向一目标射击,用 X 表示首次击中目标所需要的射击次数,写出 X 的全部取值.

3. 两地之间每 20min 发一辆客车,用 X 表示某乘客等候这辆客车的候车时间,写出 X 的取值情况.

4. 举一个离散型随机变量的例子.

5. 举一个连续型随机变量的例子.

(B)

1. 袋中有 5 个球,分别标有 1,2,3,4,5 五个号码,有放回地从袋中依次取出两个球,随机变量 X 表示取出的两个球号码之和,写出 X 的全部取值.

2. 一箱产品有 20 件,随机变量 X 表示 20 件产品中的不合格品数,用随机变量 X 表示下列事件:(1)产品全部合格;(2)至少有两件产品不合格;(3)产品不合格数不小于一件不超过三件.

3. 依次抛两颗骰子,用 X 表示第一颗骰子的点数与第二颗骰子的点数之差,则$\{X>4\}$ 表示的试验结果是什么?

2.2 离散型随机变量及其分布律

2.2.1 离散型随机变量的定义及其分布律的定义、性质

定义 2.2 设 X 是 Ω 上的随机变量,若 X 的全部可能取值为有限个或无限可列个(即 X 的全部可能取值可一一列举出来),则称 X 为**离散型随机变量(discrete random variable)**.

定义 2.3 若随机变量 X 的全部可能取值为 $x_i(i=1,2,\cdots)$,事件$\{X=x_i\}$ 的概率为

$$P\{X=x_i\}=p_i, \quad i=1,2,\cdots,$$

则称上式为离散型随机变量 X 的**分布律(distribution law)**.分布律也可用表 2.1 的形式来表示.

表 2.1 离散型随机变量 X 的分布律

X	x_1	x_2	$\cdots$	x_n	$\cdots$
P	p_1	p_2	$\cdots$	p_n	$\cdots$

离散型随机变量 X 的分布律满足下列性质.

性质 2.1 $p_i \geqslant 0$.

证 因为 p_i 是 X 的取值点的概率,即 $p_i=P\{X=x_i\}$,故 $p_i \geqslant 0$.

性质 2.2 $\sum_{i=1}^{\infty} p_i=1$.

证 由于 $x_1,x_2,\cdots,x_n,\cdots$是 X 的全部可能取值,故有 $\Omega=\bigcup_{i=1}^{\infty}\{X=x_i\}$,且对任意的 $i \neq j$,有$\{X=x_i\}\bigcap\{X=x_j\}=\varnothing$,由概率的可列可加性知

$$1=P\{\Omega\}=P\left\{\bigcup_{i=1}^{\infty}\{X=x_i\}\right\}=\sum_{i=1}^{\infty}P(X=x_i)=\sum_{i=1}^{\infty}p_i.$$

反之,满足以上两条性质的任意数列$\{p_i\}$,都可作为某个离散型随机变量的分布律.

已知 X 的分布律,可求出 X 在任意区间的概率

$$P\{a < X \leqslant b\} = \sum_{a < x_i \leqslant b} P\{X = x_i\}.$$

即离散型随机变量落在任意区间的概率等于这个区间内所包含的全部取值点的概率之和.

例 2.5　市场中发行了 6 只不同的股票,编号为 $1,2,\cdots,6$,从中同时取出 3 只股票进行投资,求取出的 3 只股票号码的最大号码 X 的分布律及 $P\{4 < X \leqslant 8\}$.

解　先求 X 的分布律:由题意知,X 的全部可能取值为 $3,4,5,6$,且 $X = i$ 时 1 只股票的编号为 i,而另外 2 只股票在编号小于 i 的 $i-1$ 只股票中任意取即可,于是

$$P\{X = 3\} = \frac{C_2^2}{C_6^3} = \frac{1}{20}, \quad P\{X = 4\} = \frac{C_3^2}{C_6^3} = \frac{3}{20},$$

$$P\{X = 5\} = \frac{C_4^2}{C_6^3} = \frac{3}{10}, \quad P\{X = 6\} = \frac{C_5^2}{C_6^3} = \frac{1}{2}.$$

所以 X 的分布律为

X	3	4	5	6
P	$\frac{1}{20}$	$\frac{3}{20}$	$\frac{3}{10}$	$\frac{1}{2}$

于是 $P\{4 < X \leqslant 8\} = \sum_{4 < k \leqslant 8} P\{X = k\} = P\{X = 5\} + P\{X = 6\} = \frac{4}{5}.$

2.2.2　常见的离散型随机变量及其分布律

1. (0-1)分布(两点分布)

若随机变量 X 只取 0 与 1 两个值,且取 1 的概率为 p,则它的分布律是

$$P\{X = k\} = p^k q^{1-k}, \quad k = 0, 1, \quad p + q = 1(0 < p < 1).$$

则称随机变量 X 服从参数为 p 的(0-1)**分布**或**两点分布**(**two-point distribution**),记为 $X \sim B(1, p)$.

(0-1)分布的分布律也可写成

X	0	1
P	$q = 1-p$	p

抛一枚硬币,观察出现正面还是反面;检查产品的质量是否合格;对新生婴儿的性别进行登记;检验种子是否发芽等试验都可以用(0-1)分布的随机变量来描述.

2. 二项分布

若随机变量 X 的分布律为

$$P\{X = k\} = C_n^k p^k q^{n-k} \quad k = 0, 1, 2, \cdots, n, q = 1-p,$$

则称随机变量 X 服从参数为 n, p 的**二项分布**(**binomial distribution**),记为 $X \sim B(n, p)$.

若一个随机试验 E 只有两种可能结果记为 A 及 $\overline{A}$,则称 E 为**伯努利(Bernoulli)试验**. 将试验 E 独立重复地进行 n 次,则称该试验为 n **重伯努利试验**.

(0-1)分布对应的试验就是一次伯努利试验.

> **定理 2.1**　对于 n 重伯努利试验,用随机变量 X 表示事件 A 在 n 次试验中发生的次数,则事件 A 恰好发生 k 次的概率为
>
> $$P_n(k)=P\{X=k\}=C_n^k p^k q^{n-k}, \quad k=0,1,2,\cdots,n, P(A)=p, P(\overline{A})=q=1-p.$$

证　事件 A 在指定的 k 次试验(假设前 k 次)发生,而在其余 $n-k$ 次试验中不发生的概率为 $p^k q^{n-k}$,在 n 次试验中任意指定 k 次共有 C_n^k 种不同的指定方法,且它们是两两互不相容的,根据概率的有限可加性即可得出 $P\{X=k\}=C_n^k p^k q^{n-k}(k=0,1,2,\cdots,n)$.

由上可知 n 重伯努利试验中事件 A 发生的次数 X 服从参数为 n,p 的二项分布.

例 2.6　某银行刚发行一种理财产品(即由商业银行或正规金融机构自行设计并发行的产品,将募集到的资金根据产品合同约定投入相关金融市场及购买相关金融产品,获取投资收益后,根据合同约定分配给投资人的一类理财产品),有 10 个人到银行考察是否购买这款理财产品,每个人是否购买是相互独立的,且每个人购买的概率均为 40%,求这 10 个人中恰好有 $k(k=0,1,2,\cdots,10)$ 个人购买这款理财产品的概率.

解　以 X 表示 10 个人中购买这款理财产品的人数,则 $X\sim B(10,0.4)$.

$$P\{X=k\}=C_{10}^k(0.4)^k(0.6)^{10-k}, \quad k=0,1,2,\cdots,10.$$

计算结果列成表 2.2.

表 2.2　二项分布 $B(10,0.4)$ 的取值概率表

k	$P\{X=k\}$	k	$P\{X=k\}$
0	0.0060	6	0.1115
1	0.0403	7	0.0425
2	0.1209	8	0.0106
3	0.2150	9	0.0016
4	0.2508	10	0.0001
5	0.2007		

从表 2.2 可以看出,当 k 从 0 开始增加时,事件 $\{X=k\}$ 的概率先单调增加达到最大值($k=4$),然后再单调减少. 一般地,对于固定的 n,p,二项分布 $B(n,p)$ 的取值概率大小都具有这样的特点.

> **定义 2.4**　设 X 服从参数为 n,p 的二项分布,使 $P\{X=k\}$ 取最大值的 k_0 称为**二项分布的最可能值**.

根据二项分布取值概率的特点,k_0 满足

$$\begin{cases} P\{X=k_0\} \geqslant P\{X=k_0-1\}, \\ P\{X=k_0\} \geqslant P\{X=k_0+1\}. \end{cases}$$

求解两个不等式得到 $np+p-1\leqslant k_0\leqslant np+p$,所以

$$k_0 = \begin{cases} np+p \text{ 和 } np+p-1, & \text{当 } np+p \text{ 为整数时,} \\ [np+p], & \text{其他.} \end{cases}$$

其中 $[np+p]$ 表示不超过 $np+p$ 的最大整数.

例 2.7 已知一大批产品的次品率是 0.02,从中随机抽取 400 只,X 表示 400 只产品中的次品数. 求:(1)取出多少只次品的概率最大;(2)取出的产品至少有两只次品的概率.

解 (1)由题意知,这是不放回抽样. 但由于这批产品的总数很大,且抽取的产品数量相对于产品总数来说又很小,因而可以近似地把该试验看作有放回抽样来处理. 这样近似处理所产生的误差很小,在可接受的范围之内.

我们将检查一件产品是否为次品看成是一次试验,检查 400 件产品相当于做 400 重伯努利试验,则 $X \sim B(400, 0.02)$,且

$$P\{X=k\} = C_{400}^k (0.02)^k (0.98)^{400-k}, \quad k=0,1,\cdots,400.$$

因为 $np+p = 8.02$,则当 $X = [np+p] = [8.02] = 8$ 时,概率最大. 即取出 8 只次品的概率最大.

(2)所求概率为

$$P\{X \geqslant 2\} = \sum_{k \geqslant 2} P\{X=k\} = \sum_{k=2}^{400} P\{X=k\}$$
$$= 1 - P\{X=0\} - P\{X=1\} = 0.9972.$$

该事件发生的概率很大. 这说明,虽然一个事件在一次试验中发生的概率很小,但只要试验次数很多,而且试验是独立进行的,那么这一事件的发生几乎是肯定的.

3. 超几何分布

若随机变量 X 的分布律为

$$P\{X=m\} = \frac{C_M^m C_{N-M}^{n-m}}{C_N^n}, \quad m=0,1,2,\cdots,l, l=\min\{n,M\},$$

则称随机变量 X 服从参数为 n, M, N 的**超几何分布**(**hypergeometric distribution**),记为 $X \sim H(n, M, N)$.

超几何分布对应的试验是下列不放回抽样试验:N 个元素分为两类,第一类元素有 M 个,第二类元素有 $N-M$ 个,从中不放回地抽取 n 个,则第一类元素的个数 X 就是服从参数为 n, M, N 的超几何分布.

当取出的元素个数 n 相对于总数 N 很小时,不放回抽样可近似看作有放回抽样,此时超几何分布可用二项分布来近似,即此时 $H(n, M, N) \overset{\text{近似}}{\sim} B\left(n, \dfrac{M}{N}\right)$.

4. 泊松分布

若随机变量 X 的分布律为

$$P\{X=k\} = \frac{\lambda^k}{k!} e^{-\lambda}, \quad k=0,1,2,\cdots, \lambda > 0,$$

则称随机变量 X 服从参数为 λ 的**泊松分布**(**Poisson distribution**),记为 $X \sim P(\lambda)$.

现实生活中,有很多随机现象可以用泊松分布或者近似泊松分布来描述,特别是一些稠密性的问题. 比如一段时间内电话呼叫台的呼叫次数,某段时间内服务窗口排队的顾客数,

某段时间内通过某个路口的汽车数,保险索赔的次数,等等.

为简化泊松分布的概率计算,有泊松分布数值表(见附表 1)可供查阅,或者利用 Excel 中的函数命令也可求得泊松分布的概率值,如对于参数为 λ 的泊松分布,求 $P\{X=k\}$ 的命令为 POISSON$(k,\lambda,0)$,求 $P\{X\leqslant k\}$ 的命令为 POISSON$(k,\lambda,1)$.

例 2.8 商店的历史销售记录表明,某种商品每月的销售量服从参数 $\lambda=5$ 的泊松分布.为了以 95% 以上的概率保证该商品不脱销,问商店在月底的进货量(假定上个月没有存货)至少为多少?

解 设 X 表示某商品的销售量,则 $X\sim P(5)$,设进货量为 n,则当 $\{X\leqslant n\}$ 时商品不脱销,即要满足 $P\{X\leqslant n\}=\sum\limits_{k=0}^{n}\dfrac{5^k}{k!}\mathrm{e}^{-5}\geqslant 0.95$,查泊松分布数值表(见附表 1)有

$$P\{X\leqslant 8\}=\sum_{k=0}^{8}\frac{5^k}{k!}\mathrm{e}^{-5}=0.931\,906<0.95,$$

$$P\{X\leqslant 9\}=\sum_{k=0}^{9}\frac{5^k}{k!}\mathrm{e}^{-5}=0.968\,172>0.95.$$

则在月底进货 9 件,就满足以 95% 的概率保证这种商品在下个月内不会脱销.

下面的定理可以说明泊松分布和二项分布之间的关系.

定理 2.2(泊松定理) 设随机变量 $X\sim B(n,p_n)$,$0<p_n<1$,若有 $np_n=\lambda(\lambda>0)$,则有

$$\lim_{n\to\infty}\mathrm{C}_n^k p_n^k(1-p_n)^{n-k}=\frac{\lambda^k\mathrm{e}^{-\lambda}}{k!}.$$

证 由 $p_n=\dfrac{\lambda}{n}$,有

$$\mathrm{C}_n^k p_n^k(1-p_n)^{n-k}=\frac{n(n-1)\cdots(n-k+1)}{k!}\left(\frac{\lambda}{n}\right)^k\left(1-\frac{\lambda}{n}\right)^{n-k}$$

$$=\frac{\lambda^k}{k!}\left[1\cdot\left(1-\frac{1}{n}\right)\left(1-\frac{2}{n}\right)\cdots\left(1-\frac{k-1}{n}\right)\right]\left(1-\frac{\lambda}{n}\right)^{n-k}.$$

对于任意固定的 k,有

$$\lim_{n\to\infty}1\cdot\left(1-\frac{1}{n}\right)\left(1-\frac{2}{n}\right)\cdots\left(1-\frac{k-1}{n}\right)=1;$$

$$\lim_{n\to\infty}\left(1-\frac{\lambda}{n}\right)^{n-k}=\lim_{n\to\infty}\left(1-\frac{\lambda}{n}\right)^{-\frac{n}{\lambda}(-\lambda)}\lim_{n\to\infty}\left(1-\frac{\lambda}{n}\right)^{-k}=\mathrm{e}^{-\lambda}.$$

所以

$$\lim_{n\to\infty}\mathrm{C}_n^k p_n^k(1-p_n)^{n-k}=\frac{\lambda^k\mathrm{e}^{-\lambda}}{k!}.$$

由泊松定理的条件 $np_n=\lambda(\lambda>0)$ 可知,当 n 很大,p 很小(np 不大)时,二项分布取值的概率可以由泊松分布取值的概率来近似.

例 2.9 某地有条件基本相同的 2000 人参加某种保险,每人每年向保险公司交付保险金 100 元,若在一年内投保人死亡,则保险公司赔付 1 万元,设该类投保人死亡率为 0.25%,求

保险公司获利不少于 10 万元的概率.

解 X 表示 2000 个投保人在一年内中的死亡人数,则 $X \sim B(2000, 0.0025)$.

若投保人中有 X 人死亡,则保险公司将赔付 $10\,000X$ 元,而这一年保险公司通过这种保险得到的收入为 $100 \times 2000 - 10\,000X = 200\,000 - 10\,000X$ 元,所求概率为

$$P\{200\,000 - 10\,000X \geqslant 100\,000\} = P\{X \leqslant 10\}$$

$$= \sum_{k=0}^{10} \mathrm{C}_{2000}^{k} (0.0025)^k (0.9975)^{2000-k}$$

$$\approx \sum_{k=0}^{10} \frac{(2000 \times 0.0025)^k}{k!} \mathrm{e}^{-2000 \times 0.0025}$$

$$= \sum_{k=0}^{10} \frac{5^k}{k!} \mathrm{e}^{-5} = 0.9863 (查泊松分布数值表).$$

5. 几何分布

若随机变量 X 的分布律为

$$P\{X = k\} = q^{k-1} p, \quad k = 1, 2, \cdots, 0 < p < 1, q = 1 - p,$$

则称随机变量 X 服从参数为 p 的**几何分布**(geometric distribution),记为 $X \sim Ge(p)$.

在一列独立的伯努利试验中,将试验进行到事件 A 首次出现为止所需的试验次数 X 服从参数为 p 的几何分布.

习题 2.2

(A)

1. 已知随机变量 X 的分布律为 $P\{X = k\} = p^k (k = 1, 2, \cdots, 0 < p < 1)$,求 p 的值.

2. 袋中有 4 个黑球,2 个白球,每次取 1 个,不放回,令 X 表示"直到取到黑球为止所取到的白球数",求 X 的分布律及 $P\{X \leqslant 1\}$.

3. 抛掷一枚不均匀硬币,直到正反面都出现为止,设随机变量 X 为抛掷硬币次数,如果出现正面的概率为 $p(0 < p < 1)$,求 X 的分布律.

4. 第三教学办公楼有 6 台饮水机,调查表明在任一时刻每台饮水机被使用的概率都是 0.2,且每台饮水机是否被使用是相互独立的.求:(1) 在同一时刻,恰有 3 台饮水机被使用的概率是多少?(2) 已知初步估计下课后同时有 2 台饮水机被使用,求下课后至少同时有 3 台饮水机被使用的概率.

5. 某篮球运动员的投篮命中率为 0.3.

(1) 用 X 表示首次投中时所需的投篮次数,求 X 的分布律.

(2) 用 Y 表示投中 5 次为止所需的投篮次数,求 Y 的分布律.

6. 某段时间内通过某路口共有 1000 辆汽车,设每辆汽车这段时间内发生事故的概率为 0.0001,问出事故的次数不小于 2 的概率是多少?

（B）

1. 已知一射手每次命中率是 0.4,现有 5 发子弹准备对一目标连续射击,直到命中目标或者子弹打完为止,X 表示所需射击的次数,求 X 的分布律.

2. 设某段时间内通过某路口的汽车数服从泊松分布,已知这段时间内没有车辆通过的概率等于恰有 1 辆汽车通过的概率,求这段时间内至少有 2 辆汽车通过的概率.

3. 在三次独立试验中,事件 A 出现的概率都相等,若已知 A 至少出现一次的概率为 $\dfrac{19}{27}$,求事件 A 在一次试验中出现的概率.

4. 一批产品共有 100 件,其中有 8 件不合格,根据产品检验方案要求,从中任取 5 件产品检验,如果取出的产品都是合格品,则这批产品被接受,否则被拒收.求:(1)取出的 5 件产品中的不合格品数 X 的分布律;(2)产品被拒收的概率.

5. 有 3 个盒子,第一个盒子装有 1 个黑球和 4 个白球,第二个盒子装有 2 个黑球和 3 个白球,第三个盒子装有 3 个黑球和 2 个白球,先任取 1 个盒子,再从选好的盒子里任取 3 个球.以 X 表示所取到的黑球数.求 X 的分布律.

2.3　随机变量的分布函数

对于随机变量 X,我们不仅要知道 X 取哪些值,也要知道 X 取这些值的概率,而且更重要的是要知道 X 在任意区间内取值的概率.离散型随机变量的分布律确实可以解决这些概率问题,而对于非离散型随机变量,其取值不能像离散型随机变量一样一一列举出来,类似分布律的做法就没有任何意义.因而本节我们介绍另一种研究任何类型随机变量统计规律的工具——分布函数.

若 X 是一随机变量,则对 $\forall x \in \mathbb{R}$,$\{X \leqslant x\}$ 是随机事件.当实数 $a < b$ 时,有

$$P\{a < X \leqslant b\} = P\{X \leqslant b\} - P\{X \leqslant a\}.$$

可见,只要对一切 $\forall x \in \mathbb{R}$,给出概率 $P\{X \leqslant x\}$,则任何事件 $\{a < X \leqslant b\}$ 及它们的可列交、可列并的概率都可求得.从而 $P\{X \leqslant x\}$ 完全刻画了随机变量 X 的统计规律.为此,我们引入随机变量的分布函数的概念.

2.3.1　随机变量的分布函数的定义

1. 分布函数的定义

> **定义 2.5**　设 X 是 Ω 上的随机变量(任意类型的随机变量),对任意实数 x,称函数
> $$F(x) = P\{X \leqslant x\}$$
> 为随机变量 X 的**分布函数**(distribution function).

在几何上,它表示随机变量 X 落在实数 x 左边的概率(参见图 2-1).

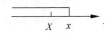

由分布函数的定义可知,$P\{a < X \leqslant b\} = P\{X \leqslant b\} -$　图 2-1　随机变量取值区间示意图

$P\{X\leqslant a\}=F(b)-F(a)$,即由分布函数可以求 X 取值于任意区间 $\{a<X\leqslant b\}$ 上的概率.

2. 性质

设 $F(x)$ 是随机变量 X 的分布函数,则 $F(x)$ 具有如下性质:

性质 2.3(有界性) $0\leqslant F(x)\leqslant 1$, $\forall x\in\mathbb{R}$.

性质 2.4(单调不减性) 即对 $\forall x_1<x_2\in\mathbb{R}$, $F(x_1)\leqslant F(x_2)$.

证 因 $F(x_2)-F(x_1)=P\{X\leqslant x_2\}-P\{X\leqslant x_1\}=P\{x_1<X\leqslant x_2\}\geqslant 0$,则对 $\forall x_1<x_2$,有 $F(x_1)\leqslant F(x_2)$.

性质 2.5(规范性) $F(-\infty)=\lim\limits_{x\to-\infty}F(x)=0$, $F(+\infty)=\lim\limits_{x\to+\infty}F(x)=1$.

规范性根据分布函数的定义即可验证.

性质 2.6(右连续性) 对 $\forall x_0\in\mathbb{R}$,有 $\lim\limits_{x\to x_0^+}F(x)=F(x_0)$.

注 反之可证明,对于任意一个函数,若满足上述 4 条性质,则它一定是某随机变量的分布函数.

例 2.10 设某随机变量的分布函数为

$$F(x)=\begin{cases}0, & x\leqslant-a,\\ A+B\arcsin\left(\dfrac{x}{a}\right), & -a<x\leqslant a,\\ 1, & x>a,\end{cases}$$

其中 $a>0$.求常数 A,B.

解 由

$$\begin{cases}0=F(-a)=\lim\limits_{x\to(-a)^+}F(x)=\lim\limits_{x\to(-a)^+}\left[A+B\arcsin\left(\dfrac{x}{a}\right)\right]=A+B\arcsin(-1)=A-\dfrac{\pi}{2}B,\\ 1=\lim\limits_{x\to a^+}F(x)=F(a)=A+B\arcsin(1)=A+\dfrac{\pi}{2}B\end{cases}$$

可得,$A=\dfrac{1}{2}$, $B=\dfrac{1}{\pi}$.

3. 利用分布函数计算随机变量位于任意区间的概率

若 $a<b\in\mathbb{R}$, $F(x)$ 是随机变量 X 的分布函数,则有

$$P\{X\leqslant a\}=F(a);$$
$$P\{a<X\leqslant b\}=F(b)-F(a);$$
$$P\{X>a\}=1-F(a);$$
$$P\{X<a\}=\lim\limits_{x\to a^-}F(x)=F(a-0);$$
$$P\{X=a\}=P\{X\leqslant a\}-P\{X<a\}=F(a)-F(a-0);$$
$$P\{X\geqslant a\}=1-F(a-0);$$
$$P\{a\leqslant X\leqslant b\}=F(b)-F(a-0);$$
$$P\{a\leqslant X<b\}=F(b-0)-F(a-0);$$
$$P\{a<X<b\}=F(b-0)-F(a).$$

2.3.2　离散型随机变量的分布函数

对于离散型随机变量,其分布函数为 $F(x)=P\{X\leqslant x\}=\sum\limits_{x_i\leqslant x}P\{X=x_i\}$,若这样的 x_i 不存在,则 $F(x)=0$.

例 2.11　设随机变量 X 的分布律为

X	-1	2	5
P	0.1	0.3	0.6

求 X 的分布函数并画出其图像,利用分布函数求 $P\left\{X\leqslant\dfrac{1}{2}\right\}$,$P\left\{\dfrac{3}{2}<X\leqslant\dfrac{5}{2}\right\}$,$P\{2\leqslant X\leqslant 3\}$.

解　X 的 3 个取值点将 x 轴分成 4 个部分,可参见图 2-2(a).

当 $x<-1$ 时,$F(x)=P\{X\leqslant x\}=P\{\varnothing\}=0$;

当 $-1\leqslant x<2$ 时,$F(x)=P\{X\leqslant x\}=P\{X=-1\}=0.1$;

当 $2\leqslant x<5$ 时,$F(x)=P\{X\leqslant x\}=P\{X=-1\}+P\{X=2\}=0.4$;

当 $x\geqslant 5$ 时,$F(x)=P\{X\leqslant x\}=P\{\Omega\}=1$.

所以 X 的分布函数为

$$F(x)=\begin{cases}0, & x<-1,\\0.1, & -1\leqslant x<2,\\0.4, & 2\leqslant x<5,\\1, & x\geqslant 5.\end{cases}$$

画出分布函数的图像如图 2-2(b)所示.

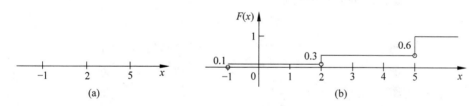

图 2-2　随机变量的取值点及分布函数的图像

从而有

$$P\left\{X\leqslant\frac{1}{2}\right\}=F\left(\frac{1}{2}\right)=0.1;$$

$$P\left\{\frac{3}{2}<X\leqslant\frac{5}{2}\right\}=F\left(\frac{5}{2}\right)-F\left(\frac{3}{2}\right)=0.4-0.1=0.3;$$

$$P\{2\leqslant X\leqslant 3\}=F(3)-F(2-0)=0.4-0.1=0.3.$$

显然,离散型随机变量的分布函数 $F(x)$ 是一个右连续的、单调不减的阶梯形曲线,其间断点即是随机变量的取值点 x_i,且在每个取值点 x_i 处有跳跃,跳跃的高度为该取值点对应的概率 p_i.同理,由离散型随机变量的分布函数 $F(x)$ 也可以唯一确定其分布律.

例 2.12 已知离散型随机变量 X 的分布函数为

$$F(x) = \begin{cases} 0, & x < 3, \\ 0.2, & 3 \leqslant x < 4, \\ 0.5, & 4 \leqslant x < 5, \\ 1, & x \geqslant 5. \end{cases}$$

求 X 的分布律.

解 分布函数在点 $3,4,5$ 处有间断,则随机变量 X 的全部可能取值即为 $3,4,5$. 再求出每个点处的跳跃高度即为该点取值的概率.

$$P\{X=3\} = F(3) - F(3-0) = 0.2;$$
$$P\{X=4\} = F(4) - F(4-0) = 0.5 - 0.2 = 0.3;$$
$$P\{X=5\} = F(5) - F(5-0) = 1 - 0.5 = 0.5.$$

所以随机变量 X 的分布律为

X	3	4	5
P	0.2	0.3	0.5

总之,对于离散型随机变量来说,分布函数和分布律是描述其统计规律的两大重要工具.

习题 2.3

（A）

1. 已知随机变量 X 的分布函数为

$$F(x) = \begin{cases} 0, & x < 1, \\ A\ln x, & 1 \leqslant x \leqslant e, \\ 1, & x > e. \end{cases}$$

求常数 A 及 $P\left\{X \leqslant \dfrac{1}{2}\right\}$, $P\left\{\dfrac{1}{2} < X \leqslant \dfrac{3}{2}\right\}$.

2. 已知 $P\{X \leqslant x_2\} = 1-\beta$, $P\{X > x_1\} = 1-\alpha$, 其中 $x_1 < x_2$, 求 $P\{x_1 < X \leqslant x_2\}$.

3. 判断下列两个函数是否为分布函数:

$$F_1(x) = \begin{cases} 0, & x < 0, \\ \sin x, & 0 \leqslant x < \dfrac{\pi}{2}, \\ 1, & x \geqslant \dfrac{\pi}{2}; \end{cases} \qquad F_2(x) = \begin{cases} 0, & x < 0, \\ \cos x, & 0 \leqslant x < \pi, \\ 1, & x \geqslant \pi. \end{cases}$$

4. 已知离散型随机变量的分布律为

X	-1	0	1	2
P	$\dfrac{1}{8}$	$\dfrac{1}{8}$	$\dfrac{1}{4}$	$\dfrac{1}{2}$

求 X 的分布函数,并求 $P\left\{X\leqslant\dfrac{1}{2}\right\},P\left\{1<X\leqslant\dfrac{3}{2}\right\},P\left\{1\leqslant X\leqslant\dfrac{3}{2}\right\}.$

5. 已知随机变量 X 的分布函数为

$$F(x)=P\{X\leqslant x\}=\begin{cases}0, & x<-1,\\ 0.4, & -1\leqslant x<1,\\ 0.8, & 1\leqslant x<3,\\ 1, & x\geqslant 3.\end{cases}$$

求 X 的分布律.

（B）

1. 设随机变量 X_1,X_2 的分布函数分别为 $F_1(x)$ 和 $F_2(x)$,当实数 a_1,a_2 满足什么条件时,$a_1F_1(x)+a_2F_2(x)$ 是某个随机变量的分布函数?

2. 已知随机变量 X 的分布函数为 $F(x)=A+B\arctan x$,求常数 A,B 及 $P\{|X|\leqslant 1\}$.

3. 已知随机变量 X 的分布函数为 $F(x)=\begin{cases}0, & x\leqslant-1,\\ a+b\arcsin x, & -1<x\leqslant 1,\\ 1, & x>1.\end{cases}$ 求常数 a,b 及

$P\left\{-2\leqslant X\leqslant-\dfrac{1}{2}\right\}.$

2.4 连续型随机变量及其概率密度函数

2.4.1 连续型随机变量

> **定义 2.6** 设 X 是随机变量,$F(x)$ 是它的分布函数,若存在一个非负可积函数 $f(x)$,使得对 $\forall x\in\mathbb{R}$,有
>
> $$F(x)=P\{X\leqslant x\}=\int_{-\infty}^{x}f(t)\mathrm{d}t,$$
>
> 则称 X 为连续型随机变量,称 $f(x)$ 为 X 的**概率密度函数**（**probability density function**）,简称概率密度或密度函数,记为 $X\sim f(x)$.

由上述定义显然可知,连续型随机变量的分布函数 $F(x)$ 是连续函数.

1. 连续型随机变量的分布函数 $F(x)$ 的几何意义　以概率密度函数 $f(x)$ 为顶,以 x 轴为底,从 $-\infty\sim x$ 变区间上的面积即为分布函数 $F(x)$ 的值（参见图 2-3）.

2. 概率密度函数的性质

性质 2.7（非负性）　$f(x)\geqslant 0,x\in\mathbb{R}$.

性质 2.8（规范性）　$\displaystyle\int_{-\infty}^{+\infty}f(x)\mathrm{d}x=1.$

证　由分布函数的性质有：$1=\lim\limits_{x\to+\infty}F(x)=\displaystyle\int_{-\infty}^{+\infty}f(x)\mathrm{d}x.$

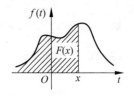

图 2-3　连续型随机变量的分布函数的几何意义

注　满足以上两条性质的任意一个函数,都可作为某连续型随机变量的概率密度函数.

3. 三个常用的结论

(1) 若 $f(x)$ 在点 x 处是连续的,则 $F'(x) = f(x)$,即在连续点 x 处,有

$$f(x) = \lim_{\Delta x \to 0^+} \frac{F(x + \Delta x) - F(x)}{\Delta x} = \lim_{\Delta x \to 0^+} \frac{P\{x < X \leqslant x + \Delta x\}}{\Delta x},$$

且对于 $\forall a \in \mathbb{R}$,有

$$P\{a < X \leqslant a + \Delta x\} = \int_a^{a + \Delta x} f(x) \mathrm{d}x \approx f(a)\Delta x \quad （积分第一中值定理）,$$

即 X 落在任意小区间 $(a, a + \Delta x]$ 上的概率近似等于 $f(a)\Delta x$. 对于连续型随机变量来说,某点概率密度函数值的大小可以衡量随机变量落在该点附近小区间内概率的大小.

(2) 对于任意的集合 G,有

$$P\{X \in G\} = \int_G f(x) \mathrm{d}x.$$

(3) 若 X 是连续型随机变量,则对 $\forall a \in \mathbb{R}$,有

$$P\{X = a\} = 0.$$

事实上,$\forall \Delta x > 0$,有 $0 \leqslant P\{X = a\} \leqslant P\{a - \Delta x < X \leqslant a\} = \int_{a - \Delta x}^a f(x) \mathrm{d}x$,而

$$\lim_{\Delta x \to 0} \int_{a - \Delta x}^a f(x) \mathrm{d}x = 0, \quad 所以 P\{X = a\} = 0.$$

由上可知:概率为 0 的事件不一定是不可能事件! 同样概率为 1 的事件也不一定是必然事件!

对于连续型随机变量 X,有

$$P\{a < X \leqslant b\} = P\{a \leqslant X < b\} = P\{a < X < b\} = P\{a \leqslant X \leqslant b\}$$
$$= \int_a^b f(x) \mathrm{d}x = F(b) - F(a).$$

例 2.13　设随机变量 X 的概率密度函数为

$$f(x) = \begin{cases} kx + 1, & 0 \leqslant x \leqslant 2, \\ 0, & 其他. \end{cases}$$

求:(1)常数 k;(2)X 的分布函数;(3)$P\left\{\dfrac{3}{2} < X \leqslant \dfrac{5}{2}\right\}$.

解　(1) 由 $\int_{-\infty}^{+\infty} f(x) \mathrm{d}x = 1$,得到 $\int_0^2 (kx + 1)\mathrm{d}x = 1$,从而得 $k = -\dfrac{1}{2}$.

(2) X 的分布函数为

$$F(x) = \int_{-\infty}^x f(t)\mathrm{d}t = \begin{cases} \int_{-\infty}^x 0\mathrm{d}t = 0, & x < 0, \\ \int_{-\infty}^0 0\mathrm{d}t + \int_0^x \left(-\dfrac{1}{2}t + 1\right)\mathrm{d}t = -\dfrac{1}{4}x^2 + x, & 0 \leqslant x < 2, \\ \int_{-\infty}^0 0\mathrm{d}t + \int_0^2 \left(-\dfrac{1}{2}t + 1\right)\mathrm{d}t + \int_2^x 0\mathrm{d}t = 1, & x \geqslant 2. \end{cases}$$

注　因连续型随机变量的分布函数是连续函数,故分布函数分段点处的等号放在哪个区间皆可!

(3) $P\left\{\dfrac{3}{2}<X\leqslant\dfrac{5}{2}\right\}=F\left(\dfrac{5}{2}\right)-F\left(\dfrac{3}{2}\right)=1-\left(-\dfrac{1}{4}\times\dfrac{9}{4}+\dfrac{3}{2}\right)=\dfrac{1}{16}.$

或者 $P\left\{\dfrac{3}{2}<X\leqslant\dfrac{5}{2}\right\}=\displaystyle\int_{\frac{3}{2}}^{\frac{5}{2}}f(x)\mathrm{d}x=\int_{\frac{3}{2}}^{2}\left(-\dfrac{1}{2}x+1\right)\mathrm{d}x+\int_{2}^{\frac{5}{2}}0\mathrm{d}x=\dfrac{1}{16}.$

注 对概率密度函数求积分时,要考虑是否需要根据概率密度函数的非零区间来分割积分区间.

例 2.14 设随机变量 X 的分布函数为

$$F(x)=\begin{cases}0, & x\leqslant 0,\\ Ax^2, & 0<x\leqslant 1,\\ 1, & x>1.\end{cases}$$

求常数 A 及随机变量 X 的概率密度函数.

解 由右连续性知 $\lim\limits_{x\to 1^+}F(x)=1$,从而 $1=A\cdot 1^2$,故 $A=1$. 概率密度函数为

$$f(x)=F'(x)=\begin{cases}2x, & 0<x\leqslant 1,\\ 0, & \text{其他}.\end{cases}$$

总之,对于连续型随机变量来说,分布函数和概率密度函数是描述其统计规律的两大重要工具.

2.4.2 常见的连续型随机变量及其分布

1. 均匀分布

(1) 若随机变量 X 的概率密度函数为

$$f(x)=\begin{cases}\dfrac{1}{b-a}, & a\leqslant x\leqslant b,\\ 0, & \text{其他},\end{cases}$$

则称 X 服从 $[a,b]$ 区间上的**均匀分布**(**uniform distribution**),记为 $X\sim U[a,b]$.

(2) 均匀分布的性质

若 $X\sim U[a,b]$,则对于任意子区间 $(c,c+l)\subset[a,b]$ 有

$$P\{c<X\leqslant c+l\}=\int_c^{c+l}f(x)\mathrm{d}x=\int_c^{c+l}\dfrac{1}{b-a}\mathrm{d}x=\dfrac{l}{b-a},$$

即服从均匀分布的随机变量落在任意子区间的概率与子区间的长度成正比,而与子区间的位置无关.

(3) 若 $X\sim U[a,b]$,则 X 的分布函数为

$$F(x)=\begin{cases}0, & x<a,\\ \dfrac{x-a}{b-a}, & a\leqslant x<b,\\ 1, & x\geqslant b.\end{cases}$$

其图像如图 2-4 所示.

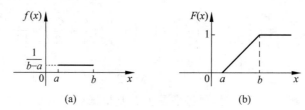

图 2-4　$[a,b]$ 区间上均匀分布的概率密度函数及分布函数图像

(a) 概率密度函数的图像；(b) 分布函数的图像

2. 指数分布

（1）若随机变量 X 的概率密度函数为

$$f(x) = \begin{cases} \lambda e^{-\lambda x}, & x > 0, \\ 0, & x \leqslant 0. \end{cases}$$

则称 X 服从参数为 $\lambda(\lambda > 0)$ 的**指数分布**（**exponential distribution**），记为 $X \sim e(\lambda)$ 或者 $X \sim E(\lambda)$．

（2）指数分布的性质——无记忆性　若 X 服从参数为 λ 的指数分布，则对于任意的 s，$t > 0$，有

$$P\{X \geqslant s + t \mid X \geqslant s\} = P\{X \geqslant t\}.$$

证　由条件概率的定义得

$$P\{X \geqslant s + t \mid X \geqslant s\} = \frac{P\{(X \geqslant s + t) \bigcap (X \geqslant s)\}}{P\{X \geqslant s\}}$$

$$= \frac{P\{X \geqslant s + t\}}{P\{X \geqslant s\}} = \frac{e^{-\lambda(s+t)}}{e^{-\lambda s}} = e^{-\lambda t} = P(X \geqslant t).$$

假设 X 表示某一电子元件的使用寿命，且 X 服从指数分布，则该元件已经使用了 s 小时，能再使用至少 t 小时的条件概率等于从开始时至少能使用 t 小时的概率．也就是说，对已经使用的 s 小时没有记忆．

（3）指数分布的分布函数为

$$F(x) = \begin{cases} 1 - e^{-\lambda x}, & x > 0, \\ 0, & \text{其他}. \end{cases}$$

指数分布的概率密度函数和分布函数图像如图 2-5 所示．

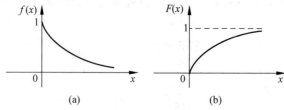

图 2-5　参数为 λ 的指数分布的概率密度函数及分布函数的图像

(a) 概率密度函数的图像；(b) 分布函数的图像

指数分布在现实生活中有着广泛的应用，如电子元件的寿命，随机服务系统的服务时间等都服从指数分布．

例 2.15 某仪器装有三只独立工作的同型号的电子元件,其寿命 X(单位:h)都服从同一指数分布,其参数 $\lambda = \dfrac{1}{600}$,试求:在仪器使用的最初 200h 内,至少有一只电子元件损坏的概率.

解 X 的概率密度函数为

$$f(x) = \begin{cases} \dfrac{1}{600} \mathrm{e}^{-\frac{1}{600}x}, & x > 0, \\ 0, & x \leqslant 0, \end{cases}$$

则 $P\{0 < X < 200\} = \displaystyle\int_0^{200} f(x)\mathrm{d}x = 1 - \mathrm{e}^{-\frac{1}{3}}$.

设 Y 表示三只元件中使用 200h 内损坏的个数,各元件在使用的最初 200h 内是否损坏是独立的,因此 $Y \sim B(3, 1 - \mathrm{e}^{-\frac{1}{3}})$,从而至少有一只电子元件损坏的概率为

$$P\{Y \geqslant 1\} = 1 - P\{Y = 0\} = 1 - \mathrm{e}^{-1}.$$

3. 正态分布

(1) 若随机变量 X 的概率密度函数为

$$f(x) = \dfrac{1}{\sqrt{2\pi}\,\sigma} \mathrm{e}^{-\frac{(x-\mu)^2}{2\sigma^2}}, \quad -\infty < x < +\infty,$$

其中 $\mu, \sigma(\sigma > 0)$ 为常数,则称 X 服从参数为 μ, σ 的**正态分布**（**normal distribution**）,记为 $X \sim N(\mu, \sigma^2)$.

利用泊松积分 $\displaystyle\int_{-\infty}^{+\infty} \mathrm{e}^{-x^2}\mathrm{d}x = \sqrt{\pi}$,可以验证 $\displaystyle\int_{-\infty}^{+\infty} f(x)\mathrm{d}x = 1$.

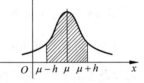

图 2-6　参数为 μ, σ 的正态分布的概率密度函数的图像

(2) 正态分布概率密度函数 $f(x)$ 的参数 μ, σ 的意义在第 4 章会有具体说明,图像如图 2-6 所示.

概率密度函数 $f(x)$ 的性质:

① $f(x)$ 关于 $x = \mu$ 对称,即对于任意的 $h > 0$,有 $P\{\mu - h < X \leqslant \mu\} = P\{\mu < X \leqslant \mu + h\}$,如图 2-6 所示,关于 $x = \mu$ 对称的两区间概率相等;

② 概率密度函数 $f(x)$ 当 $x = \mu$ 时取最大值,且最大值为 $f(\mu) = \dfrac{1}{\sqrt{2\pi}\,\sigma}$;

③ 曲线 $f(x)$ 在 $x = \mu \pm \sigma$ 处有拐点,且以 x 轴为渐近线;

④ 若固定 σ,改变 μ 的值,则曲线沿着 x 轴平行移动,但形状不变(见图 2-7(a)),称 μ 为位置参数;固定 μ,改变 σ 的值,则曲线位置不变,形状改变,称 σ 为形状参数. σ 越大曲线越平坦;σ 越小曲线越尖锐(见图 2-7(b)).

(3) 参数为 μ, σ 的正态分布的分布函数为

$$F(x) = \dfrac{1}{\sqrt{2\pi}\,\sigma} \int_{-\infty}^{x} \mathrm{e}^{-\frac{(t-\mu)^2}{2\sigma^2}} \mathrm{d}t,$$

图像如图 2-8 所示.

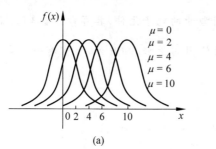 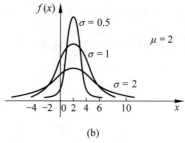

(a)   (b)

图 2-7 正态分布概率密度函数关于 μ,σ 的变化示意图

(a) 固定 σ,改变 μ 的值,正态分布概率密度函数图像的变化情况;

(b) 固定 $\mu=2$,改变 σ 的值,正态分布概率密度函数图像的变化情况

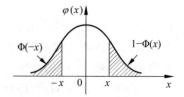

图 2-8 参数为 μ,σ 的正态分布的
分布函数图像

4. 标准正态分布

参数 $\mu=0,\sigma=1$ 时的正态分布称为**标准正态分布**（**standard normal distribution**），即 $X\sim N(0,1)$，为区别其他正态分布，其概率密度函数和分布函数分别用 $\varphi(x)$，$\Phi(x)$ 表示，即

$$\varphi(x)=\frac{1}{\sqrt{2\pi}}e^{-\frac{x^2}{2}},\quad \Phi(x)=\frac{1}{\sqrt{2\pi}}\int_{-\infty}^{x}e^{-\frac{t^2}{2}}dt.$$

5. 正态分布的概率计算

（1）标准正态分布的概率计算

由于标准正态分布的概率密度函数 $\varphi(x)=\dfrac{1}{\sqrt{2\pi}}e^{-\frac{x^2}{2}}$ 作为被积函数的原函数不能用初

等函数表示出来，所以求标准正态分布的区间概率不能通过对概率密度函数求积分得到. 但是，标准正态分布的分布函数，当 $x\geqslant 0$ 时的分布函数 $\Phi(x)$ 值是可以查标准正态分布函数表（见附表2）得到，又根据标准正态分布的概率密度函数是偶函数，关于 y 轴对称，如图 2-9 所示，则有 $\Phi(-x)=1-\Phi(x)$. 当 $x<0$ 时，$\Phi(x)=1-\Phi(-x)$. 或者可以利用 Excel 中的函数命

图 2-9 标准正态分布的分布函数在 x 点
和 $-x$ 点处的分布函数值关系图

令 NORMSDIST 求得正态分布的分布函数或者概率密度函数的函数值或反函数值.

若随机变量 $X\sim N(0,1)$，对于任意的 $a<b$，有

$$P\{a<X<b\}=\Phi(b)-\Phi(a).$$

若 $a\geqslant 0,b\geqslant 0$，可直接查表（附表2）得到 $\Phi(b)$ 和 $\Phi(a)$，从而得到 $P\{a<X<b\}$；若 $a<0,b<0$，则查表得到 $\Phi(-b)$ 和 $\Phi(-a)$，根据 $\Phi(b)=1-\Phi(-b)$，$\Phi(a)=1-\Phi(-a)$，从而得到 $P\{a<X<b\}$.

例 2.16 已知 $X\sim N(0,1)$，且 $P\{X\leqslant b\}=0.9515,P\{X\leqslant a\}=0.049\,47$，求 a,b.

解 $P\{X\leqslant b\}=0.9515=\Phi(b)>0.5=\Phi(0)$，则 $b>0$，反查标准正态分布的分布函数表得 $\Phi(1.66)=0.9515$，所以，$b=1.66$.

$P\{X\leqslant a\}=0.049\,47=\Phi(a)<\dfrac{1}{2}=\Phi(0)$，则 $a<0$，反查标准正态分布的分布函数表得

$\Phi(-a)=1-\Phi(a)=1-0.04947=0.95053=\Phi(1.65)$，所以，$a=-1.65$.

（2）一般正态分布的概率计算

> **定理 2.3**　若随机变量 $X\sim N(\mu,\sigma^2)$，则其分布函数为 $F(x)=\Phi\left(\dfrac{x-\mu}{\sigma}\right)$.

证　$F(x)=\dfrac{1}{\sqrt{2\pi}\,\sigma}\displaystyle\int_{-\infty}^{x}\mathrm{e}^{-\frac{(t-\mu)^2}{2\sigma^2}}\mathrm{d}t\xrightarrow{\text{令}\ z=\frac{t-\mu}{\sigma}}\dfrac{1}{\sqrt{2\pi}}\displaystyle\int_{-\infty}^{\frac{x-\mu}{\sigma}}\mathrm{e}^{-\frac{z^2}{2}}\mathrm{d}z$

$\qquad\qquad =\displaystyle\int_{-\infty}^{\frac{x-\mu}{\sigma}}\varphi(z)\mathrm{d}z=\Phi\left(\dfrac{x-\mu}{\sigma}\right)$.

定理 2.3 表明，一般正态分布的分布函数值可以用标准正态分布的分布函数值表示. 若 $X\sim N(\mu,\sigma^2)$，求 $P\{a\leqslant X\leqslant b\}$ 的方法：

$$P\{a\leqslant X\leqslant b\}=F_X(b)-F_X(a)=\Phi\left(\dfrac{b-\mu}{\sigma}\right)-\Phi\left(\dfrac{a-\mu}{\sigma}\right).$$

即先用一般正态分布的分布函数值表示所求区间概率，再转化为标准正态分布的分布函数值，最后查表得到所求区间概率.

例 2.17　已知随机变量 $X\sim N(50,100)$，计算 $P\{45<X<62\}$.

解

$$P\{45<X<62\}=F(62)-F(45)=\Phi\left(\dfrac{62-50}{10}\right)-\Phi\left(\dfrac{45-50}{10}\right)$$
$$=\Phi(1.2)-\Phi(-0.5)=\Phi(1.2)-[1-\Phi(0.5)]$$
$$=0.8849-1+0.6915=0.5764.$$

习题 2.4

（A）

1. 设随机变量 X 的概率密度函数为
$$f(x)=\begin{cases}Ax, & 0<x<1,\\ 0, & \text{其他}.\end{cases}$$
求：(1)常数 A；(2)随机变量 X 的分布函数；(3)$P\left\{X>\dfrac{1}{2}\right\}$.

2. 设随机变量 X 的概率密度函数为 $f(x)=a\mathrm{e}^{-|x|}$，$-\infty<x<+\infty$. 求：(1)常数 a；(2)X 的分布函数；(3)$P\left\{X\leqslant\dfrac{1}{2}\right\}$，$P\left\{-1\leqslant X\leqslant\dfrac{3}{2}\right\}$.

3. 设随机变量 X 的分布函数为
$$F(x)=\begin{cases}1-A\mathrm{e}^{-2x}, & x>0,\\ 0, & x\leqslant 0.\end{cases}$$
求：(1)常数 A；(2)X 的概率密度函数；(3)$P\{-1<X<2\}$.

4. 设随机变量 X 服从 $[1,6]$ 区间上的均匀分布，求方程 $y^2+Xy+1=0$ 有实根的概率.

5. 已知随机变量 $X \sim N(0,1)$，求 $P\{X<1.65\}$，$P\{X>-1.65\}$ 及 $P\{|X|<1.65\}$.

6. 已知随机变量 $X \sim N(2,\sigma^2)$，且 $P\{2<X<4\}=0.3$，求 $P\{X<0\}$.

7. 设 X 服从正态分布 $N(3,2^2)$．求：(1) $P\{2<X\leqslant 5\}$，$P\{-3<X<6\}$；(2) 若 $P\{X>c\}=P\{X\leqslant c\}$，则 c 等于多少？

8. 设测量误差 $X \sim N(0,10^2)$，试求在 100 次独立重复测量中，至少有两次测量误差的绝对值大于 19.6 的概率 α，并用泊松定理求出 α 的近似值（要求小数点后取两位有效数字）．

（B）

1. 设随机变量 X 的概率密度函数为
$$f(x)=\begin{cases} A-|x|, & -1\leqslant x\leqslant 1, \\ 0, & \text{其他}. \end{cases}$$
求：(1) 常数 A；(2) 随机变量 X 的分布函数.

2. 设随机变量 X 的概率密度函数为
$$f(x)=\begin{cases} \dfrac{3}{8}x^2, & a\leqslant x\leqslant b, \\ 0, & \text{其他}, \end{cases}$$
且已知 $P\left\{a<X<\dfrac{a+b}{2}\right\}=\dfrac{1}{8}$. 求：(1) 常数 a,b 的值；(2) X 的分布函数.

3. 设随机变量 $X \sim N(0,\sigma^2)$，若 $P\{|X|>k\}=0.1$，求 $P\{X<k\}$.

4. 设随机变量 $X \sim N(\mu,4^2)$，随机变量 $Y \sim N(\mu,5^2)$，且 $P\{X<\mu-4\}=p_1$，$P\{Y>\mu+5\}=p_2$，比较 p_1 和 p_2 的大小.

5. 设连续型随机变量 X 的概率密度函数 $f(x)$ 是一个偶函数，$F(x)$ 为 X 的分布函数，求证对任意实数 $a>0$，有：

(1) $F(-a)=1-F(a)=0.5-\displaystyle\int_0^a f(x)\mathrm{d}x$；　　(2) $P\{|X|<a\}=2F(a)-1$.

2.5　随机变量函数的分布

在实际中，我们通常不仅要观测、研究随机变量，还要研究随机变量的函数. 如保险公司某个险种的出险次数是随机变量，该险种的收益是出险次数的函数，因而也是一个随机变量. 一般来说，设 X 是一随机变量，$y=g(x)$ 是一个连续的实值函数，按照随机变量的定义，则 X 的函数 $Y=g(X)$ 也是一随机变量. 本节我们研究如何通过 X 的分布来确定随机变量函数 Y 的分布.

2.5.1　离散型随机变量函数的分布

对于离散型随机变量 X，若已知它的分布律，可用列举法求出它的函数 $Y=g(X)$（仍是离散型随机变量）的分布律.

例 2.18 已知离散型随机变量 X 的分布律为

X	-1	0	2	3
P	0.2	0.3	0.4	0.1

求 $Y = 2X - 3$ 和 $Z = (X-1)^2$ 的分布律.

解 (1)将 X 的 4 个取值点分别代入 $Y = 2X - 3$,得到 Y 的 4 个取值点为 $-5, -3, 1, 3$,且 $P\{Y = -5\} = P\{2X - 3 = -5\} = \{X = -1\} = 0.2$;

同理可得 $P\{Y = -3\} = P\{X = 0\} = 0.3$; $P\{Y = 1\} = P\{X = 2\} = 0.4$; $P\{Y = 3\} = P\{X = 3\} = 0.1$.

从而 Y 的分布律为

Y	-5	-3	1	3
P	0.2	0.3	0.4	0.1

(2) 将 X 的 4 个取值点分别代入 $Z = (X-1)^2$,得到 Z 的两个取值点为 $1, 4$,且
$$P\{Z = 1\} = P\{(X-1)^2 = 1\} = P\{X = 0 \bigcup X = 2\} = P\{X = 0\} + P\{X = 2\}$$
$$= 0.3 + 0.4 = 0.7;$$
$$P\{Z = 4\} = P\{(X-1)^2 = 4\} = P\{X = -1 \bigcup X = 3\} = P\{X = -1\} + P\{X = 3\}$$
$$= 0.2 + 0.1 = 0.3;$$

故 Z 的分布律为

Z	1	4
P	0.7	0.3

由例 2.18 可知,求离散型随机变量函数的分布律时,先将 $y_i = g(x_i)$ 一一列出,若其中有某些 $g(x_i)$ 相等,则把相等的值分别合并,并相应地将其概率相加,即得到 $Y = g(X)$ 的分布律.

2.5.2 连续型随机变量函数的分布

对连续型随机变量 X,若已知它的概率密度函数 $f_X(x)$,可求它的函数 $Y = g(X)$(一般仍是连续型随机变量)的概率密度函数 $f_Y(y)$,其他特殊情况特别处理(参见习题 2.5(A)的第 2 题).

1. 思路

为求 $f_Y(y)$,需先求 $F_Y(y)$,则
$$F_Y(y) = P\{Y \leqslant y\} = P\{g(X) \leqslant y\} = \int_{g(x) \leqslant y} f_X(x) \mathrm{d}x;$$
再根据 $f_Y(y) = F_Y'(y)$,即得到 $f_Y(y)$.

例 2.19 已知随机变量 X 的概率密度函数为
$$f_X(x) = \begin{cases} \dfrac{x}{8}, & 0 < x < 4, \\ 0, & \text{其他.} \end{cases}$$

求随机变量 $Y = 2X + 8$ 的概率密度函数 $f_Y(y)$.

解　先求 $Y = 2X + 8$ 的分布函数

$$F_Y(y) = P\{Y \leqslant y\} = P\{2X + 8 \leqslant y\} = P\left\{X \leqslant \frac{y-8}{2}\right\}$$

$$= F_X\left(\frac{y-8}{2}\right) \left(\text{或} \int_{-\infty}^{\frac{y-8}{2}} f_X(x)\mathrm{d}x\right).$$

不需求出分布函数 $F_Y(y)$ 的具体表达式,只需求其导数即可得到所求的 $f_Y(y)$,即

$$f_Y(y) = F'_Y(y) = f_X\left(\frac{y-8}{2}\right)\left(\frac{y-8}{2}\right)'$$

$$= \begin{cases} \dfrac{1}{8} \cdot \left(\dfrac{y-8}{2}\right) \cdot \dfrac{1}{2}, & 0 < \dfrac{y-8}{2} < 4, \\ 0, & \text{其他} \end{cases} = \begin{cases} \dfrac{y-8}{32}, & 8 < y < 16, \\ 0, & \text{其他}. \end{cases}$$

例 2.19 中的关键在于求解不等式 $g(X) \leqslant y$,解出与之等价的 X 的不等式,再用 X 的分布函数表示关于 X 不等式的概率,即用 X 的分布函数表示出 Y 的分布函数,称该方法为分布函数法.

2. 分布函数法的步骤

(1) 确定随机变量 Y 的取值区间,假设 $Y \in [a, b]$;

(2) Y 的取值区间 $[a, b]$ 将整个实数轴分成三部分,分别求每个区间下 Y 的分布函数

$$F_Y(y) = P\{Y \leqslant y\} = P\{g(X) \leqslant y\}$$

$$= \begin{cases} 0, & y < a, \\ P\{X \in \text{某区间}\} = X \text{ 的分布函数表示}, & a \leqslant y < b, \\ 1, & y \geqslant b. \end{cases}$$

(3) 求 Y 的概率密度函数 $f_Y(y) = F'_Y(y)$(复合函数求导或者变限积分求导).

例 2.20　已知随机变量 $X \sim N(0, 1)$,求 $Y = X^2$ 的概率密度函数.

解　$Y = X^2 \geqslant 0$,则

$$F_Y(y) = P\{Y \leqslant y\} = P\{X^2 \leqslant y\}$$

$$= \begin{cases} P\{-\sqrt{y} \leqslant X \leqslant \sqrt{y}\} = \Phi_X(\sqrt{y}) - \Phi_X(-\sqrt{y}), & y \geqslant 0, \\ 0, & y < 0, \end{cases}$$

于是

$$f_Y(y) = F'_Y(y) = \begin{cases} \dfrac{1}{2\sqrt{y}}\left[\varphi_X(\sqrt{y}) + \varphi_X(-\sqrt{y})\right], & y \geqslant 0, \\ 0, & y < 0. \end{cases}$$

已知 $X \sim N(0, 1)$,$\varphi(x) = \dfrac{1}{\sqrt{2\pi}}\mathrm{e}^{-\frac{x^2}{2}}$,$-\infty < x < +\infty$,代入上式则有

$$f_Y(y) = \begin{cases} \dfrac{1}{\sqrt{2}\,\pi} y^{-\frac{1}{2}} \mathrm{e}^{-\frac{y}{2}}, & y \geqslant 0, \\ 0, & y < 0. \end{cases}$$

称 Y 为服从自由度为 1 的 **χ^2(卡方)分布**(第 6 章将详细介绍).

3. 公式法

> **定理 2.4（严格单调函数公式法）**　若连续型随机变量 X 的概率密度函数为 $f_X(x)$，$y=g(x)$ 在其定义域内是一严格单调的连续函数，且其反函数 $g^{-1}(y)$ 有连续导数，则 $Y=g(X)$ 也是连续型随机变量，其概率密度函数为
>
> $$f_Y(y)=\begin{cases} f_X[g^{-1}(y)]\,|[g^{-1}(y)]'|, & \alpha<y<\beta, \\ 0, & \text{其他}, \end{cases}$$
>
> 其中，$Y=g(X)$ 的值域为 (α,β).

证　因为 $y=g(x)$ 是一严格单调的连续函数，不妨假设 $y=g(x)$ 是严格单调增函数，则其导函数 $g'(x)>0$，且存在反函数 $g^{-1}(y)$，反函数 $g^{-1}(y)$ 也是严格单调增的函数.

$Y=g(X)$ 的值域为 (α,β)，则 Y 的分布函数满足：

当 $y<\alpha$ 时，$F_Y(y)=0$；

当 $y\geqslant\beta$ 时，$F_Y(y)=1$；

当 $\alpha\leqslant y<\beta$ 时，$F_Y(y)=P\{Y\leqslant y\}=P\{g(X)\leqslant y\}$

$$=P\{X\leqslant g^{-1}(y)\}=F_X[g^{-1}(y)];$$

对 $F_Y(y)$ 求导得到

$$f_Y(y)=\begin{cases} f_X[g^{-1}(y)][g^{-1}(y)]', & \alpha<y<\beta, \\ 0, & \text{其他}. \end{cases}$$

同理可得当 $g'(x)<0$ 时，$Y=g(X)$ 的概率密度函数为

$$f_Y(y)=\begin{cases} f_X[g^{-1}(y)][-g^{-1}(y)]', & \alpha<y<\beta, \\ 0, & \text{其他}. \end{cases}$$

综上所述，定理得证.

例 2.21　设连续型随机变量 X 的概率密度函数为

$$f_X(x)=\begin{cases} \lambda e^{-\lambda x}(\lambda>0), & x\geqslant0, \\ 0, & x<0. \end{cases}$$

求 $Y=e^X$ 的概率密度函数 $f_Y(y)$.

解　函数 $y=e^x$ 当 $x\geqslant0$ 时是严格单调增函数，其反函数 $x=\ln y$ 的导数 $\dfrac{dx}{dy}=\dfrac{1}{y}$ 连续，由 $x\geqslant0\Rightarrow y=e^x\geqslant1$，则由定理 2.4 中的公式可知

$$f_Y(y)=\begin{cases} f_X(\ln y)\left|\dfrac{1}{y}\right|=\lambda y^{-(1+\lambda)}(\lambda>0), & y\geqslant1, \\ 0, & y<1. \end{cases}$$

> **定理 2.5（正态分布的线性变换不变性）**　若设随机变量 $X\sim N(\mu,\sigma^2)$，且 $Y=aX+b$，则
>
> $$Y\sim N(a\mu+b,a^2\sigma^2).$$

证 由于 $y=ax+b$ 严格单调,可得其反函数为 $x=g^{-1}(y)=\dfrac{y-b}{a}$,且有 $[g^{-1}(y)]'=\dfrac{1}{a}$ 连续,于是

$$f_Y(y)=\frac{1}{|a|}f_X\left(\frac{y-b}{a}\right)=\frac{1}{|a|\sqrt{2\pi}\sigma}\mathrm{e}^{-\frac{\left(\frac{y-b}{a}-\mu\right)^2}{2\sigma^2}}$$

$$=\frac{1}{|a|\sqrt{2\pi}\sigma}\mathrm{e}^{-\frac{[y-(b+a\mu)]^2}{2(a\sigma)^2}},\quad -\infty<y<+\infty.$$

由此可得 $Y\sim N(a\mu+b,a^2\sigma^2)$.

> **推论** 若随机变量 $X\sim N(\mu,\sigma^2)$,则 $Z=\dfrac{X-\mu}{\sigma}\sim N(0,1)$.

证 由定理 2.5 即可得出此推论.

此推论表明,一般正态分布经过一个线性变换就可化成标准正态分布,称该变换为标准化变换.

根据此推论,若 $X\sim N(\mu,\sigma^2)$,求 $P\{a\leqslant X\leqslant b\}$ 还有另外一种方法:

$$P\{a\leqslant X\leqslant b\}=P\left\{\frac{a-\mu}{\sigma}\leqslant\frac{X-\mu}{\sigma}\leqslant\frac{b-\mu}{\sigma}\right\}=\Phi\left(\frac{b-\mu}{\sigma}\right)-\Phi\left(\frac{a-\mu}{\sigma}\right).$$

即先把不等式两边同时标准化,将原概率转换成求一个服从标准正态分布的随机变量的区间概率,再用其分布函数值表示,最后查表得到所求区间概率.

许多情况下,$y=g(x)$ 在定义域内不是严格单调的函数,而是分段单调的函数,则同样,利用"分布函数法"可得如下定理.

> **定理 2.6(分段单调函数公式法)** 若随机变量 X 的概率密度函数为 $f_X(x)$,$y=g(x)$ 在不相交的区间 $I_1,I_2,\cdots$ 上逐段严格单调,其在各段上的反函数分别为 $g_1^{-1}(y)$,$g_2^{-1}(y),\cdots$,且有连续导数,则 $Y=g(X)$ 也是连续型随机变量,其概率密度函数为
>
> $$f_Y(y)=\begin{cases}\displaystyle\sum_{i:g_i^{-1}(y)\in I_i}f_X[g_i^{-1}(y)]\,|[g_i^{-1}(y)]'|,&\alpha<y<\beta,\\0,&\text{其他.}\end{cases}$$
>
> 其中,$Y=g(X)$ 的值域为 (α,β).

证明略.

例 2.22 已知随机变量 $X\sim N(0,1)$,利用公式法求 $Y=X^2$ 的概率密度函数.

解 $Y=X^2\geqslant 0$,且函数 $y=x^2$ 在区间 $(-\infty,0]$ 上是单调减函数,在区间 $(0,+\infty)$ 内是单调增函数,且反函数分别为 $g_1^{-1}(y)=-\sqrt{y}$,$g_2^{-1}(y)=\sqrt{y}$,由定理 2.6 中的公式有

$$f_Y(y)=\begin{cases}\varphi_X[g_1^{-1}(y)]\,|[g_1^{-1}(y)]'|+\varphi_X[g_2^{-1}(y)]\,|[g_2^{-1}(y)]'|,&y\geqslant 0,\\0,&\text{其他}\end{cases}$$

$$=\begin{cases}\varphi_X(-\sqrt{y})\,|(-\sqrt{y})'|+\varphi_X(\sqrt{y})\,|(\sqrt{y})'|,&y\geqslant 0,\\0,&\text{其他,}\end{cases}$$

即 $f_Y(y)=\begin{cases}\dfrac{1}{2\sqrt{y}}\big[\varphi_X(\sqrt{y})+\varphi_X(-\sqrt{y})\big], & y\geqslant0,\\[2mm]0, & y<0.\end{cases}$

已知 $X\sim N(0,1)$，$\varphi(x)=\dfrac{1}{\sqrt{2\pi}}\mathrm{e}^{-\frac{x^2}{2}}$，$-\infty<x<+\infty$，代入上式则有

$$f_Y(y)=\begin{cases}\dfrac{1}{\sqrt{2\pi}}y^{-\frac{1}{2}}\mathrm{e}^{-\frac{y}{2}}, & y\geqslant0,\\[2mm]0, & y<0.\end{cases}$$

习题 2.5

（A）

1. 设随机变量 X 的概率分布律为

X	-2	-1	0	1	2
P	0.1	0.2	0.4	0.2	0.1

求 $Y=2X+1$ 和 $Z=2X^2+1$ 的概率分布律.

2. 设随机变量 X 服从参数为 $\lambda=2$ 的指数分布，若

$$Y=\begin{cases}0, & X>1,\\1, & X\leqslant1.\end{cases}$$

求 Y 的概率分布律.

3. 设随机变量 X 服从 $[0,1]$ 上的均匀分布，求 $Y=2X+1$ 的概率密度函数.

4. 设随机变量 $X\sim N(0,1)$，求 $Y=\mathrm{e}^X$ 的概率密度函数.

5. 设随机变量 X 服从参数为 1 的指数分布，求 $Y=X^2$ 的概率密度函数.

（B）

1. 设 X 的分布律为 $P\{X=k\}=\left(\dfrac{1}{2}\right)^k$，$k=1,2,\cdots$，且

$$Y=\begin{cases}1, & X=2n,\\-1, & X=2n-1,\end{cases}\qquad n=1,2,\cdots,$$

求 Y 的分布律.

2. 设随机变量 X 服从区间 $[0,1]$ 上的均匀分布，求 $Z=|\ln X|$ 的概率密度函数.

3. 设随机变量 X 服从区间 $[0,2\pi]$ 上的均匀分布，求 $Y=\sin X$ 的概率密度函数.

4. 设随机变量 X 的概率密度函数为

$$f_X(x)=\begin{cases}\dfrac{2}{9}(1-x), & -2<x<1,\\0, & 其他.\end{cases}$$

求 $Y=X^2$ 的概率密度函数.

5. 假设随机变量 X 服从参数为 2 的指数分布,证明:$Y=1-e^{-2X}$ 在区间 $[0,1]$ 上服从均匀分布.

趣味拓展材料 2.1 泊松与泊松分布

1. 泊松

西莫恩·德尼·泊松(Siméon-Denis Poisson,1781—1840)法国数学家、几何学家和物理学家.

泊松 1798 年进入巴黎综合工科学校深造,1800 年毕业后留校任教,因优秀的研究论文而被指定为讲师,受到拉普拉斯、拉格朗日的赏识.泊松是法国第一流的分析学家,年仅 18 岁就发表了一篇关于有限差分的论文,受到了法国数学家勒让德(Legendre,1752—1833)的好评.他一生成果累累,发表论文 300 多篇,对数学和物理学都做出了杰出贡献.

泊松

泊松在数学方面的贡献很多.最突出的是 1837 年在《关于判断的概率之研究》一文中提出描述随机现象的一种常用分布——泊松分布.这一分布在公用事业、放射性现象等许多方面都有应用.他还研究过定积分、傅里叶级数、数学物理方程等.除泊松分布外,还有许多数学名词是以他名字命名的,如泊松积分、泊松求和公式、泊松方程、泊松定理等.

泊松也是 19 世纪概率统计领域里的卓越人物.他改进了概率论的运用方法,特别是用于统计方面的方法.他推广了"大数定律",并导出了在概率论与数理方程中有重要应用的泊松积分.他是从法庭审判问题出发研究概率论的,1837 年出版了他的专著《关于刑事案件和民事案件审判概率的研究》.

2. 泊松分布

在现实生活中,当一个随机事件,例如某电话交换台收到的呼叫、来到某公共汽车站的乘客、某放射性物质发射出的粒子、显微镜下某区域中的白血球等等,以固定的平均瞬时速率 λ(或称密度)随机且独立地出现时,那么这个事件在单位时间(面积或体积)内出现的次数或个数就近似地服从泊松分布 $P(\lambda)$.因此,泊松分布在管理科学、运筹学以及自然科学的某些问题中都占有重要的地位.

泊松分布的社会应用主要涉及随机事件数量分布的预测和估算,这些应用包括但不限于以下几个方面:(1)交通规划.在交通规划中,泊松分布可以用来估计每天、每周或每月的交通事故数量,这有助于制定交通安全政策以减少事故发生的概率.(2)金融风险预测.在金融领域中,泊松分布可以用来预测风险事件的发生次数和频率.例如,一个对冲基金公司可以使用泊松分布来预测市场上出现的突发事件的数量和概率,以制定相应的投资策略.(3)工业生产.在工业生产中,泊松分布可以用来估计生产线上不同类型故障的数量和频率,以便制定合理的维修计划和预算.(4)人口统计.在人口统计学中,泊松分布可以用于估计每年、每月或每周的出生率或死亡率,以制定相应的人口政策和社会保障措施.

如果某一事件在特定时间段 $(0,t)$ 内发生的次数服从参数为 λt 的泊松分布,则该事件先后两次发生之间的时间段服从参数为 λ 的指数分布.

趣味拓展材料2.2 雅各·伯努利

雅各·伯努利(Jacob Bernoulli, 1654—1705),伯努利家族代表人物之一,瑞士数学家,被公认的概率论的先驱之一. 他是最早使用"积分"这个术语的人,也是较早使用极坐标系的数学家之一.

伯努利在数学上的贡献涉及微积分、微分方程、无穷级数求和、解析几何、概率论以及变分法等领域. 其最突出的贡献是在概率论和变分法这两个领域中. 他在概率论方面的工作成果包含在他的论文《推测的艺术》之中. 在这篇著作里,他对概率论做出了若干重要的贡献,其中包括大数定律的发现. 除此之外,雅各·伯努利在悬链线的研究中也做出过重要贡献,他还把这方面的成果用到了桥梁的

雅各·伯努利

设计之中. 1694年他首次给出直角坐标和极坐标下的曲率半径公式,这也是系统地使用极坐标的开始. 1713年出版的《猜度术》,是组合数学及概率论史的一件大事,他在这部著作中提出了概率论中的"伯努利定理",这是大数定律的最早形式.

趣味拓展材料2.3 高斯

约翰·卡尔·弗雷德里希·高斯(Johann Carl Friedrich Gauss, 1777—1855),毕业于哥廷根大学,德国著名数学家、物理学家、天文学家、几何学家,大地测量学家. 高斯被认为是世界上最重要的数学家之一,享有"数学王子"的美誉.

1792年,他进入不伦瑞克学院,开始对高等数学作研究,独立发现了二项式定理的一般形式、数论上的"二次互反律"、质数分布定理及算术几何平均. 1796年,他得到了一个数学史上非常重要的结果《正十七边形尺规作图之理论与方法》. 1801年,他出版《算术研

高斯

究》,奠定了近代数论的基础. 1804年,他被选为英国皇家学会会员. 1807年,他成为哥廷根大学教授和哥廷根天文台台长. 1818年,担任丹麦政府的科学顾问;同年,担任德国汉诺威政府的科学顾问. 1820—1830年间,发明了日观测仪. 1833年,构造了世界第一台电报机. 1840年,与韦伯一同画出世界上第一张地球磁场图.

高斯的数学成就非常卓越,他在数学领域的贡献被认为是现代数学的奠基之一. 他在数学领域的研究涉及了代数、几何学、数论、微积分和概率论等多个领域. 他的研究成果包括高斯消元法、群论和模论、高斯曲率和高斯-博内定理等. 他的概率论研究成果高斯分布即正态分布对现代统计学的发展产生了深远的影响.

趣味拓展材料2.4 正态分布(高斯分布)

正态分布(normal distribution),又名高斯分布(Gaussian distribution),是一个非常重要的概率分布. 在数学、物理及工程等领域以及统计学的许多方面有着重大的影响力.

正态分布的概念是由德国的数学家和天文学家棣莫弗(Moivre)于1733年首次提出的,但由于德国数学家高斯(Gauss)率先将其应用于天文学研究,故正态分布又叫高斯分布. 现今德国10马克的钞票上印有高斯头像和正态分布的概率密度函数的图像. 这传达了一种想

法：在高斯的一切科学贡献中，其对人类文明影响最大的就是这一项.

正态分布有极其广泛的实际背景，生产与科学实验中很多随机变量的概率分布都可以近似地用正态分布来描述. 例如：在生产条件不变的情况下，产品的强力、抗压强度、口径、长度等指标；同一种生物体的身长、体重等指标；同一种种子的质量；测量同一物体的误差；射击时着弹点沿某一方向的偏差；某个地区的年降水量；理想气体分子的速度分量等. 一般来说，如果一个量是由许多微小的独立随机因素影响的结果，那么就可以认为这个量服从正态分布（见中心极限定理）. 从理论上看，正态分布具有很多良好的性质，许多概率分布可以用它来近似；还有一些常用的概率分布是由它直接导出的，例如对数正态分布、t 分布、F 分布等.

正态分布是许多统计方法的理论基础. 检验、方差分析、相关和回归分析等多种统计方法均要求分析的指标服从正态分布. 许多统计方法虽然不要求分析指标服从正态分布，但相应的统计量在大样本时近似服从正态分布，因而大样本时这些统计推断方法也是以正态分布为理论基础的.

测 试 题 2

一、填空题（每空 2 分，共 20 分）

1. 设随机变量 X 的分布律为 $P\{X=k\}=\dfrac{ak}{N}(k=1,2,\cdots,N)$，则常数 $a=$ _____.

2. 设随机变量 X 服从 $[a,b](a>0)$ 上的均匀分布，且 $P\{0<X<3\}=\dfrac{1}{4}$，$P\{X>4\}=\dfrac{1}{2}$，则 $a=$ _____，$b=$ _____，$P\{1<X<5\}=$ _____.

3. 已知 $X\sim N(1,16)$，且 $P\{1<X<4\}=0.3$，求 $P\{X<-2\}=$ _____.

4. 设随机变量 X 服从参数为 $(2,p)$ 的二项分布，随机变量 Y 服从参数为 $(3,p)$ 的二项分布，若 $P\{X\geqslant1\}=\dfrac{5}{9}$，则 $P\{Y\geqslant1\}=$ _____.

5. 设随机变量 X 的分布函数为
$$F(x)=P\{X\leqslant x\}=\begin{cases}0, & r<-2,\\ 0.3, & -2\leqslant x<1,\\ a, & 1\leqslant x<2,\\ 1, & x\geqslant2.\end{cases}$$
已知 $P\{X=1\}=0.6$，则常数 $a=$ _____.

6. 若 $P\{X>x_2\}=1-a$，$P\{X\leqslant x_1\}=b$，其中 $x_1<x_2$，则 $P\{x_1<X\leqslant x_2\}=$ _____.

7. 设连续型随机变量 X 的概率密度函数 $f(x)$ 是一个偶函数，$F(x)$ 为 X 的分布函数，则对任意 $x\in\mathbb{R}$，有 $F(x)+F(-x)=$ _____.

8. 如果随机变量 $X\sim N(-1,4)$，则 $Y=2X-1\sim$ _____ $(a\neq0)$.

二、选择题(每题 3 分,共 12 分)

1. 下列关于连续型随机变量的概率密度函数 $f(x)$ 和分布函数 $F(x)$ 的表述错误的是(   ).

    A. $0 \leqslant f(x) \leqslant 1$
        B. $\int_{-\infty}^{+\infty} f(x)\mathrm{d}x = 1$

    C. $\lim\limits_{x \to -\infty} F(x) = 0$
        D. 在 $f(x)$ 的连续点处,有 $f(x) = F'(x)$

2. 某人向同一目标独立重复射击,每次射击命中目标的概率 $p(0 < p < 1)$,则此人第 4 次射击恰好第 2 次命中目标的概率为(   ).

    A. $3p(1-p)^2$
    B. $6p(1-p)^2$
    C. $3p^2(1-p)^2$
    D. $6p^2(1-p)^2$

3. 设随机变量 $X \sim N(\mu, \sigma^2)$,则随着 σ 的增大,概率 $P(|X-\mu| < \sigma)$ 的变化是(   ).

    A. 单调增大
    B. 单调减小
    C. 保持不变
    D. 增减不定

4. 设 X_1, X_2, X_3 是随机变量,且 $X_1 \sim N(0,1)$,$X_2 \sim N(0,2^2)$,$X_3 \sim N(0,3^2)$,$p_j = P\{-2 \leqslant X_j \leqslant 2\}(j=1,2,3)$,则(   ).

    A. $p_1 > p_2 > p_3$
    B. $p_2 > p_1 > p_3$
    C. $p_3 > p_1 > p_2$
    D. $p_1 > p_3 > p_2$

三、计算题(第 8 题 5 分,其余 7 题每题 9 分,共 68 分)

1. 设随机变量 X 服从参数为 $\lambda(\lambda > 0)$ 的指数分布,且 $P\{X \leqslant 1\} = \dfrac{1}{2}$,求:

(1) 参数为 λ;   (2) $P\{X > 3 | X > 2\}$.

2. 设随机变量 X 的概率分布律为

X	-2	-1	0	1	2
P	0.1	0.2	0.4	0.2	0.1

求:(1) $Y = 2X^2 + 1$ 的概率分布律;(2) Y 的分布函数;(3) $P\{Y > 3\}$.

3. 设随机变量 X 的分布函数为

$$F(x) = \begin{cases} 0, & \text{若 } x < 0, \\ A\sin x, & \text{若 } 0 \leqslant x \leqslant \dfrac{\pi}{2}, \\ 1, & \text{若 } x > \dfrac{\pi}{2}. \end{cases}$$

求:(1) A;   (2) $P\left\{|X| < \dfrac{\pi}{6}\right\}$;   (3) X 的概率密度函数.

4. 设随机变量 X 服从 $[2,5]$ 上的均匀分布,对 X 进行 n 次独立重复观测,以 Y 表示观测值不大于 3 的次数,求 Y 的分布律.

5. 设随机变量 X 的概率密度函数为

$$f(x) = \begin{cases} x, & 0 \leqslant x < 1, \\ a - x, & 1 \leqslant x < 2, \\ 0, & \text{其他}. \end{cases}$$

求:(1) 常数 a;(2) X 的分布函数;(3) $P\left\{0 < X < \dfrac{1}{2}\right\}$,$P\left\{\dfrac{3}{2} < X < 3\right\}$.

6. 设随机变量 X 的概率密度函数为

$$f(x) = \begin{cases} 2x, & 0 < x < 1, \\ 0, & \text{其他.} \end{cases}$$

(1) 求 $Y = e^{-X}$ 的概率密度函数;

(2) 以 Y 表示对 X 的三次独立重复观察中事件 $\left\{ X \leqslant \dfrac{1}{2} \right\}$ 出现的次数,求 $P\{Y = 2\}$.

7. 某地抽样调查结果表明,考生的外语成绩(百分制)服从正态分布 $N(72, \sigma^2)$,96 分以上的占考生总数的 2.3%,试求考生外语成绩不及格率及在 60～84 分之间的概率.

8. 已知 X, Y 独立,且均服从 $U[1,3]$,记 $A = \{X \leqslant a\}$,$B = \{Y \leqslant a\}$,已知 $P(A \cup B) = \dfrac{5}{9}$,求实数 a.

第 2 章涉及的考研真题

第3章

多维随机变量及其概率分布

在第 2 章中我们引入随机变量来描述随机现象,由随机变量的定义可知其实质是给出了随机试验的结果与实数之间的某个对应关系,且我们只讨论了一维随机变量的情况,然而在实际问题中,我们所关心的试验结果可能有两个或两个以上的指标,这就需要两个或两个以上的实数值才能描述清楚.例如在设计公交车的车门时,要考虑到所有可能乘客的身高和体重.需要将身高和体重作为一个整体(身高、体重)来描述乘客.此时,样本空间 $\Omega=\{\omega\}=$ {所有可能乘坐公交车的乘客},乘客的身高 H 和体重 W 均为定义在 Ω 上的随机变量.每一位乘客 ω 均对应着一个向量 $(H(\omega),W(\omega))$,该向量随着 ω 的变化而变化.向量 (H,W) 被称为二维随机变量或二维随机向量.此外,乘客的身高 H 和体重 W 之间也有着某些联系,若分别研究身高 H 和体重 W,会丢失信息,因而要确切地描述二者之间的关系,须深入研究 (H,W) 作为整体变量的分布.再比如要描述某地区的经济发展状况,需要同时考虑工农业生产总值、外贸进出口总值、能源消耗总量、居民平均消费水平和人口总数等多个指标变量;在分析某地区的基础教育发展水平时,需考虑学校的数量、教育经费的投入、师资力量、师生比、入学率、升学率等多个指标. 以上这些随机现象都需要两个或两个以上的指标变量来刻画,因而需要将描述研究对象的各个指标变量作为一个整体来研究,也就是需要研究多维随机变量.

鉴于二维和二维以上随机变量在性质和研究方法等方面没有本质的区别,为了简单起见,本章主要讨论二维随机变量及其分布,以及条件分布、随机变量的独立性、随机变量函数的分布等.个别环节涉及二维以上的随机变量.

3.1 二维随机变量及其分布函数

3.1.1 n 维随机变量及其分布函数

定义 3.1 设 $X_1,X_2,\cdots,X_n$ 为定义在同一样本空间 Ω 上的 n 个随机变量,称 $(X_1, X_2,\cdots,X_n)$ 为 n 维随机变量或 n 维随机向量(**n-dimensional random variable**).

如同在第 2 章中讨论一维随机变量一样,分布函数能完整地描述随机变量.同样,分布函数也是研究 n 维随机变量统计规律性的有力工具,下面给出 n 维随机变量分布函数的定义.

定义 3.2　设 $(X_1,X_2,\cdots,X_n)$ 为 n 维随机变量,任意给定一组实数 $x_1,x_2,\cdots,x_n$,称如下定义的 n 元函数

$$F(x_1,x_2,\cdots,x_n)=P\{X_1\leqslant x_1,X_2\leqslant x_2,\cdots,X_n\leqslant x_n\}$$

为 n 维随机变量 $(X_1,X_2,\cdots,X_n)$ 的分布函数或随机变量 $X_1,X_2,\cdots,X_n$ 的**联合分布函数(joint distribution function)**,记作 $(X_1,X_2,\cdots,X_n)\sim F(x_1,x_2,\cdots,x_n)$.

3.1.2　二维随机变量及其联合分布函数

定义 3.3　设 (X,Y) 为定义在样本空间 Ω 上的**二维随机变量(two-dimensional random variable)**,对任意给定一组实数 x,y,称如下定义的二元函数

$$F(x,y)=P\{X\leqslant x,Y\leqslant y\}$$

为二维随机变量 (X,Y) 的分布函数或随机变量 X 和随机变量 Y 的**联合分布函数**. 记作 $(X,Y)\sim F(x,y)$.

$F(x,y)$ 表示事件 $\{X\leqslant x\}$ 和事件 $\{Y\leqslant y\}$ 同时发生的概率,其几何意义表示随机点 (X,Y) 落在如图 3-1 所示的无穷矩形区域 $(-\infty,x]\times(-\infty,y]$ 内的概率.

在第 2 章中,已知一维随机变量落在任一区间 $(a,b]$ 内的概率可用分布函数表示为 $P\{a<X\leqslant b\}=F(b)-F(a)$. 相应地,根据 $F(x,y)$ 的几何意义,二维随机变量 (X,Y) 落入如图 3-2 所示矩形区域 $(x_1,x_2]\times(y_1,y_2]$ 内的概率为

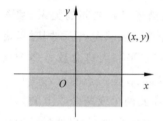

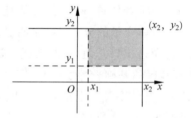

图 3-1　联合分布函数的几何意义　　　图 3-2　二维随机变量 (X,Y) 落入矩形区域内的概率

$$P\{x_1<X\leqslant x_2,y_1<Y\leqslant y_2\}=F(x_2,y_2)-F(x_1,y_2)-F(x_2,y_1)+F(x_1,y_1).$$

由分布函数 $F(x,y)$ 的定义及概率的性质可以证明 $F(x,y)$ 具有下列基本性质:

(1) 对任意实数 x,y,$F(x,y)$ 是分别关于 x 和 y 的单调不减函数,即对 $x_1<x_2$,有 $F(x_1,y)\leqslant F(x_2,y)$;对 $y_1<y_2$,有 $F(x,y_1)\leqslant F(x,y_2)$.

(2) $0\leqslant F(x,y)\leqslant 1$.且对任意固定的实数 y,有 $F(-\infty,y)=\lim\limits_{x\to-\infty}F(x,y)=0$,对任意固定的实数 x,$F(x,-\infty)=\lim\limits_{y\to-\infty}F(x,y)=0$;$F(-\infty,-\infty)=\lim\limits_{\substack{x\to-\infty\\y\to-\infty}}F(x,y)=0$,$F(+\infty,+\infty)=\lim\limits_{\substack{x\to+\infty\\y\to+\infty}}F(x,y)=1$.

(3) 对任意实数 x,y,$F(x,y)$ 对 x,y 分别右连续,即有

$$F(x+0,y)=F(x,y),\quad F(x,y+0)=F(x,y).$$

(4) 对任意的实数 $x_1<x_2,y_1<y_2$,有

$$F(x_2,y_2)-F(x_1,y_2)-F(x_2,y_1)+F(x_1,y_1)\geqslant 0. \tag{3.1}$$

性质(4)的直观意义:(3.1)式左边恰好是(X,Y)落入矩形区域$(x_1,x_2]\times(y_1,y_2]$内的概率$P\{x_1<X\leqslant x_2,y_1<Y\leqslant y_2\}$,因而必须是非负的.

可以证明,满足上述性质的二元函数$F(x,y)$一定是某个二维随机变量的分布函数.

例 3.1 设二元函数

$$F(x,y)=\begin{cases}0, & x<0,y<0,\\ 1, & \text{其他}.\end{cases}$$

容易验证,$F(x,y)$满足性质(1)~(3),然而却不满足性质(4).实际上,在矩形区域$(-1,1]\times(-1,1]$上,有

$$F(1,1)-F(-1,1)-F(1,-1)+F(-1,-1)=-1<0.$$

所以$F(x,y)$不是任何二维随机变量的分布函数.

例3.1也说明由性质(1)~(3)推不出性质(4).

3.1.3 二维随机变量的边缘分布函数

若已知二维随机变量(X,Y)的分布函数$F(x,y)$,则分别称随机变量X和Y各自的分布函数$F_X(x)$和$F_Y(y)$为(X,Y)关于X和Y的**边缘分布函数**(**marginal distribution function**).由联合分布函数可以确定边缘分布函数.

定理 3.1 若二维随机变量(X,Y)的分布函数为$F(x,y)$,则

$$F_X(x)=F(x,+\infty),\tag{3.2}$$
$$F_Y(y)=F(+\infty,y).\tag{3.3}$$

证 因为事件$\{Y<+\infty\}$是必然事件,所以X的分布函数

$$F_X(x)=P\{X\leqslant x\}=P\{X\leqslant x,Y<+\infty\}=\lim_{y\to+\infty}F(x,y)=F(x,+\infty).$$

(3.2)式得证.同理可证(3.3)式.

例 3.2 设(X,Y)的分布函数为

$$F(x,y)=\begin{cases}1-\mathrm{e}^{-x}-\mathrm{e}^{-y}+\mathrm{e}^{-x-y-\lambda xy}, & x\geqslant 0,y\geqslant 0,\\ 0, & \text{其他},\end{cases}$$

其中常数$\lambda>0$.求:(1)X的边缘分布函数$F_X(x)$;(2)Y的边缘分布函数$F_Y(y)$.

解 (1)由(3.2)式,X的边缘分布函数为

$$F_X(x)=F(x,+\infty)=\lim_{y\to+\infty}F(x,y)$$

$$=\begin{cases}\lim\limits_{y\to+\infty}[1-\mathrm{e}^{-x}-\mathrm{e}^{-y}+\mathrm{e}^{-x-y-\lambda xy}], & x\geqslant 0,\\ 0, & x<0\end{cases}$$

$$=\begin{cases}1-\mathrm{e}^{-x}, & x\geqslant 0,\\ 0, & x<0.\end{cases}$$

即$X\sim e(1)$.

(2)由(3.3)式和联合分布函数$F(x,y)$中x和y的对称性,可得Y的边缘分布函数为

$$F_Y(y)=\begin{cases}1-\mathrm{e}^{-y}, & y\geqslant 0,\\ 0, & y<0,\end{cases}$$

即 $Y \sim e(1)$.

在例 3.2 中,联合分布函数 $F(x,y)$ 会随着 λ 的不同取值而不同,而边缘分布函数却相同.可见虽然由联合分布函数能够确定边缘分布函数,但是边缘分布函数一般不能确定联合分布函数.这是因为联合分布函数中不仅包含 X 和 Y 各自的信息,也包含着 X 和 Y 之间关系的信息.在 3.4 节,会给出联合分布函数和边缘分布函数能够相互确定的条件.

例 3.3　设 (X,Y) 的分布函数为

$$F(x,y) = A\left(B + \arctan \frac{x}{2}\right)\left(C + \arctan \frac{y}{2}\right), \quad -\infty < x < +\infty, -\infty < y < +\infty.$$

(1)确定常数 A,B,C;(2)求 $P\{X \leqslant 2, Y \leqslant 2\}$;(3)求 X 的边缘分布函数 $F_X(x)$;(4)求 Y 的边缘分布函数 $F_Y(y)$.

解　(1)由 X 和 Y 的联合分布函数的性质有

$$F(+\infty, +\infty) = A\left(B + \frac{\pi}{2}\right)\left(C + \frac{\pi}{2}\right) = 1,$$

$$F(-\infty, y) = A\left(B - \frac{\pi}{2}\right)\left(C + \arctan \frac{y}{2}\right) = 0,$$

$$F(x, -\infty) = A\left(B + \arctan \frac{x}{2}\right)\left(C - \frac{\pi}{2}\right) = 0.$$

由以上三个方程解得 $A = \dfrac{1}{\pi^2}, B = \dfrac{\pi}{2}, C = \dfrac{\pi}{2}$,故

$$F(x,y) = \frac{1}{\pi^2}\left(\frac{\pi}{2} + \arctan \frac{x}{2}\right)\left(\frac{\pi}{2} + \arctan \frac{y}{2}\right), \quad -\infty < x < +\infty, -\infty < y < +\infty.$$

(2) $P\{X \leqslant 2, Y \leqslant 2\} = F(2,2) = \dfrac{1}{\pi^2}\left(\dfrac{\pi}{2} + \arctan 1\right)\left(\dfrac{\pi}{2} + \arctan 1\right) = \dfrac{3}{2}.$

(3) 由(3.2)式得 $F_X(x) = F(x, +\infty) = \dfrac{1}{2} + \dfrac{1}{\pi}\arctan \dfrac{x}{2}, \quad -\infty < x < +\infty.$

(4) 由(3.3)式得 $F_Y(y) = F(+\infty, y) = \dfrac{1}{2} + \dfrac{1}{\pi}\arctan \dfrac{y}{2}, \quad -\infty < y < +\infty.$

习题 3.1

(A)

1. 设 (X,Y) 的分布函数为 $F(x,y) = A\left(B + \arctan \dfrac{x}{3}\right)\left(\sqrt{C + \arctan \dfrac{y}{4}}\right)$. 求:(1)常数 A,B,C;(2)$P\{X \leqslant 3, Y \leqslant 4\}$;(3)$X$ 的边缘分布函数 $F_X(x)$;(4)Y 的边缘分布函数 $F_Y(y)$.

2. 设 (X,Y) 的分布函数为 $F(x,y)$,用 $F(x,y)$ 分别表示:(1)$P\{2 < X \leqslant 4, 3 < Y \leqslant 5\}$;(2)$P\{X > 2, Y > 3\}$.

3. 设二元函数

$$F(x,y) = \begin{cases} 1, & x + y > 0, \\ 0, & x + y \leqslant 0. \end{cases}$$

问 $F(x,y)$ 是否为某个二维随机变量 (X,Y) 的分布函数?

4. 设 $F_1(x,y)$ 和 $F_2(x,y)$ 均为联合分布函数,问当 a 取什么值时,$aF_1(x,y)+0.3F_2(x,y)$ 也是联合分布函数?

（B）

1. 设 (X,Y) 的分布函数为 $F(x,y)$,用 $F(x,y)$ 分别表示:(1)$P\{a<X\leqslant b,Y\leqslant c\}$;(2)$P\{0<Y\leqslant b\}$;(3)$P\{X>a,Y\leqslant b\}$.

2. 设 $F_1(x,y)$ 和 $F_2(x,y)$ 均为联合分布函数,问当 a,b 满足什么条件时,$aF_1(x,y)+bF_2(x,y)$ 也是联合分布函数?

3.2 二维离散型随机变量及其分布

3.2.1 联合分布律

定义 3.4   若二维随机变量 (X,Y) 的所有可能取值为有限个或者无限可列个数对,则称 (X,Y) 为**二维离散型随机变量**（bivariate discrete random variable）.

定义 3.5   若 (X,Y) 为二维离散型随机变量,其所有可能取值为 (x_i,y_j), $i,j=1,2,\cdots$,称

$$P\{X=x_i,Y=y_j\}=p_{ij}, \quad i,j=1,2,\cdots$$

为二维离散型随机变量 (X,Y) 的分布律或 X 与 Y 的**联合分布律**（joint distribution law）,简称联合分布.

二维随机变量的分布律常用二维列表(参见表 3.1)来表示.

表 3.1   二维随机变量的分布律

X \ Y	y_1	y_2	$\cdots$	y_j	$\cdots$
x_1	p_{11}	p_{12}	$\cdots$	p_{1j}	$\cdots$
x_2	p_{21}	p_{22}	$\cdots$	p_{2j}	$\cdots$
$\vdots$	$\vdots$	$\vdots$		$\vdots$	
x_i	p_{i1}	p_{i2}	$\cdots$	p_{ij}	$\cdots$
$\vdots$	$\vdots$	$\vdots$		$\vdots$	

由概率的性质,可知联合分布律具有以下基本性质:

(1) 非负性:$p_{ij}\geqslant 0$;

(2) 规范性:$\sum\limits_{i=1}^{\infty}\sum\limits_{j=1}^{\infty}p_{ij}=1$.

例 3.4   袋中有 2 个黑球 3 个白球,从袋中随机取两次,每次取一个球,取后不放回.令

$$X=\begin{cases}1, & \text{第一次取到黑球,}\\ 0, & \text{第一次取到白球;}\end{cases} \qquad Y=\begin{cases}1, & \text{第二次取到黑球,}\\ 0, & \text{第二次取到白球.}\end{cases}$$

求(X,Y)的分布律.

解 由题意,有

$$P\{X=0,Y=0\}=\frac{A_3^2}{A_5^2}=0.3,\quad P\{X=0,Y=1\}=\frac{A_3^1 A_2^1}{A_5^2}=0.3,$$

$$P\{X=1,Y=0\}=\frac{A_2^1 A_3^1}{A_5^2}=0.3,\quad P\{X=1,Y=1\}=\frac{A_2^2}{A_5^2}=0.1.$$

(X,Y)的分布律也可如表3.2所列.

表3.2 (X,Y)的分布律

X \\ Y	0	1
0	0.3	0.3
1	0.3	0.1

对于二维离散型随机变量(X,Y)直接求其分布律的步骤:(1)首先确定(X,Y)可能取值的数对;(2)求(X,Y)各取值数对的概率,列表得分布律.

3.2.2 边缘分布律

相对于二维随机变量(X,Y)的分布律,分别称X与Y各自的分布律为(X,Y)关于X和关于Y的**边缘分布律**(marginal distribution law),简称边缘分布.由联合分布律可以确定边缘分布律.

定理3.2 若(X,Y)的分布律为

$$P\{X=x_i,Y=y_j\}=p_{ij},\quad i,j=1,2,\cdots,$$

则(X,Y)关于X和关于Y的边缘分布律分别为

$$P\{X=x_i\}=\sum_{j=1}^{\infty}p_{ij}=p_{i\cdot},\quad i=1,2,\cdots,$$

$$P\{Y=y_j\}=\sum_{i=1}^{\infty}p_{ij}=p_{\cdot j},\quad j=1,2,\cdots.$$

证 由概率的可列可加性,有

$$P\{X=x_i\}=P\{X=x_i,Y<+\infty\}=P\left\{X=x_i,\bigcup_j\{Y=y_j\}\right\}=P\left\{\bigcup_j\{X=x_i,Y=y_j\}\right\}$$

$$=\sum_{j=1}^{\infty}P\{X=x_i,Y=y_j\}=\sum_{j=1}^{\infty}p_{ij}=p_{i\cdot},\quad i=1,2,\cdots;$$

$$P\{Y=y_j\}=P\{X<+\infty,Y=y_j\}=P\left\{\bigcup_i\{X=x_i\},Y=y_j\right\}=P\left\{\bigcup_i\{X=x_i,Y=y_j\}\right\}$$

$$=\sum_{i=1}^{\infty}P\{X=x_i,Y=y_j\}=\sum_{i=1}^{\infty}p_{ij}=p_{\cdot j},\quad j=1,2,\cdots.$$

一般地,二维离散型随机变量的分布律和边缘分布律可以用一个列表来表示(参见表3.3).由表3.3可知,在表的最右侧这一列,是对每一行的p_{ij}关于j求和,得到$p_{i\cdot}$,此

为 X 的分布律;相应地,在表的最下方这一行,是对每行的 p_{ij} 关于 i 求和,得到 $p_{\cdot j}$,此为 Y 的分布律.以这样的表格形式表示,X 和 Y 的分布律分别位于 (X,Y) 的分布律的边上,这就是称 X 和 Y 的分布律为 (X,Y) 的分布律的边缘分布律的原因.

表 3.3　二维离散型随机变量的分布律及边缘分布律

X ＼ Y	y_1	y_2	$\cdots$	y_i	$\cdots$	$p_{i\cdot}$
x_1	p_{11}	p_{12}	$\cdots$	p_{1j}	$\cdots$	p_1
x_2	p_{21}	p_{22}	$\cdots$	p_{2j}	$\cdots$	p_2
$\vdots$	$\vdots$	$\vdots$		$\vdots$		$\vdots$
x_i	p_{i1}	p_{i2}	$\cdots$	p_{ij}	$\cdots$	$p_{i\cdot}$
$\vdots$	$\vdots$	$\vdots$		$\vdots$		$\vdots$
$p_{\cdot j}$	$p_{\cdot 1}$	$p_{\cdot 2}$	$\cdots$	$p_{\cdot j}$	$\cdots$	

例 3.5　袋中有 1 个黑球,1 个白球,从袋中有放回地随机取两次,每次取一个球.令

$$X=\begin{cases}1, & \text{第一次取到黑球,}\\ 0, & \text{第一次取到白球;}\end{cases} \qquad Y=\begin{cases}1, & \text{第二次取到黑球,}\\ 0, & \text{第二次取到白球.}\end{cases}$$

求 X 与 Y 的联合分布律和边缘分布律.

解　由题意容易得有放回情形下 X 与 Y 的联合分布律和边缘分布律如表 3.4 所列.

表 3.4　X 与 Y 的联合分布律和边缘分布律

X ＼ Y	0	1	$p_{i\cdot}$
0	$\dfrac{1}{4}$	$\dfrac{1}{4}$	$\dfrac{1}{2}$
1	$\dfrac{1}{4}$	$\dfrac{1}{4}$	$\dfrac{1}{2}$
$p_{\cdot j}$	$\dfrac{1}{2}$	$\dfrac{1}{2}$	

由上面的表述和例 3.4 可知,若已知 (X,Y) 的分布律,那么可由联合分布律确定 X 和 Y 的边缘分布律.这在直观上容易理解,因为如果确定了 (X,Y) 的统计规律性,那么单个分量的规律性也就确定了,反之,如果已知 X 和 Y 的边缘分布律,能否确定 (X,Y) 的分布律?且看以下例题.

例 3.6　袋中有 1 个黑球,1 个白球,从袋中无放回地随机取两次,每次取一个球,令

$$X=\begin{cases}1, & \text{第一次取到黑球,}\\ 0, & \text{第一次取到白球;}\end{cases} \qquad Y=\begin{cases}1, & \text{第二次取到黑球,}\\ 0, & \text{第二次取到白球.}\end{cases}$$

求 X 与 Y 的联合分布律和边缘分布律.

解　由题意,容易得无放回情形下 X 与 Y 的联合分布律和边缘分布律如表 3.5 所列.

表 3.5 X 与 Y 的联合分布律和边缘分布律

X \ Y	0	1	$p_i.$
0	0	$\frac{1}{2}$	$\frac{1}{2}$
1	$\frac{1}{2}$	0	$\frac{1}{2}$
$p._j$	$\frac{1}{2}$	$\frac{1}{2}$	

结合例 3.5 和例 3.6,在"有放回取球"和"无放回取球"这两个不同的实验中,(X,Y) 具有不同的分布律,但相应的边缘分布律却是相同的.由此可知,虽然由 X 与 Y 的联合分布律,可以确定 X 和 Y 的边缘分布律,但是一般来说由 X 和 Y 的边缘分布律却不能完全确定 (X,Y) 的分布律.因而,需要把 (X,Y) 作为一个整体来研究,并且 (X,Y) 的分布包含着 X 和 Y 之间相互关系的内容,这是边缘分布所不能提供的.

习题 3.2

(A)

1. 箱中装有 6 个球,其中红、白、黑球个数分别为 1,2,3 个,现从箱中随机地取出 2 个球,记 X 为取出红球的个数,Y 为取出白球的个数.求随机变量 (X,Y) 的分布律.

2. 设 (X,Y) 的分布律如表 3.6 所示.

表 3.6 (X,Y) 的分布律

X \ Y	-1	0	1
-1	$\frac{1}{8}$	$\frac{1}{8}$	$\frac{1}{8}$
0	$\frac{1}{8}$	0	$\frac{1}{8}$
1	$\frac{1}{8}$	$\frac{1}{8}$	$\frac{1}{8}$

求:(1)关于 X 的边缘分布律;(2)关于 Y 的边缘分布律;(3)$P\{XY=1\}$.

3. 设 $X_i(i=1,2)$ 的分布如下表所示,且满足 $P\{X_1X_2=0\}=1$.试求:(1)$P\{X_1=X_2\}$;(2)X_1 和 X_2 的联合分布率.

X_i	-1	0	1
P	$\frac{1}{4}$	$\frac{1}{2}$	$\frac{1}{4}$

4. 将两枚质地均匀的硬币各抛掷 1 次,以 X 表示第一枚出现正面的次数,以 Y 表示第二枚出现正面的次数,求 (X,Y) 的分布律.

(**B**)

1. 某电器商店店长统计在进入该店的顾客中,45% 的顾客会购买 1 台液晶电视机,15% 的顾客会购买 1 台等离子电视机,剩下的顾客只会看看,不会购买. 如果某天有 5 名顾客进入该店,问该店要卖出 2 台液晶电视机和 1 台等离子电视机的概率有多大?

2. 将一枚硬币连续抛掷 3 次,用 X 表示 3 次中正面出现的次数,用 Y 表示出现正面次数与反面次数之差的绝对值. 试求:(1)(X,Y) 的分布律;(2)关于 X 的边缘分布律;(3)关于 Y 的边缘分布律.

3.3 二维连续型随机变量及其分布

3.3.1 联合概率密度函数

在 3.2 节讨论了二维离散型随机变量,本节讨论二维连续型随机变量.

> **定义 3.6** 设 $F(x,y)$ 为二维随机变量 (X,Y) 的分布函数,若存在非负函数 $f(x,y)$,对任意的 $x,y \in \mathbb{R}$,有
>
> $$F(x,y) = \int_{-\infty}^{x} \int_{-\infty}^{y} f(u,v)\,\mathrm{d}u\,\mathrm{d}v, \tag{3.4}$$
>
> 则称 (X,Y) 为**二维连续型随机变量**(two-dimensionnal continous random variable),并称 $f(x,y)$ 为 (X,Y) 的概率密度函数或 X 与 Y 的**联合概率密度函数**(joint probability density function).

由分布函数的性质可知,联合概率密度函数具有以下基本性质:

(1) 非负性:$f(x,y) \geqslant 0$;

(2) 规范性:$\int_{-\infty}^{+\infty} \int_{-\infty}^{+\infty} f(x,y)\,\mathrm{d}x\,\mathrm{d}y = 1$.

若一个二元函数 $f(x,y)$ 具有以上两条性质,则此二元函数一定是某个二维连续型随机变量的联合概率密度函数.

若 $f(x,y)$ 在点 (x,y) 处连续,则在(3.4)式两边求二阶混合偏导数,有

$$f(x,y) = \frac{\partial^2 F(x,y)}{\partial x \partial y}. \tag{3.5}$$

对于平面上任一区域 G,(X,Y) 落入 G 的概率为在 G 上对 $f(x,y)$ 二重积分,即

$$P\{(X,Y) \in G\} = \iint\limits_{G} f(x,y)\,\mathrm{d}x\,\mathrm{d}y. \tag{3.6}$$

$f(x,y)$ 的图像是空间中的一个曲面,由性质(2)可得,介于 $f(x,y)$ 和 xOy 平面之间的曲顶柱体的体积为 1. 由(3.6)式知 $P\{(X,Y) \in G\}$ 的值等于以 G 为底,以 $f(x,y)$ 为顶的曲顶柱体的体积. 当 G 的面积为零(此时 G 可能为 xOy 平面上的曲线、离散点的集合等)时,$P\{(X,Y) \in G\} = 0$. 因而积分区域的边界是否在区域内,或者去除积分区域内的有限个

或者无限可列个点不影响概率的计算结果.

例 3.7　设 X 与 Y 的联合概率密度函数为

$$f(x,y) = \begin{cases} A\,\mathrm{e}^{-(x+2y)}, & x > 0, y > 0, \\ 0, & \text{其他.} \end{cases}$$

求：(1) 求常数 A；(2) (X,Y) 的分布函数；(3) $P\{X+2Y\leqslant 1\}$.

解　(1) $1 = \int_{-\infty}^{+\infty}\int_{-\infty}^{+\infty} f(x,y)\mathrm{d}x\mathrm{d}y = A\int_{0}^{+\infty}\int_{0}^{+\infty} \mathrm{e}^{-(x+2y)}\mathrm{d}x\mathrm{d}y = A\int_{0}^{+\infty}\mathrm{e}^{-x}\mathrm{d}x\int_{0}^{+\infty}\mathrm{e}^{-2y}\mathrm{d}y = \frac{A}{2}$，解得 $A=2$.

(2) 当 $x>0, y>0$ 时，

$$F(x,y) = \int_{-\infty}^{x}\int_{-\infty}^{y} f(u,v)\mathrm{d}u\mathrm{d}v = 2\int_{0}^{x}\mathrm{e}^{-u}\mathrm{d}u\int_{0}^{y}\mathrm{e}^{-2v}\mathrm{d}v = (1-\mathrm{e}^{-x})(1-\mathrm{e}^{-2y}).$$

当 (x,y) 取值为其他情况时，$F(x,y)=0$.综上可得

$$F(x,y) = \begin{cases} (1-\mathrm{e}^{-x})(1-\mathrm{e}^{-2y}), & x > 0, y > 0, \\ 0, & \text{其他.} \end{cases}$$

(3) 如图 3-3 所示,可得

$$P\{X+2Y\leqslant 1\} = \iint\limits_{x+2y\leqslant 1} f(x,y)\mathrm{d}x\mathrm{d}y$$

$$= \int_{0}^{1}\mathrm{d}x\int_{0}^{\frac{1-x}{2}} 2\mathrm{e}^{-(x+2y)}\mathrm{d}y = 1 - 2\mathrm{e}^{-1}.$$

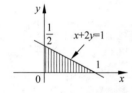

图 3-3　积分区域示意图

例 3.8　设 X 与 Y 的联合分布函数为

$$F(x,y) = \begin{cases} 1 - \mathrm{e}^{-x} - \mathrm{e}^{-y} + \mathrm{e}^{-x-y-\lambda xy}, & x \geqslant 0, y \geqslant 0, \\ 0, & \text{其他,} \end{cases}$$

其中常数 $\lambda>0$，求 (X,Y) 的概率密度函数.

解　由 (3.5) 式,有

$$f(x,y) = \frac{\partial^2 F(x,y)}{\partial x \partial y} = \begin{cases} [1+(1+\lambda x)(1+\lambda y)]\mathrm{e}^{-x-y-\lambda xy}, & x \geqslant 0, y \geqslant 0, \\ 0, & \text{其他.} \end{cases}$$

3.3.2　边缘概率密度函数

相对于随机变量 X 与 Y 的联合概率密度函数,分别称 X 与 Y 各自的概率密度函数为 (X,Y) 关于 X 和关于 Y 的**边缘概率密度函数**（**marginal probability density function**）.由联合概率密度函数可以确定边缘概率密度函数.

> **定理 3.3**　若 (X,Y) 的概率密度函数为 $f(x,y)$,则 (X,Y) 关于 X 和关于 Y 的边缘概率密度函数分别为
>
> $$f_X(x) = \int_{-\infty}^{+\infty} f(x,y)\mathrm{d}y, \tag{3.7}$$
>
> $$f_Y(y) = \int_{-\infty}^{+\infty} f(x,y)\mathrm{d}x. \tag{3.8}$$

证　关于 X 的边缘分布函数

$$F_X(x)=F(x,+\infty)=\int_{-\infty}^x\left[\iint_{-\infty}^{+\infty}f(u,y)\mathrm{d}y\right]\mathrm{d}u,$$

上式两边对 x 求导可得(3.7)式. 同理可证(3.8)式.

当 $f(x,y)>0$ 的范围是 $\mathbb{R}^2$ 上某一单连通凸区域 D 时,X 的边缘分布的实际积分区间为 $D_x=\{y\mid(x,y)\in D\}$,积分的上下限为 x 的函数,如图 3-4(a)所示;同理 Y 的边缘分布的实际积分区间为 $D_y=\{x\mid(x,y)\in D\}$,积分的上下限为 y 的函数,如图 3-4(b)所示.

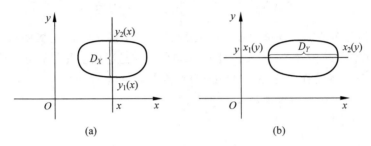

(a)　　　　　　　　　　(b)

图 3-4　积分区域示意图

例 3.9　设 (X,Y) 的概率密度函数为

$$f(x,y)=\begin{cases}\dfrac{24}{5}y(2-x),&0\leqslant x\leqslant1,0\leqslant y\leqslant x,\\0,&\text{其他}.\end{cases}$$

求:(1)X 的边缘概率密度函数;(2)Y 的边缘概率密度函数.

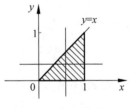

图 3-5　积分区域示意图

解　如图 3-5 所示

$$(1)\ f_X(x)=\int_{-\infty}^{+\infty}f(x,y)\mathrm{d}y=\begin{cases}\displaystyle\int_0^x\dfrac{24}{5}y(2-x)\mathrm{d}y,&0\leqslant x\leqslant1,\\0,&\text{其他}\end{cases}$$

$$=\begin{cases}-\dfrac{12}{5}x^3+\dfrac{24}{5}x^2,&0\leqslant x\leqslant1,\\0,&\text{其他}.\end{cases}$$

$$(2)\ f_Y(y)=\int_{-\infty}^{+\infty}f(x,y)\mathrm{d}x=\begin{cases}\displaystyle\int_y^1\dfrac{24}{5}y(2-x)\mathrm{d}x,&0\leqslant y\leqslant1,\\0,&\text{其他}\end{cases}$$

$$=\begin{cases}\dfrac{24}{5}y\left(\dfrac{3}{2}-2y+\dfrac{y^2}{2}\right),&0\leqslant y\leqslant1,\\0,&\text{其他}.\end{cases}$$

3.3.3　两个重要的二维连续型分布

1. 二维均匀分布

设 D 为平面上的二维有界区域,其面积记为 S_D. 若二维连续型随机变量 (X,Y) 的概率密度函数为

$$f(x,y)=\begin{cases}\dfrac{1}{S_D}, & (x,y)\in D,\\[2mm] 0, & \text{其他},\end{cases}$$

则称 (X,Y) 服从 D 上的**二维均匀分布**（two-dimensional uniform distribution），简记为 $(X,Y)\sim U(D)$.

若 G 为 D 的子区域，面积记为 S_G，则由 (3.6) 式可得

$$P\{(X,Y)\in G\}=\iint\limits_{G}\dfrac{1}{S_D}\mathrm{d}x\,\mathrm{d}y=\dfrac{S_G}{S_D}.$$

这说明二维均匀分布的随机变量 (X,Y) 落入 D 的任意子区域内 G 的概率与 G 的面积成正比，而与 G 的形状及位置无关. 区域 D 上的均匀分布就是平面上几何概型的严格化.

例 3.10 设二维随机变量 $(X,Y)\sim U(D)$，其中 $D=\{(x,y)\,|\,0\leqslant x\leqslant a,0\leqslant y\leqslant a\}$. 求：（1）关于 X 与 Y 的边缘概率密度函数；（2）$P\{X+Y\leqslant a\}$.

解 （1）由题意得

$$f(x,y)=\begin{cases}\dfrac{1}{a^2}, & 0\leqslant x\leqslant a,0\leqslant y\leqslant a,\\[2mm] 0, & \text{其他}.\end{cases}$$

由 (3.7) 式，当 $0\leqslant x\leqslant a$ 时，有

$$f_X(x)=\int_{-\infty}^{+\infty}f(x,y)\mathrm{d}y=\int_0^a\dfrac{1}{a^2}\mathrm{d}y=\dfrac{1}{a},$$

当 $-\infty\leqslant x\leqslant 0$ 或 $a\leqslant x\leqslant+\infty$ 时，$f_X(x)=0$. 综上所述，得

$$f_X(x)=\begin{cases}\dfrac{1}{a}, & 0\leqslant x\leqslant a,\\[2mm] 0, & \text{其他}.\end{cases}$$

由 X 与 Y 的对称性知，Y 的边缘概率密度函数为

$$f_Y(y)=\begin{cases}\dfrac{1}{a}, & 0\leqslant y\leqslant a,\\[2mm] 0, & \text{其他}.\end{cases}$$

（2）$P\{X+Y\leqslant a\}=\iint\limits_{x+y\leqslant a}\dfrac{1}{a^2}\mathrm{d}x\,\mathrm{d}y=\dfrac{S_{D\cap\{(x,y)\,|\,x+y\leqslant a\}}}{S_D}=\dfrac{\dfrac{a^2}{2}}{a^2}=\dfrac{1}{2}.$

在例 3.10 中，二维均匀分布的边缘分布是一维均匀分布. 二维均匀分布的边缘分布一定是一维均匀分布吗？我们会在课后习题以及 3.4 节寻求答案.

2. 二维正态分布

若二维连续型随机变量 (X,Y) 的概率密度函数为

$$f(x,y)=\dfrac{1}{2\pi\sigma_1\sigma_2\sqrt{1-\rho^2}}\exp\left\{-\dfrac{1}{2(1-\rho^2)}\left[\left(\dfrac{x-\mu_1}{\sigma_1}\right)^2-2\rho\dfrac{x-\mu_1}{\sigma_1}\dfrac{y-\mu_2}{\sigma_2}+\left(\dfrac{y-\mu_2}{\sigma_2}\right)^2\right]\right\},$$

其中 $\mu_1,\mu_2,\sigma_1^2,\sigma_2^2,\rho$ 为常数，且有 $\sigma_1>0,\sigma_2>0,|\rho|<1$，则称 (X,Y) 服从**二维正态分布**（two-dimensional normal distribution），记为 $(X,Y)\sim N(\mu_1,\mu_2,\sigma_1^2,\sigma_2^2,\rho)$.

二维正态分布的概率密度函数的图像是一个钟形曲面，其倾斜度、陡峭度由参数 σ_1^2，

σ_2^2, ρ 决定. 图 3-6 是 $(X, Y) \sim N(0, 0, 1, 1, 0)$ 的概率密度函数的图像.

类似于一维情形, 许多二维随机变量服从 (或近似服从) 正态分布. 例如炮弹的落地点的分布、射箭时箭在靶子上的分布、人的身高与体重等都可以用二维正态随机变量来近似刻画.

例 3.11 若 $(X, Y) \sim N(\mu_1, \mu_2, \sigma_1^2, \sigma_2^2, \rho)$, 求 (X, Y) 分别关于 X 和关于 Y 的边缘概率密度函数.

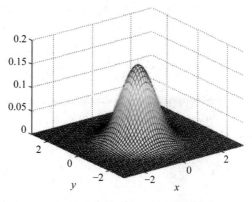

图 3-6 二维正态分布的概率密度函数的图像

解 首先计算 X 的边缘概率密度函数.

令 $t = \dfrac{y - \mu_2}{\sigma_2}$, 则 $\mathrm{d}t = \mathrm{d}y$, 于是有

$$
\begin{aligned}
f_X(x) &= \int_{-\infty}^{+\infty} f(x, y) \mathrm{d}y \\
&= \int_{-\infty}^{+\infty} \frac{1}{2\pi\sigma_1\sigma_2\sqrt{1-\rho^2}} \exp\left\{ -\frac{1}{2(1-\rho^2)} \left[\left(\frac{x-\mu_1}{\sigma_1}\right)^2 - 2\rho \frac{x-\mu_1}{\sigma_1} \frac{y-\mu_2}{\sigma_2} + \left(\frac{y-\mu_2}{\sigma_2}\right)^2 \right] \right\} \mathrm{d}y \\
&= \int_{-\infty}^{+\infty} \frac{1}{2\pi\sigma_1\sqrt{1-\rho^2}} \exp\left\{ -\frac{1}{2(1-\rho^2)} \left[\frac{(x-\mu_1)^2}{\sigma_1^2} - 2\rho \frac{x-\mu_1}{\sigma_1} t + t^2 \right] \right\} \mathrm{d}t \\
&= \int_{-\infty}^{+\infty} \frac{1}{2\pi\sigma_1\sqrt{1-\rho^2}} \exp\left\{ -\frac{1}{2(1-\rho^2)} \left[\left(t - \rho \frac{x-\mu_1}{\sigma_1}\right)^2 + (1-\rho^2) \frac{(x-\mu_1)^2}{\sigma_1^2} \right] \right\} \mathrm{d}t \\
&= \frac{1}{\sqrt{2\pi}\sigma_1} \mathrm{e}^{-\frac{(x-\mu_1)^2}{2\sigma_1^2}}.
\end{aligned}
$$

由 X 和 Y 的对称性, 可得 Y 的边缘概率密度函数为

$$
f_Y(y) = \frac{1}{\sqrt{2\pi}\sigma_2} \mathrm{e}^{-\frac{(y-\mu_2)^2}{2\sigma_2^2}}.
$$

由例 3.11 可知, $X \sim N(\mu_1, \sigma_1^2)$, $Y \sim N(\mu_2, \sigma_2^2)$, 即二维正态分布的边缘分布是一维正态分布, 且两个边缘概率密度函数都不含参数 ρ, 这意味着参数 $\mu_1, \mu_2, \sigma_1^2, \sigma_2^2, \rho$ 相同而参数 ρ 不同的二维正态分布具有相同的边缘分布. 再次说明边缘分布不能决定联合分布.

习题 3.3

（A）

1. 设二维随机变量 (X, Y) 的概率密度函数为

$$
f(x, y) = \begin{cases} Cx^2 y, & x^2 \leqslant y \leqslant 1, \\ 0, & \text{其他}. \end{cases}
$$

求：(1) 常数 C；(2) 求 (X, Y) 的分别关于 X 与 Y 的边缘概率密度函数.

2. 在习题 3.1 的第 1 题中, 求 (X, Y) 的概率密度函数.

3. 设
$$(X, Y) \sim f(x, y) = \begin{cases} x^2 + \dfrac{1}{3} xy, & 0 \leqslant x \leqslant 1, 0 \leqslant y \leqslant 2, \\ 0, & \text{其他.} \end{cases}$$
求: $(1) P\{X + Y > 1\}$; $(2) P\{Y > X\}$; $(3) F(x, y)$.

4. 设 $(X, Y) \sim U(D)$, 其中 $D = \{(x, y) \mid 0 \leqslant x \leqslant 1, x^2 \leqslant y \leqslant x\}$. 求 (X, Y) 的分别关于 X 与 Y 的边缘概率密度函数.

（B）

1. 设随机变量 X 与 Y 均服从 $[0, 4]$ 上的均匀分布, 且 $P\{X \leqslant 2, Y \leqslant 2\} = \dfrac{5}{8}$, 求
$$P\{X > 2, Y > 2\}.$$

2. 以下给出两个不同的联合概率密度函数, 试验证它们有相同的边缘概率密度函数.
$$f(x, y) = \begin{cases} x + y, & 0 \leqslant x \leqslant 1, 0 \leqslant y \leqslant 1, \\ 0, & \text{其他;} \end{cases}$$
$$g(x, y) = \begin{cases} (0.5 + x)(0.5 + y), & 0 \leqslant x \leqslant 1, 0 \leqslant y \leqslant 1, \\ 0, & \text{其他.} \end{cases}$$

3.4   随机变量的独立性

在 3.2 节、3.3 节的学习中, 我们知道由二维随机变量 (X, Y) 的分布能够分别确定关于 X 与 Y 的边缘分布, 但是反之却不一定. 这是因为 X 的取值和 Y 的取值之间一般来说有一定的关联. 而在例 3.4 的有放回摸球实验中, 例 3.5 的均匀分布中, 由边缘分布却能够确定联合分布. 这是因为 X 的取值概率不受 Y 的取值概率的影响, 反之亦然. 称这样的随机变量相互独立. 在第 1 章中讨论了事件的独立性, 本节我们讨论随机变量的独立性.

3.4.1   二维随机变量的独立性

定义 3.7   设二维随机变量 (X, Y) 的分布函数为 $F(x, y)$, X 和 Y 的边缘分布函数分别为 $F_X(x)$ 和 $F_Y(y)$, 若对于任意的 $(x, y) \in \mathbb{R}^2$, 满足
$$F(x, y) = F_X(x) F_Y(y),$$
则称 X 与 Y 相互独立.

由定义 3.6, 可以证明以下定理.

定理 3.4   (1) 若 (X, Y) 为二维离散型随机变量, 则 X 与 Y 相互独立的充要条件是
$$P\{X = x_i, Y = y_j\} = P\{X = x_i\} P\{Y = y_j\}, \quad \forall i, j = 1, 2, \cdots,$$
即
$$p_{ij} = p_{i \cdot} \, p_{\cdot j}, \quad \forall i, j = 1, 2, \cdots.$$
(2) 若 (X, Y) 为二维连续型随机变量, 则 X 与 Y 相互独立的充要条件是
$$f(x, y) = f_X(x) f_Y(y), \quad \forall x \in \mathbb{R}, y \in \mathbb{R}.$$

随机变量的独立性是概率统计中的一个重要概念,在研究随机现象时,经常会遇到这样的两个随机变量.在实际应用中,只要两个随机变量间没有任何关系,则可判断变量是相互独立的.在今后的学习中,这一概念经常被涉及,且简化了事件乘积概率的计算.

例 3.12 设随机变量 X 与 Y 的联合分布律如表 3.7 所列.问 α,β 取何值时,X 与 Y 相互独立?

表 3.7 X 与 Y 的联合分布律

X \\ Y	1	2	3
1	$\dfrac{1}{6}$	$\dfrac{1}{9}$	$\dfrac{1}{18}$
2	$\dfrac{1}{3}$	α	β

解 若 X 与 Y 相互独立,则有

$$P\{X=1,Y=2\}=P\{X=1\}P\{Y=2\}=\frac{1}{3}\times\left(\frac{1}{9}+\alpha\right)=\frac{1}{9},$$

$$P\{X=1,Y=3\}=P\{X=1\}P\{Y=3\}=\frac{1}{3}\times\left(\frac{1}{18}+\beta\right)=\frac{1}{18},$$

解得 $\alpha=\dfrac{2}{9},\beta=\dfrac{2}{9}$.

此时 $p_{ij}=p_i.\ p._j(i=1,2,j=1,2,3)$ 成立,故 X 与 Y 相互独立.

例 3.13 设 $(X,Y)\sim U(D)$,其中 $D=\{(x,y)\mid x^2+y^2\leqslant a^2\}$,试判断 X 与 Y 的独立性.

解 由题意得

$$f(x,y)=\begin{cases}\dfrac{1}{\pi a^2}, & x^2+y^2\leqslant a^2,\\[2mm]0, & \text{其他}.\end{cases}$$

由(3.7)式,当 $|x|\leqslant a$ 时,有

$$f_X(x)=\int_{-\infty}^{+\infty}f(x,y)\mathrm{d}y=\int_{-\sqrt{a^2-x^2}}^{\sqrt{a^2-x^2}}\frac{1}{\pi a^2}\mathrm{d}y=\frac{2\sqrt{a^2-x^2}}{\pi a^2},$$

当 $|x|>a$ 时,$f_X(x)=0$.综上所述,得

$$f_X(x)=\begin{cases}\dfrac{2\sqrt{a^2-x^2}}{\pi a^2}, & |x|\leqslant a,\\[2mm]0, & \text{其他}.\end{cases}$$

由 X 与 Y 的对称性知,Y 的边缘概率密度函数为

$$f_Y(y)=\begin{cases}\dfrac{2\sqrt{a^2-y^2}}{\pi a^2}, & |y|\leqslant a,\\[2mm]0, & \text{其他}.\end{cases}$$

故 $f(x,y)\neq f_X(x)f_Y(y)$,即 X 与 Y 不独立.

例 3.14 设 $(X,Y) \sim N(\mu_1, \mu_2, \sigma_1^2, \sigma_2^2, \rho)$，试证明 X 与 Y 相互独立的充要条件是 $\rho=0$.

证 由 3.3 节知，X 与 Y 的联合概率密度函数及各自的边缘密度函数分别为

$$f(x,y) = \frac{1}{2\pi\sigma_1\sigma_2\sqrt{1-\rho^2}} \exp\left\{ -\frac{1}{2(1-\rho^2)} \left[\left(\frac{x-\mu_1}{\sigma_1}\right)^2 - 2\rho\frac{x-\mu_1}{\sigma_1}\frac{y-\mu_2}{\sigma_2} + \left(\frac{y-\mu_2}{\sigma_2}\right)^2 \right] \right\},$$

$$f_X(x) = \frac{1}{\sqrt{2\pi}\sigma_1} e^{-\frac{(x-\mu_1)^2}{2\sigma_1^2}}, \quad f_Y(y) = \frac{1}{\sqrt{2\pi}\sigma_2} e^{-\frac{(y-\mu_2)^2}{2\sigma_2^2}}.$$

必要性 设 X 与 Y 相互独立，则 $\forall x, y \in \mathbb{R}$，有 $f(x,y) = f_X(x)f_Y(y)$，特别地，取 $x=\mu_1, y=\mu_2$，可得

$$\frac{1}{2\pi\sigma_1\sigma_2\sqrt{1-\rho^2}} = \frac{1}{\sqrt{2\pi}\sigma_1}\frac{1}{\sqrt{2\pi}\sigma_2},$$

故 $\rho=0$.

充分性 若 $\rho=0$，则

$$f(x,y) = \frac{1}{2\pi\sigma_1\sigma_2} \exp\left\{ -\frac{1}{2} \left[\frac{(x-\mu_1)^2}{\sigma_1^2} + \frac{(y-\mu_2)^2}{\sigma_2^2} \right] \right\}$$

$$= \frac{1}{\sqrt{2\pi}\sigma_1} e^{-\frac{(x-\mu_1)^2}{2\sigma_1^2}} \frac{1}{\sqrt{2\pi}\sigma_2} e^{-\frac{(y-\mu_2)^2}{2\sigma_2^2}} = f_X(x)f_Y(y),$$

故 X 与 Y 相互独立.

关于二维随机变量的独立性有如下性质.

设 X 与 Y 相互独立，若一元函数 $g(x)$ 与 $h(y)$ 均为连续函数，则 $g(X)$ 与 $h(Y)$ 相互独立.

3.4.2 多维随机变量的独立性

类似于二维随机变量独立性的定义，可以定义 n 维随机变量的独立性.

定义 3.8 若对于任意的 $(x_1, x_2, \cdots, x_n) \in \mathbb{R}^n$，$n$ 维随机变量 $(X_1, X_2, \cdots, X_n)$ 的分布函数与边缘分布函数满足

$$F(x_1, x_2, \cdots, x_n) = F_{X_1}(x_1) F_{X_2}(x_2) \cdots F_{X_n}(x_n),$$

则称 $X_1, X_2, \cdots, X_n$ 相互独立.

由定义 3.8，可以证明如下定理.

定理 3.5 （1）若 $(X_1, X_2, \cdots, X_n)$ 为离散型随机变量，则 $X_1, X_2, \cdots, X_n$ 相互独立的充要条件是：对于任意的 $(x_1, x_2, \cdots, x_n) \in \mathbb{R}^n$，有

$$P\{X_1=x_1, X_2=x_2, \cdots, X_n=x_n\} = P\{X_1=x_1\}P\{X_2=x_2\}\cdots P\{X_n=x_n\}.$$

（2）若 $(X_1, X_2, \cdots, X_n)$ 为连续型随机变量，则 $X_1, X_2, \cdots, X_n$ 相互独立的充要条件是：对于任意的 $(x_1, x_2, \cdots, x_n) \in \mathbb{R}^n$，有

$$f(x_1, x_2, \cdots, x_n) = f_{X_1}(x_1) f_{X_2}(x_2) \cdots f_{X_n}(x_n).$$

关于多维随机变量的独立性有以下性质：

(1) 若$(X_1,X_2,\cdots,X_n)$相互独立,则其中任意$k(2\leqslant k\leqslant n)$个随机变量也相互独立.

(2) 若$(X_1,X_2,\cdots,X_n)$相互独立,则$g_1(X_1),g_2(X_2),\cdots,g_n(X_n)$也相互独立,其中$g_1,g_2,\cdots,g_n$均为连续函数.

(3) 若$(X_1,X_2,\cdots,X_n)$与$(Y_1,Y_2,\cdots,Y_m)$相互独立,则$g(X_1,X_2,\cdots,X_n)$与$h(Y_1,Y_2,\cdots,Y_n)$相互独立,其中g,h均为连续函数.

习题 3.4

（A）

1. 已知随机变量(X,Y)的分布律如下表所示,试判断X与Y是否独立？

X \ Y	-1	0
1	$\frac{1}{8}$	$\frac{1}{4}$
2	$\frac{1}{8}$	$\frac{1}{2}$

2. 设随机变量X与Y相互独立,它们的联合分布律和边缘分布律如下表所示,试将其余概率值填入表中的空白处.

X \ Y	1	2	$p_i.$
0		$\frac{1}{8}$	$\frac{1}{6}$
1	$\frac{1}{8}$		
2			
$p._j$			

3. 设$X\sim U[0,1]$,$Y\sim e\left(\frac{1}{2}\right)$,且$X$与$Y$相互独立.(1)求$X$与$Y$的联合概率密度函数；(2)设有关于$a$的方程$Xa^2+2Xa+Y=0$,求方程有实根的概率.

4. 设随机变量X与Y分别表示第一列和第二列火车到达车站的时刻,已知(X,Y)的概率密度函数为

$$f(x,y)=\begin{cases}\dfrac{1}{3600}, & 0\leqslant x\leqslant 60,0\leqslant y\leqslant 60,\\ 0, & \text{其他.}\end{cases}$$

(1)求(X,Y)分别关于X与Y的边缘概率密度函数；(2)判断X与Y是否相互独立.

5. 设$(X,Y)\sim N(1,0,1,1,0)$,求$P\{XY-Y<0\}$.

（B）

1. 设 X 与 Y 相互独立同分布,且 $X \sim B(1,p)$.定义

$$Z = \begin{cases} 1, & X+Y \text{ 为偶数,} \\ 0, & X+Y \text{ 为奇数.} \end{cases}$$

试求 p 取何值时 X 与 Y 相互独立?

2. 设 $(X,Y) \sim N(\mu,\mu,\sigma^2,\sigma^2,0)$,求 $P\{X<Y\}$.

3. 设二维连续型随机变量 $(X,Y) \sim f(x,y)$,则 X 与 Y 相互独立的充要条件是:

$$f(x,y) = \begin{cases} f_1(x)f_2(y), & x,y \in D, \\ 0, & \text{其他,} \end{cases}$$

其中 $D=(a,b) \times (c,d)$ 为矩形区域,$f_1(x)$,$f_2(y)$ 分别在 (a,b),(c,d) 内可积.

3.5　条件分布

在 3.4 节的学习中我们知道,随机变量 X 与 Y 相互独立的直观含义是指 X 与 Y 的取值在概率上互不影响.反之,X 与 Y 不独立,是指 X 的取值影响 Y 取值的概率,Y 的取值影响 X 取值的概率.如何用概率的语言来描述二者取值之间的影响呢?一个随机变量的不同取值会导致另一个随机变量的概率分布发生什么样的变化?也就是说,在一个随机变量取某个定值的条件下,另一个随机变量的分布与该随机变量的边缘分布相比会有什么变化呢?我们将这种分布称为**条件分布**(conditional distribution).本节将分别从离散型和连续型两种情形讨论条件分布.

3.5.1　离散型随机变量的条件分布

定义 3.9 设 (X,Y) 是离散型随机变量,对于固定的 j,$P\{Y=y_j\}>0$,则称

$$P\{X=x_i \mid Y=y_j\} = \frac{P\{X=x_i,Y=y_j\}}{P\{Y=y_j\}} = \frac{p_{ij}}{p_{\cdot j}}, \quad i=1,2,\cdots$$

为 $Y=y_j$ 条件下 X 的**条件分布律**(conditional distribution law).

同样,对于固定的 i,$P\{X=x_j\}>0$,则称

$$P\{Y=y_j \mid X=x_i\} = \frac{P\{X=x_i,Y=y_j\}}{P\{X=x_i\}} = \frac{p_{ij}}{p_{i\cdot}}, \quad j=1,2,\cdots$$

为在 $X=x_i$ 条件下 Y 的条件分布律.

由随机事件的条件概率公式和加法公式,可知条件分布律满足一般概率分布的基本性质:

(1) 非负性:$P\{X=x_i|Y=y_j\} \geq 0 (i=1,2,\cdots)$;

(2) 规范性:$\sum_{i=1}^{\infty} P\{X=x_i \mid Y=y_j\} = 1$.

容易得出,当 X 与 Y 相互独立时,对所有的 i 和 j,有

$$P\{X=x_i \mid Y=y_j\}=\frac{P\{X=x_i,Y=y_j\}}{P\{Y=y_j\}}=\frac{p_{ij}}{p_{\cdot j}}=\frac{p_{i\cdot}\,p_{\cdot j}}{p_{\cdot j}}=p_{i\cdot},$$

即当 X 与 Y 相互独立时,X(或 Y)的条件分布律与其边缘分布律相同.

例 3.15　设随机变量 X 与 Y 的联合分布律和边缘分布律如表 3.8 所示.

表 3.8　联合分布律及边缘分布律

X＼Y	0	1	2	$p_{i\cdot}$
0	$\frac{1}{9}$	$\frac{2}{9}$	$\frac{1}{9}$	$\frac{4}{9}$
1	$\frac{2}{9}$	$\frac{2}{9}$	0	$\frac{4}{9}$
2	$\frac{1}{9}$	0	0	$\frac{1}{9}$
$p_{\cdot j}$	$\frac{4}{9}$	$\frac{4}{9}$	$\frac{1}{9}$	1

试求:(1)已知事件 $\{Y=0\}$ 发生时,X 的条件分布律;(2)已知事件 $\{X=1\}$ 发生时,Y 的条件分布律.

解　由条件分布律的定义,得到

(1) $P\{X=0|Y=0\}=\dfrac{P\{X=0,Y=0\}}{P\{Y=0\}}=\dfrac{\frac{1}{9}}{\frac{4}{9}}=\dfrac{1}{4},$

$P\{X=1|Y=0\}=\dfrac{P\{X=1,Y=0\}}{P\{Y=0\}}=\dfrac{\frac{2}{9}}{\frac{4}{9}}=\dfrac{1}{2},$

$P\{X=2|Y=0\}=\dfrac{P\{X=2,Y=0\}}{P\{Y=0\}}=\dfrac{\frac{1}{9}}{\frac{4}{9}}=\dfrac{1}{4}.$

故 $\{Y=0\}$ 发生时,X 的条件分布律为

X	1	2	3
$P\{X=i|Y=0\}$	$\frac{1}{4}$	$\frac{1}{2}$	$\frac{1}{4}$

(2) $P\{Y=0|X=1\}=\dfrac{P\{X=1,Y=0\}}{P\{X=1\}}=\dfrac{\frac{2}{9}}{\frac{4}{9}}=\dfrac{1}{2},$

$P\{Y=1|X-1\}=\dfrac{P\{X=1,Y=1\}}{P\{X=1\}}=\dfrac{\frac{2}{9}}{\frac{4}{9}}=\dfrac{1}{2},$

$$P\{Y=2\,|\,X=1\}=\frac{P\{X=1,Y=2\}}{P\{X=1\}}=\frac{0}{\dfrac{4}{9}}=0.$$

故$\{X=1\}$发生时,Y的条件分布律为

Y	1	2	3
$P\{Y=j\,|\,X=1\}$	$\dfrac{1}{2}$	$\dfrac{1}{2}$	0

在前面的学习中我们已经得知,一般情形下,由边缘分布不能唯一地确定联合分布.然而,若已知一随机变量的边缘分布,以及已知这个随机变量取任意一个固定值时另一个随机变量的条件分布,则可以唯一确定联合分布.

例 3.16 某地公安部门经过调查后发现,交通事故由汽车造成的(表示为"$X=1$")占$\dfrac{1}{2}$,由电动车造成的(表示为"$X=2$")占$\dfrac{1}{3}$,其他原因造成的(表示为"$X=3$")占$\dfrac{1}{6}$.由汽车造成的交通事故引起的轻伤(表示为"$Y=1$")、重伤(表示为"$Y=2$")和死亡(表示为"$Y=3$")的概率分别为$25\%,25\%,50\%$.由电动车造成的交通事故引起的轻伤、重伤和死亡的概率分别为$50\%,25\%,25\%$.由其他原因造成的交通事故引起的轻伤、重伤和死亡的概率相同.试求X与Y的联合分布律.

解 由题设知X的边缘分布律为

X	1	2	3
P	$\dfrac{1}{2}$	$\dfrac{1}{3}$	$\dfrac{1}{6}$

已知$\{X=1\}$,$\{X=2\}$,$\{X=3\}$发生时,Y的条件分布律分别为

Y	1	2	3
$P\{Y=j\,|\,X=1\}$	$\dfrac{1}{4}$	$\dfrac{1}{4}$	$\dfrac{1}{2}$

Y	1	2	3
$P\{Y=j\,|\,X=2\}$	$\dfrac{1}{2}$	$\dfrac{1}{4}$	$\dfrac{1}{4}$

Y	1	2	3
$P\{Y=j\,|\,X=3\}$	$\dfrac{1}{3}$	$\dfrac{1}{3}$	$\dfrac{1}{3}$

于是,由

$$P\{X=x_i,Y=y_j\}=P\{X=x_i\}P\{Y=y_j\,|\,X=x_i\},\quad i,j=1,2,3$$

得X与Y的联合分布律为

X \ Y	1	2	3
1	$\dfrac{1}{8}$	$\dfrac{1}{8}$	$\dfrac{1}{4}$
2	$\dfrac{1}{6}$	$\dfrac{1}{12}$	$\dfrac{1}{12}$
3	$\dfrac{1}{18}$	$\dfrac{1}{18}$	$\dfrac{1}{18}$

3.5.2 连续型随机变量的条件分布

对于二维离散型随机变量 (X,Y), 当 $P\{Y=y\}>0$ 时, 可由条件概率的定义直接计算 X 关于 $Y=y$ 的条件分布函数

$$F_{X|Y}(x\mid y)=P\{X\leqslant x\mid Y=y\}=\frac{P\{X\leqslant x,Y=y\}}{P\{Y=y\}}.$$

然而对于二维连续型随机变量 (X,Y), 因为对任意的 y, 均有 $P\{Y=y\}=0$, 故不能用条件概率的定义直接计算 $F_{X|Y}(x|y)=P\{X\leqslant x|Y=y\}$. 但可以利用极限的方式来定义.

> **定义 3.10** 设 y 为定值, 且对于任意的 $\varepsilon>0$, $P\{y\leqslant Y<y+\varepsilon\}>0$, 若极限
> $$\lim_{\varepsilon\to 0^+}P\{X\leqslant x\mid y\leqslant Y<y+\varepsilon\}$$
> 存在, 则称此极限为在 $Y=y$ 条件下, X 的**条件分布函数**(conditional distribution function), 记作 $F_{X|Y}(x|y)$.

对于二维连续型随机变量 (X,Y), 当其联合概率密度函数 $f(x,y)$, $f_Y(y)$ 均在 y 处连续, 且 $f_Y(y)>0$ 时, 有

$$\begin{aligned}
F_{X|Y}(x\mid y)&=\lim_{\varepsilon\to 0^+}P\{X\leqslant x\mid y\leqslant Y<y+\varepsilon\}\\
&=\lim_{\varepsilon\to 0^+}\frac{P\{X\leqslant x,y\leqslant Y\leqslant y+\varepsilon\}}{P\{y\leqslant Y\leqslant y+\varepsilon\}}\\
&=\lim_{\varepsilon\to 0^+}\frac{\displaystyle\int_{-\infty}^{x}\int_{y}^{y+\varepsilon}f(u,v)\mathrm{d}u\,\mathrm{d}v}{\displaystyle\int_{y}^{y+\varepsilon}f_Y(v)\mathrm{d}v}.
\end{aligned}$$

由积分中值定理, 存在 $0<\theta_1,\theta_2<1$, 使得

$$\int_{y}^{y+\varepsilon}f(u,v)\mathrm{d}v=f(u,y+\theta_1\varepsilon)\varepsilon,\qquad \int_{y}^{y+\varepsilon}f_Y(v)\mathrm{d}v=f_Y(y+\theta_2\varepsilon)\varepsilon,$$

于是

$$F_{X|Y}(x\mid y)=\lim_{\varepsilon\to 0^+}\frac{\displaystyle\int_{-\infty}^{x}f(u,y+\theta_1\varepsilon)\mathrm{d}u}{f_Y(y+\theta_2\varepsilon)}=\int_{-\infty}^{x}\frac{f(u,y)}{f_Y(y)}\mathrm{d}u.$$

同理可得

$$F_{Y|X}(y\mid x)=\int_{-\infty}^{y}\frac{f(x,v)}{f_X(x)}\mathrm{d}v.$$

易得 $\dfrac{f(x,y)}{f_Y(y)}$ 和 $\dfrac{f(x,y)}{f_X(x)}$ 均满足:

(1) $\dfrac{f(x,y)}{f_Y(y)}\geqslant 0,\dfrac{f(x,y)}{f_X(x)}\geqslant 0$;

(2) $\displaystyle\int_{-\infty}^{+\infty}\frac{f(u,y)}{f_Y(y)}\mathrm{d}u=\frac{\displaystyle\int_{-\infty}^{+\infty}f(u,y)\mathrm{d}u}{f_Y(y)}=1,\int_{-\infty}^{+\infty}\frac{f(x,v)}{f_X(x)}\mathrm{d}v=\frac{\displaystyle\int_{-\infty}^{+\infty}f(x,v)\mathrm{d}v}{f_X(x)}-1.$

与一维随机变量概率密度函数定义比较, 给出条件概率密度函数的定义.

定义 3.11　若(X,Y)的概率密度函数为$f(x,y)$,(X,Y)关于Y的边缘概率密度函数为$f_Y(y)$,对固定的y,$f_Y(y)>0$,称

$$f_{X|Y}(x\mid y)=\frac{f(x,y)}{f_Y(y)} \tag{3.9}$$

为在$Y=y$的条件下,X的**条件概率密度函数**(conditional probability density function),记作$f_{X|Y}(x|y)$.

类似地,对固定的x当$f_X(x)>0$时,称

$$f_{Y|X}(y\mid x)=\frac{f(x,y)}{f_X(x)} \tag{3.10}$$

为在$X=x$的条件下,Y的**条件概率密度函数**,记作$f_{Y|X}(y|x)$.

条件概率密度函数$f_{X|Y}(x|y)$(或$f_{Y|X}(y|x)$)满足一般概率密度函数的基本性质:

(1) 非负性:$f_{X|Y}(x|y)\geqslant 0$;

(2) 规范性:$\int_{-\infty}^{+\infty}f_{X|Y}(x\mid y)\mathrm{d}x=1$.

容易得出,当X与Y相互独立时,有

$$f_{X|Y}(x\mid y)=\frac{f(x,y)}{f_Y(y)}=\frac{f_X(x)f_Y(y)}{f_Y(y)}=f_X(x),$$

即当X与Y相互独立时,X(或Y)的条件概率密度函数与其边缘概率密度函数相同.

例 3.17　设$(X,Y)\sim U(D)$,其中$D=\{(x,y)\mid x^2+y^2\leqslant a^2\}$.试求:

(1)在$X=x(-a<x<a)$的条件下Y的条件概率密度函数; (2)在$Y=y(-a<y<a)$的条件下X的条件概率密度函数; (3)$P\left\{0<X\leqslant\dfrac{a}{3}\;\middle|\;Y=\dfrac{a}{2}\right\}$.

解　(1) 由题意得

$$f(x,y)=\begin{cases}\dfrac{1}{\pi a^2}, & x^2+y^2\leqslant a^2,\\[2mm] 0, & \text{其他}.\end{cases}$$

由例 3.8 知,当$|x|<a$时,$f_X(x)=\dfrac{2\sqrt{a^2-x^2}}{\pi a^2}$,则由(3.10)式知,当$|x|<a$时,有

$$f_{Y|X}(y\mid x)=\frac{f(x,y)}{f_X(x)}=\begin{cases}\dfrac{\dfrac{1}{\pi a^2}}{\dfrac{2\sqrt{a^2-x^2}}{\pi a^2}}, & |y|\leqslant\sqrt{a^2-x^2},\\[4mm] 0, & \text{其他}\end{cases}$$

$$=\begin{cases}\dfrac{1}{2\sqrt{a^2-x^2}}, & |y|\leqslant\sqrt{a^2-x^2},\\[2mm] 0, & \text{其他}.\end{cases}$$

(2) 由X与Y的对称性知,当$|y|<a$时,X的条件概率密度函数为

$$f_{X|Y}(x \mid y) = \frac{f(x,y)}{f_Y(y)} = \begin{cases} \dfrac{1}{2\sqrt{a^2 - y^2}}, & |x| \leqslant \sqrt{a^2 - y^2}, \\ 0, & \text{其他.} \end{cases}$$

（3）在 $Y = \dfrac{a}{2}$ 的条件下 X 的条件概率密度函数为

$$f_{X|Y}\left(x \mid \frac{a}{2}\right) = \begin{cases} \dfrac{1}{\sqrt{3}\,a}, & |x| \leqslant \dfrac{\sqrt{3}}{2}a, \\ 0, & \text{其他.} \end{cases}$$

则

$$P\left\{0 < X \leqslant \frac{a}{3} \,\middle|\, Y = \frac{a}{2}\right\} = \int_0^{\frac{a}{3}} f_{X|Y}\left(x \mid \frac{a}{2}\right) \mathrm{d}x = \int_0^{\frac{a}{3}} \frac{1}{\sqrt{3}\,a} \mathrm{d}x = \frac{1}{3\sqrt{3}}.$$

由前面知识的学习已知，当 (X,Y) 在圆内服从均匀分布时，两个边缘分布不是均匀分布，但是在 $X = x$ 的条件下 Y 的条件分布和在 $Y = y$ 的条件下 X 的条件分布均为均匀分布．一般地，如果二维随机变量 (X,Y) 服从某区域 D 内的均匀分布，则其边缘分布不一定服从一维均匀分布，但是其条件分布一定是一维均匀分布．

例 3.18 设 $(X,Y) \sim N(\mu_1, \mu_2, \sigma_1^2, \sigma_2^2, \rho)$，试求条件概率密度函数 $f_{X|Y}(x \mid y)$ 和 $f_{Y|X}(y \mid x)$．

解 由 3.3 节知

$$f(x,y) = \frac{1}{2\pi\sigma_1\sigma_2\sqrt{1-\rho^2}} \exp\left\{-\frac{1}{2(1-\rho^2)}\left[\left(\frac{x-\mu_1}{\sigma_1}\right)^2 - 2\rho\frac{x-\mu_1}{\sigma_1}\frac{y-\mu_2}{\sigma_2} + \left(\frac{y-\mu_2}{\sigma_2}\right)^2\right]\right\},$$

$$f_X(x) = \frac{1}{\sqrt{2\pi}\sigma_1} \mathrm{e}^{-\frac{(x-\mu_1)^2}{2\sigma_1^2}}, \quad f_Y(y) = \frac{1}{\sqrt{2\pi}\sigma_2} \mathrm{e}^{-\frac{(y-\mu_2)^2}{2\sigma_2^2}}.$$

于是由（3.9）式得

$$f_{X|Y}(x \mid y) = \frac{f(x,y)}{f_Y(y)}$$

$$= \frac{\dfrac{1}{2\pi\sigma_1\sigma_2\sqrt{1-\rho^2}} \exp\left\{-\dfrac{1}{2(1-\rho^2)}\left[\dfrac{(x-\mu_1)^2}{\sigma_1^2} - 2\rho\dfrac{x-\mu_1}{\sigma_1}\dfrac{y-\mu_2}{\sigma_2} + \dfrac{(y-\mu_2)^2}{\sigma_2^2}\right]\right\}}{\dfrac{1}{\sqrt{2\pi}\sigma_2} \mathrm{e}^{-\frac{(y-\mu_2)^2}{2\sigma_2^2}}}$$

$$= \frac{1}{\sqrt{2\pi}\sigma_1\sqrt{1-\rho^2}} \exp\left\{-\frac{1}{2(1-\rho^2)}\left[\frac{(x-\mu_1)^2}{\sigma_1^2} - 2\rho\frac{x-\mu_1}{\sigma_1}\frac{y-\mu_2}{\sigma_2} + \frac{\rho^2(y-\mu_2)^2}{\sigma_2^2}\right]\right\}$$

$$= \frac{1}{\sqrt{2\pi}\sigma_1\sqrt{1-\rho^2}} \exp\left\{-\frac{1}{2(1-\rho^2)}\left[\frac{x-\mu_1}{\sigma_1} - \frac{\rho(y-\mu_2)}{\sigma_2}\right]^2\right\}$$

$$= \frac{1}{\sqrt{2\pi}\sigma_1\sqrt{1-\rho^2}} \exp\left\{-\frac{1}{2\sigma_1^2(1-\rho^2)}\left[x - \left(\mu_1 + \rho\frac{\sigma_1}{\sigma_2}(y-\mu_2)\right)\right]^2\right\},$$

于是在 $Y = y$ 的条件下, $X \sim N\left(\mu_1 + \rho \dfrac{\sigma_1}{\sigma_2}(y - \mu_2), \sigma_1^2(1 - \rho^2)\right)$.

由 X 与 Y 的对称性知

$$f_{Y|X}(y \mid x) = \frac{1}{\sqrt{2\pi}\sigma_2 \sqrt{1 - \rho^2}} \exp\left\{-\frac{1}{2\sigma_2^2(1 - \rho^2)}\left[y - \left(\mu_2 + \rho\frac{\sigma_2}{\sigma_1}(x - \mu_1)\right)\right]^2\right\}.$$

于是在 $X = x$ 的条件下, $Y \sim N\left(\mu_2 + \rho \dfrac{\sigma_2}{\sigma_1}(x - \mu_1), \sigma_2^2(1 - \rho^2)\right)$.

例 3.19 设随机变量 X 在区间 $[0,1]$ 上随机地取值, 当 X 取值 $x(0 < x < 1)$ 时, 随机变量 Y 在 $[x, 1]$ 上随机地取值, 求 Y 的概率密度函数 $f_Y(y)$.

解 由题意易得 $X \sim U(0,1)$, 所以 X 的概率密度函数为

$$f_X(x) = \begin{cases} 1, & 0 \leqslant x \leqslant 1, \\ 0, & \text{其他}. \end{cases}$$

当 X 取值 $x(0 < x < 1)$ 时, $Y \sim U(x, 1)$, 所以, 当 $0 < x < 1$ 时, 有

$$f_{Y|X}(y \mid x) = \begin{cases} \dfrac{1}{1 - x}, & x < y < 1, \\ 0, & \text{其他}. \end{cases}$$

因而由 (3.10) 式有

$$f(x, y) = f_X(x) f_{Y|X}(y \mid x) = \begin{cases} \dfrac{1}{1 - x}, & 0 < x < y < 1, \\ 0, & \text{其他}. \end{cases}$$

于是

$$f_Y(y) = \int_{-\infty}^{+\infty} f(x, y)\,\mathrm{d}x = \begin{cases} \displaystyle\int_0^y \frac{1}{1 - x}\,\mathrm{d}x, & 0 < y < 1, \\ 0, & \text{其他} \end{cases} = \begin{cases} -\ln(1 - y), & 0 < y < 1, \\ 0, & \text{其他}. \end{cases}$$

习题 3.5

(A)

1. 已知 (X, Y) 的分布律如下表所示:

X \ Y	0	1	2
0	$\dfrac{1}{4}$	$\dfrac{1}{8}$	0
1	0	$\dfrac{1}{3}$	0
2	$\dfrac{1}{6}$	0	$\dfrac{1}{8}$

求：(1) 在 $Y=1$ 的条件下，X 的条件分布律；(2) 在 $X=2$ 的条件下，Y 的条件分布律.

2. 设

$$(X,Y) \sim f(x,y) = \begin{cases} x^2 + \dfrac{1}{3}xy, & 0 \leqslant x \leqslant 1, 0 \leqslant y \leqslant 2, \\ 0, & \text{其他}. \end{cases}$$

求：(1)条件概率密度函数 $f_{X|Y}(x|y)$ 和 $f_{Y|X}(y|x)$；(2) $P\left\{Y<\dfrac{1}{2} \,\middle|\, X<\dfrac{1}{2}\right\}$.

3. 已知 (X,Y) 的概率密度函数为

$$f(x,y) = \begin{cases} 3x, & 0<x<1, 0<y<x, \\ 0, & \text{其他}. \end{cases}$$

求：(1) 边缘概率密度函数 $f_X(x)$ 和 $f_Y(y)$；(2) 条件概率密度函数 $f_{X|Y}\left(x\,\middle|\,\dfrac{1}{2}\right)$ 和

$f_{Y|X}\left(y\,\middle|\,\dfrac{1}{3}\right)$；(3) $P\left\{X>\dfrac{3}{4}\,\middle|\,Y=\dfrac{1}{2}\right\}$.

（B）

1. 某商场一天的顾客人数 $X \sim P(\lambda)$，任一顾客购物的概率为 p，各顾客购物与否相互独立. 记一天顾客购物的人数为 Y. 求：(1)X 与 Y 的联合分布律；(2)Y 的分布律.

2. 设 Y 的概率密度函数为

$$f(y) = \begin{cases} 5y^4, & 0<y<1, \\ 0, & \text{其他}. \end{cases}$$

已知在给定 $Y=y\,(0<y<1)$ 条件下，X 的条件概率密度函数为

$$f(x\mid y) = \begin{cases} \dfrac{3x^2}{y^3}, & 0<x<y<1, \\ 0, & \text{其他}. \end{cases}$$

求 $P\left\{X>\dfrac{1}{2}\right\}$.

3.6　多维随机变量函数的分布

在第 2 章中我们已经讨论了一维随机变量函数的分布，在本节中，我们将讨论若已知多维随机变量 $(X_1, X_2, \cdots, X_n)$ 的分布，如何求函数 $Z = g(X_1, X_2, \cdots, X_n)$ 的分布呢？因为随机变量 $Z = g(X_1, X_2, \cdots, X_n)$ 仍为一维随机变量. 我们仍可以延续一维随机变量函数的思路来讨论 Z 的分布. 本节主要针对二维随机变量 (X,Y) 的函数 $Z = g(X,Y)$ 的分布展开讨论，仍然将离散型随机变量和连续型随机变量分开讨论.

3.6.1　离散型随机变量函数的分布

当 (X,Y) 是二维离散型随机变量时，则函数 $Z = g(X,Y)$ 一定是离散型随机变量. 设

(X,Y) 的分布律为

$$P\{X=x_i,Y=y_j\}=p_{ij},\quad i,j=1,2,\cdots.$$

求 $Z=g(X,Y)$ 的分布律,一般采用列举法,先确定出 Z 的所有取值 z_k,再确定

$$P\{Z=z_k\}=\sum_{g(x_i,y_j)=z_k}p_{ij},\quad k=1,2,\cdots.$$

以求 $Z=X+Y$ 的分布律为例,有

$$P\{Z=z_k\}=P\{X+Y=z_k\}=\sum_{i=1}^{\infty}P\{X=x_i,Y=z_k-x_i\},$$

或

$$P\{Z=z_k\}=P\{X+Y=z_k\}=\sum_{j=1}^{\infty}P\{X=z_k-y_j,Y=y_j\}.$$

若 X 与 Y 独立,则

$$P\{Z=z_k\}=P\{X+Y=z_k\}=\sum_{i=1}^{\infty}P\{X=x_i\}P\{Y=z_k-x_i\},$$

或

$$P\{Z=z_k\}=P\{X+Y=z_k\}=\sum_{j=1}^{\infty}P\{X=z_k-y_j\}P\{Y=y_j\}.$$

例 3.20 已知随机变量 (X,Y) 的分布律如表 3.9 所示,求以下 (X,Y) 的函数的分布律:(1) $Z_1=X+Y$;(2) $Z_2=X-Y$;(3) $Z_3=XY$.

表 3.9 (X,Y) 的分布律

X＼Y	−1	0	1
1	0.2	0.1	0.3
2	0.1	0.2	0.1

解 (1) 由 (X,Y) 的分布律可得 $Z_1=X+Y$ 的可能取值,如下表:

P	0.2	0.1	0.3	0.1	0.2	0.1
(X,Y)	$(1,-1)$	$(1,0)$	$(1,1)$	$(2,-1)$	$(2,0)$	$(2,1)$
$Z_1=X+Y$	0	1	2	1	2	3

从而有 $Z_1=X+Y$ 的分布律为

Z_1	0	1	2	3
P	0.2	0.2	0.5	0.1

(2) 由 (X,Y) 的分布律可得 $Z_2=X-Y$ 的可能取值,如下表:

P	0.2	0.1	0.3	0.1	0.2	0.1
(X,Y)	$(1,-1)$	$(1,0)$	$(1,1)$	$(2,-1)$	$(2,0)$	$(2,1)$
$Z_2=X-Y$	2	1	0	3	2	1

从而有 $Z_2=X-Y$ 的分布律为

Z_2	0	1	2	3
P	0.3	0.2	0.4	0.1

（3）由 (X,Y) 的分布律可得 $Z_3=XY$ 的可能取值，如下表：

P	0.2	0.1	0.3	0.1	0.2	0.1
(X,Y)	$(1,-1)$	$(1,0)$	$(1,1)$	$(2,-1)$	$(2,0)$	$(2,1)$
$Z_3=XY$	-1	0	1	-2	0	2

从而有 $Z_3=XY$ 的分布律为

Z_3	-2	-1	0	1	2
P	0.1	0.2	0.3	0.3	0.1

例 3.21　设随机变量 X 与 Y 相互独立，且 $X\sim B(n_1,p)$，$Y\sim B(n_2,p)$. 求 $Z=X+Y$ 的分布律.

解　由题意知 $Z=X+Y$ 的可能取值为 $0,1,2,\cdots,n_1+n_2$. 又 X,Y 相互独立，故对于 $k(k=0,1,2,\cdots,n_1+n_2)$，有

$$P\{Z=k\}=\sum_{i=0}^{k}P\{X=i,Y=k-i\}$$

$$=\sum_{i=0}^{k}C_{n_1}^{i}p^{i}(1-p)^{n_1-i}C_{n_2}^{k-i}p^{k-i}(1-p)^{n_2-(k-i)}$$

$$=\sum_{i=0}^{k}C_{n_1}^{i}C_{n_2}^{k-i}p^{k}(1-p)^{n_1+n_2-k}$$

$$=C_{n_1+n_2}^{k}p^{k}(1-p)^{n_1+n_2-k},$$

故 $Z\sim B(n_1+n_2,p)$.

由例 3.21，易得，若 $X_1,X_2,\cdots,X_k$ 相互独立，且 $X_i\sim B(n_i,p)$，$i=1,2,\cdots k$. 则

$$\sum_{i=1}^{k}X_i\sim B\left(\sum_{i=1}^{k}n_i,p\right).$$

上述结果表明，有限个相互独立的二项分布随机变量（第二个参数 p 相等）之和仍然服从二项分布，且其第一参数为原有各分布第一个参数之和，第二个参数不变. 二项分布的这一性质称为二项分布的**可加性**. 若同一类分布的有限个相互独立随机变量和的分布仍是此类分布，则称此类分布具有**可加性**. 在常见的分布中，泊松分布、正态分布、伽马分布等均具备可加性.

3.6.2　连续型随机变量函数的分布

当 (X,Y) 是二维连续型随机变量时，并不能保证函数 $Z=g(X,Y)$ 为连续型随机变量，但可采用分布函数法求分布函数，即

$$F_Z(z) = P\{Z \leqslant z\} = P\{g(X,Y) \leqslant z\} = \iint\limits_{g(x,y) \leqslant z} f(x,y)\mathrm{d}x\mathrm{d}y.$$

进一步,若 Z 为连续型随机变量,对 Z 的分布函数求导数得到 Z 的概率密度函数.由于二元函数的复杂性,在本小节我们主要讨论几个二维连续型随机变量简单函数的分布,重点讨论随机变量和的分布以及随机变量最大值、最小值的分布.

1. $Z = X + Y$ 的分布

> **定理 3.6**   设二维连续型随机变量 (X,Y) 的概率密度函数为 $f(x,y)$,则 $Z = X + Y$ 的概率密度函数为
>
> $$f_Z(z) = \int_{-\infty}^{+\infty} f(z-y, y)\mathrm{d}y, \quad \text{或} \quad f_Z(z) = \int_{-\infty}^{+\infty} f(x, z-x)\mathrm{d}x.$$
>
> 当 X 与 Y 相互独立时,有卷积公式
>
> $$f_Z(z) = \int_{-\infty}^{+\infty} f_X(z-y)f_Y(y)\mathrm{d}y, \quad \text{或} \quad f_Z(z) = \int_{-\infty}^{+\infty} f_X(x)f_Y(z-x)\mathrm{d}x.$$

证(分布函数法)   如图 3-7, $Z = X + Y$ 的分布函数为

$$F_Z(z) = P\{Z \leqslant z\} = P\{X + Y \leqslant z\}$$

$$= \iint\limits_{x+y \leqslant z} f(x,y)\mathrm{d}x\mathrm{d}y$$

$$= \int_{-\infty}^{+\infty} \left[\int_{-\infty}^{z-y} f(x,y)\mathrm{d}x \right] \mathrm{d}y.$$

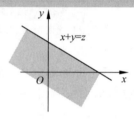

图 3-7   积分区域示意图

对上式作变量代换,令 $x = u - y$,可得

$$F_Z(z) = \int_{-\infty}^{+\infty} \left[\int_{-\infty}^{z} f(u-y, y)\mathrm{d}u \right] \mathrm{d}y = \int_{-\infty}^{z} \left[\int_{-\infty}^{+\infty} f(u-y, y)\mathrm{d}y \right] \mathrm{d}u.$$

对上式求导得 $Z = X + Y$ 的概率密度函数为

$$f_Z(z) = \int_{-\infty}^{+\infty} f(z-y, y)\mathrm{d}y.$$

对称地, $f_Z(z)$ 又可写成

$$f_Z(z) = \int_{-\infty}^{+\infty} f(x, z-x)\mathrm{d}x.$$

当 X, Y 相互独立时,被积函数可以写成两函数乘积的形式,即可得卷积公式.

例 3.22   设随机变量 X 与 Y 相互独立,并且都服从区间 $[0,1]$ 上的均匀分布,求 $Z = X + Y$ 的概率密度函数.

解 X 与 Y 的概率密度函数分别为

$$f_X(x) = \begin{cases} 1, & 0 \leqslant x \leqslant 1, \\ 0, & \text{其他}; \end{cases} \qquad f_Y(y) = \begin{cases} 1, & 0 \leqslant y \leqslant 1, \\ 0, & \text{其他}. \end{cases}$$

由卷积公式,有 $f_Z(z) = \displaystyle\int_{-\infty}^{+\infty} f_X(x)f_Y(z-x)\mathrm{d}x.$

为确定积分限,先找出使被积函数不为 0 的区域

$$\begin{cases} 0 \leqslant x \leqslant 1, \\ 0 \leqslant z - x \leqslant 1, \end{cases} \qquad \text{即(见图 3-8)} \qquad \begin{cases} 0 \leqslant x \leqslant 1, \\ x \leqslant z \leqslant x + 1, \end{cases}$$

则

$$f_Z(z) = \int_{-\infty}^{+\infty} f_X(x) f_Y(z-x) \mathrm{d}x$$

$$= \begin{cases} \int_0^z \mathrm{d}x = z, & 0 \leqslant z < 1, \\ \int_{z-1}^1 \mathrm{d}x = 2-z, & 1 \leqslant z < 2, \\ 0, & 其他 \end{cases}$$

$$= \begin{cases} z, & 0 \leqslant z < 1, \\ 2-z, & 1 \leqslant z < 2, \\ 0, & 其他. \end{cases}$$

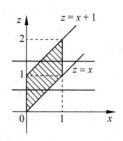

图 3-8　积分区域示意图

例 3.23　设随机变量 X 与 Y 相互独立且都服从正态分布 $N(\mu, \sigma^2)$，求 $Z = X + Y$ 的概率密度函数.

解　由卷积公式得

$$f_Z(z) = \int_{-\infty}^{+\infty} f_X(x) f_Y(z-x) \mathrm{d}x = \int_{-\infty}^{+\infty} \frac{1}{\sqrt{2\pi}\sigma} \mathrm{e}^{-\frac{(x-\mu)^2}{2\sigma^2}} \frac{1}{\sqrt{2\pi}\sigma} \mathrm{e}^{-\frac{(z-x-\mu)^2}{2\sigma^2}} \mathrm{d}x$$

$$= \frac{1}{2\pi\sigma^2} \int_{-\infty}^{+\infty} \mathrm{e}^{-\frac{(x-\mu)^2+(z-x-\mu)^2}{2\sigma^2}} \mathrm{d}x = \frac{1}{2\pi\sigma^2} \int_{-\infty}^{+\infty} \mathrm{e}^{-\frac{2(x-\mu)^2-2(x-\mu)(z-2\mu)+(z-2\mu)^2}{2\sigma^2}} \mathrm{d}x$$

$$= \frac{1}{2\pi\sigma^2} \mathrm{e}^{-\frac{(z-2\mu)^2}{2\sigma^2}} \int_{-\infty}^{+\infty} \mathrm{e}^{-\frac{(x-\mu)^2-(x-\mu)(z-2\mu)}{\sigma^2}} \mathrm{d}x = \frac{1}{2\pi\sigma^2} \mathrm{e}^{-\frac{(z-2\mu)^2}{2\sigma^2}} \int_{-\infty}^{+\infty} \mathrm{e}^{-\frac{(x-\mu)^2-(x-\mu)(z-2\mu)+\left(\frac{z-2\mu}{2}\right)^2-\left(\frac{z-2\mu}{2}\right)^2}{\sigma^2}} \mathrm{d}x$$

$$= \frac{1}{2\pi\sigma^2} \mathrm{e}^{-\frac{(z-2\mu)^2}{2\sigma^2}+\frac{(z-2\mu)^2}{4\sigma^2}} \int_{-\infty}^{+\infty} \mathrm{e}^{-\frac{\left(x-\frac{z}{2}\right)^2}{\sigma^2}} \mathrm{d}x = \frac{1}{2\pi\sigma^2} \mathrm{e}^{-\frac{(z-2\mu)^2}{4\sigma^2}} \int_{-\infty}^{+\infty} \mathrm{e}^{-u^2} \mathrm{d}u$$

$$= \frac{1}{2\pi\sigma} \mathrm{e}^{-\frac{(z-2\mu)^2}{4\sigma^2}} \sqrt{\pi} = \frac{1}{\sqrt{2\pi}(\sqrt{2}\sigma)} \mathrm{e}^{-\frac{(z-2\mu)^2}{2(\sqrt{2}\sigma)^2}},$$

则 Z 服从正态分布 $N(2\mu, 2\sigma^2)$.

进一步，可以证明（请自行证明）：

（1）（正态分布的可加性）　若随机变量 $X \sim N(\mu_1, \sigma_1^2)$，$Y \sim N(\mu_2, \sigma_2^2)$，且相互独立，则

$$X + Y \sim N(\mu_1 + \mu_2, \sigma_1^2 + \sigma_2^2).$$

（2）（正态分布的线性性质）　若 $X_1, X_2, \cdots, X_n$ 相互独立，且 $X_i \sim N(\mu_i, \sigma_i^2)$，$i = 1, 2, \cdots, n$ 则对于不全为零的常数 $a_1, a_2, \cdots, a_n$，有

$$\sum_{i=1}^n a_i X_i \sim N\left(\sum_{i=1}^n a_i \mu_i, \sum_{i=1}^n a_i^2 \sigma_i^2\right).$$

2. $U = \max\{X, Y\}$ 和 $V = \min\{X, Y\}$ 的分布

本部分仅讨论 X, Y 相互独立的情形.

（1）$U = \max\{X, Y\}$ 的分布函数

设 X 与 Y 相互独立，分布函数分别为 $F_X(x)$ 和 $F_Y(y)$，对任意实数 z，由于

$$\{U \leqslant z\} = \{\max\{X,Y\} \leqslant z\} = \{X \leqslant z, Y \leqslant z\},$$

故 $U = \max\{X,Y\}$ 的分布函数为

$$F_{\max}(z) = P\{U \leqslant z\} = P\{X \leqslant z, Y \leqslant z\} = P\{X \leqslant z\}P\{Y \leqslant z\},$$

从而

$$F_{\max}(z) = F_X(z)F_Y(z).$$

(2) $V = \min\{X,Y\}$ 的分布函数

设 X 与 Y 相互独立，分布函数分别为 $F_X(x)$ 和 $F_Y(y)$，对任意实数 z，由于

$$\{V > z\} = \{\min\{X,Y\} > z\} = \{X > z, Y > z\},$$

故 $V = \min\{X,Y\}$ 的分布函数为

$$F_{\min}(z) = P\{V \leqslant z\} = 1 - P\{V > z\} = 1 - P\{X > z, Y > z\} = 1 - P\{X > z\}P\{Y > z\},$$

从而

$$F_{\min}(z) = 1 - [1 - F_X(z)][1 - F_Y(z)].$$

一般地，设 $X_1, X_2, \cdots, X_n$ 相互独立，它们的分布函数分别为 $F_{X_i}(z)(i=1,2,\cdots,n)$，则 $U = \max\{X_1, X_2, \cdots, X_n\}$ 的分布函数为

$$F_{\max}(z) = F_{X_1}(z)F_{X_2}(z)\cdots F_{X_n}(z);$$

$V = \min\{X_1, X_2, \cdots, X_n\}$ 的分布函数为

$$F_{\min}(z) = 1 - [1 - F_{X_1}(z)][1 - F_{X_2}(z)]\cdots[1 - F_{X_n}(z)].$$

特别地，$X_1, X_2, \cdots, X_n$ 相互独立，且具有相同的分布函数 $F(z)$ 时，有

$$F_{\max}(z) = [F(z)]^n, \quad F_{\min}(z) = 1 - [1 - F(z)]^n.$$

例 3.24　已知随机变量 (X,Y) 的分布律为

X \ Y	−1	0	1
1	0.2	0.1	0.3
2	0.1	0.2	0.1

求 $U = \max\{X,Y\}$，$V = \min\{X,Y\}$ 的分布律.

解　由 (X,Y) 的分布律可得 $U = \max\{X,Y\}$，$V = \min\{X,Y\}$ 的可能取值列成下表.

P	0.2	0.1	0.3	0.1	0.2	0.1
(X,Y)	$(1,-1)$	$(1,0)$	$(1,1)$	$(2,-1)$	$(2,0)$	$(2,1)$
$U = \max\{X,Y\}$	1	1	1	2	2	2
$V = \min\{X,Y\}$	−1	0	1	−1	0	1

从而有 $U = \max\{X,Y\}$，$V = \min\{X,Y\}$ 的分布律分别为

$U = \max\{X,Y\}$	1	2
P	0.6	0.4

$V = \min\{X,Y\}$	−1	0	1
P	0.3	0.3	0.4

例 3.25 设系统 L 由两个独立的子系统 L_1 和 L_2 构成. 连接的方式为: (1) 串联, (2) 并联. 如果 L_1 和 L_2 的寿命 X,Y 分别服从参数为 α,β 的指数分布, 即

$$X \sim f_X(x) = \begin{cases} \alpha e^{-\alpha x}, & x > 0, \\ 0, & \text{其他}; \end{cases} \qquad Y \sim f_Y(y) = \begin{cases} \beta e^{-\beta y}, & y > 0, \\ 0, & \text{其他}. \end{cases}$$

试分别就上述两种情况求系统 L 的寿命 Z 的概率密度函数.

解 X,Y 的分布函数分别为

$$F_X(x) = \begin{cases} 1 - e^{-\alpha x}, & x > 0, \\ 0, & x \leqslant 0; \end{cases} \qquad F_Y(x) = \begin{cases} 1 - e^{-\beta y}, & y > 0, \\ 0, & y \leqslant 0. \end{cases}$$

(1) 串联时, 由于当 L_1 和 L_2 中有一个损坏时, 系统 L 就停止工作, 所以这时系统 L 的寿命为 $Z = \min\{X,Y\}$, 其分布函数为

$$F_{\min}(z) = 1 - [1 - F_X(z)][1 - F_Y(z)] = \begin{cases} 1 - e^{-(\alpha+\beta)z}, & z > 0, \\ 0, & z \leqslant 0. \end{cases}$$

于是 $Z = \min\{X,Y\}$ 的概率密度函数为

$$f_{\min}(z) = \begin{cases} (\alpha+\beta)e^{-(\alpha+\beta)z}, & z > 0, \\ 0, & \text{其他}. \end{cases}$$

(2) 并联时, 由于当且仅当 L_1 和 L_2 都损坏时, 系统 L 才停止工作, 所以这时 L 的寿命为 $Z = \max\{X,Y\}$, 其分布函数为

$$F_{\max}(z) = F_X(z)F_Y(z) = \begin{cases} (1 - e^{-\alpha z})(1 - e^{-\beta z}), & z > 0, \\ 0, & z \leqslant 0. \end{cases}$$

于是 $Z = \max\{X,Y\}$ 的概率密度函数为

$$f_{\max}(z) = \begin{cases} \alpha e^{-\alpha z} + \beta e^{-\beta z} - (\alpha+\beta)e^{-(\alpha+\beta)z}, & z > 0, \\ 0, & \text{其他}. \end{cases}$$

3. $Z = XY$ 和 $Z = \dfrac{X}{Y}$ 的分布

设二维连续性随机变量 (X,Y) 的概率密度函数为 $f(x,y)$, 则 $Z = XY$ 和 $Z = \dfrac{X}{Y}$ 都是连续性随机变量, 其概率密度函数分别为

$$f_{XY}(z) = \int_{-\infty}^{+\infty} \frac{1}{|x|} f\left(x, \frac{z}{x}\right) dx, \quad \text{或} \quad f_{XY}(z) = \int_{-\infty}^{+\infty} \frac{1}{|y|} f\left(\frac{z}{y}, y\right) dy;$$

$$f_{\frac{X}{Y}}(z) = \int_{-\infty}^{+\infty} |x| f\left(x, \frac{x}{z}\right) dx, \quad \text{或} \quad f_{\frac{X}{Y}}(z) = \int_{-\infty}^{+\infty} |y| f(yz, y) dy.$$

例 3.26 设 X 与 Y 独立同分布, 且

$$f_X(x) = \begin{cases} \dfrac{1}{a}, & 0 < x < a, \\ 0, & \text{其他}. \end{cases}$$

求 $Z = \dfrac{X}{Y}$ 的概率密度函数.

解（分布函数法）　由题意，X 与 Y 的联合分布律为

$$f(x,y)=f_X(x)f_Y(y)=\begin{cases}\dfrac{1}{a^2}, & 0<x<a,0<y<a,\\ 0, & \text{其他}.\end{cases}$$

$Z=\dfrac{X}{Y}$ 的分布函数为

$$F_Z(z)=P(Z\leqslant z)=P\left(\frac{X}{Y}\leqslant z\right)=\iint\limits_{\frac{x}{y}\leqslant z}f(x,y)\mathrm{d}x\mathrm{d}y.$$

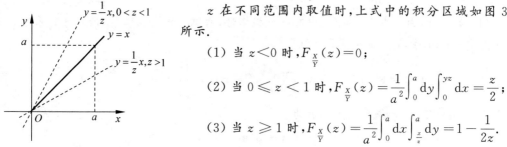

图 3-9　积分区域示意图

z 在不同范围内取值时，上式中的积分区域如图 3-9 所示.

(1) 当 $z<0$ 时，$F_{\frac{X}{Y}}(z)=0$；

(2) 当 $0\leqslant z<1$ 时，$F_{\frac{X}{Y}}(z)=\dfrac{1}{a^2}\displaystyle\int_0^a\mathrm{d}y\int_0^{yz}\mathrm{d}x=\dfrac{z}{2}$；

(3) 当 $z\geqslant 1$ 时，$F_{\frac{X}{Y}}(z)=\dfrac{1}{a^2}\displaystyle\int_0^a\mathrm{d}x\int_{\frac{x}{z}}^a\mathrm{d}y=1-\dfrac{1}{2z}$.

所以

$$f_{\frac{X}{Y}}(z)=\begin{cases}0, & z<0,\\ \dfrac{1}{2}, & 0\leqslant z<1,\\ \dfrac{1}{2z^2}, & z\geqslant 1.\end{cases}$$

（公式法）$f_{\frac{X}{Y}}(z)=\displaystyle\int_{-\infty}^{+\infty}|y|f(yz,y)\mathrm{d}y.$

为确定积分限，先找出使被积函数不为 0 的区域

$$\begin{cases}0\leqslant y\leqslant a,\\ 0\leqslant yz\leqslant a,\end{cases}\quad\text{即}\quad\begin{cases}0\leqslant y\leqslant a,\\ 0\leqslant z\leqslant\dfrac{a}{y},\end{cases}$$

则

$$f_{\frac{X}{Y}}(z)=\int_{-\infty}^{+\infty}|y|f(yz,y)\mathrm{d}y=\begin{cases}0, & z<0,\\ \displaystyle\int_0^a y\dfrac{1}{a^2}\mathrm{d}y, & 0\leqslant z<1,\\ \displaystyle\int_0^{\frac{a}{z}}y\dfrac{1}{a^2}\mathrm{d}y, & z\geqslant 1\end{cases}=\begin{cases}0, & z<0,\\ \dfrac{1}{2}, & 0\leqslant z<1,\\ \dfrac{1}{2z^2}, & z\geqslant 1.\end{cases}$$

习题 3.6

（A）

1. 设 X 与 Y 相互独立，且 $X\sim P(\lambda_1),Y\sim P(\lambda_2)$，求 $Z=X+Y$ 的分布律.

2. 设 X 与 Y 相互独立，且 $X\sim U(0,1),Y\sim e(1)$，求 $Z=X+Y$ 的概率密度函数.

3. 在区间$[0,1]$上任意地取两点X,Y,分别求这两点最大值和最小值的概率密度函数.

4. 设X与Y相互独立,且$X \sim e(\lambda),Y \sim e(\mu)$,引入随机变量

$$Z = \begin{cases} 1, & X \leqslant Y, \\ 0, & X > Y. \end{cases}$$

求:(1)(X,Y)的概率密度函数;(2)Z的分布律.

5. 设$(X,Y) \sim N(\mu,\mu,\sigma^2,\sigma^2,0)$,求$P\{X < Y\}$.

(B)

1. 设随机变量X_1,X_2,X_3,X_4独立同分布,且

$$P\{X_i = 0\} = 0.6, \quad P\{X_i = 1\} = 0.4, \quad i = 1,2,3,4.$$

求行列式$X = \begin{vmatrix} X_1 & X_2 \\ X_3 & X_4 \end{vmatrix}$的分布律.

2. 汽车加油站共有两个加油窗口,现有三辆车 A,B,C 同时进入该加油站,假设 A,B 首先开始加油,当其中一辆车加油结束后立即开始给第三辆车 C 加油.假设各辆车加油所需时间是相互独立且都服从参数为λ的指数分布.求:

(1) 第三辆车 C 在加油站等待加油时间T的概率密度函数;

(2) 第三辆车 C 在加油站度过时间S的概率密度函数.

3. 设随机变量X的概率密度函数为

$$f(x) = \begin{cases} \dfrac{\beta^\alpha}{\Gamma(\alpha)} x^{\alpha-1} e^{-\beta x}, & x \geqslant 0, \\ 0, & x < 0, \end{cases}$$

则称X服从伽马分布,记作$X \sim G(\alpha,\beta)$,其中$\alpha > 0$为形状参数,$\beta > 0$为尺度参数.

设$X \sim G(\alpha_1,\beta),Y \sim G(\alpha_2,\beta)$,且$X,Y$相互独立,试证明$X+Y \sim G(\alpha_1+\alpha_2,\beta)$.

提示:(1) 称函数

$$\Gamma(\alpha) = \int_0^\infty x^{\alpha-1} e^{-x} dx$$

为伽马函数,其中参数$\alpha > 0$.

(2) 称函数

$$B(a,b) = \int_0^1 x^{\alpha-1} (1-x)^{b-1} dx$$

为贝塔函数,其中参数$a > 0, b > 0$.

(3) 贝塔函数与伽马函数间满足以下关系:

$$B(a,b) = \frac{\Gamma(a)\Gamma(b)}{\Gamma(a+b)},$$

伽马函数具有以下性质:$\Gamma(\alpha+1) = \alpha\Gamma(\alpha)$.当$\alpha$为自然数$n$时,有$\Gamma(n+1) = n\Gamma(n) = n!$,特别地,$\Gamma(1) = 1, \Gamma\left(\dfrac{1}{2}\right) = \sqrt{\pi}$.

趣味拓展材料3.1　拉普拉斯

拉普拉斯

皮埃尔-西蒙·拉普拉斯(Pierre-Simon marquis de Laplace, 1749—1827),法国著名的天文学家和数学家,天体力学的集大成者.他被后人称为"法兰西牛顿""天体力学之父",被公认为是分析概率论的奠基人之一.

拉普拉斯的研究领域是多方面的,有天体力学、概率论、微分方程、复变函数、势函数理论、代数、测地学、毛细现象理论等,并有卓越的创见.他是一位分析学的大师,把分析学应用到力学,特别是天体力学,获得了划时代的成果.他的代表作有:《宇宙体系论》《分析概率论》《天体力学》.其中《分析概率论》(1812年)汇集了之前40多年概率论方面的进展以及拉普拉斯自己在这方面的发现,对概率论的基本理论作了系统的整理,他在该书的引言中写道:"归根到底,概率论只不过是把常识化成计算而已."这本书包含了几何概率、伯努利定理和最小二乘法原理等.著名的拉普拉斯变换就是在此书中述及的.当然,以他的姓氏命名的变换、定理、方程等后来更是数不胜数:拉普拉斯展开、拉普拉斯变换、拉普拉斯定理、拉普拉斯方程、拉普拉斯算子、拉普拉斯函数、拉普拉斯积分、拉普拉斯分布、拉普拉斯向量等.

在学术上有众多突出成就的拉普拉斯对于很多年轻学者来说,还是一个值得尊敬的前辈.拉普拉斯在自己身处高位之后非但没有架子,还对年轻的学者总是给予慷慨帮助和鼓励、关照.他帮助和提拔了很多年轻人,包括法国化学家约瑟夫·路易·盖-吕萨克、法国数学家、物理学家西莫恩·德尼·泊松和法国数学家、物理学家、天文学家奥古斯丁·路易·柯西等.

测 试 题 3

一、填空题(每空2分,共20分)

1. 从数 $1,2,3,4$ 中任取一个数,记为 X,再从 $1,2,\cdots,X$ 中任取一个数,记为 Y,则 $P\{Y=3\}=$ _____.

2. 设 X,Y 是相互独立的两个随机变量,它们的分布函数为 $F_X(x),F_Y(y)$,则 $Z=\min\{X,Y\}$ 的分布函数是 _____.

3. 设二维随机变量 (X,Y) 的分布函数为
$$F(x,y)=\begin{cases}1-\mathrm{e}^{-x}-\mathrm{e}^{-y}+\mathrm{e}^{-x-y}, & x\geqslant0,y\geqslant0,\\0, & \text{其他},\end{cases}$$
则二维随机变量 (X,Y) 的概率密度函数 $f(x,y)=$ _____, $P\{X\leqslant1,Y\leqslant2\}=$ _____, $P\{X>1,Y>2\}=$ _____.

4. 已知随机变量 $X\sim P(2),Y\sim P(3)$,且 X 与 Y 是相互独立的,$Z=X+Y$,则 $Z\sim$ _____.

5. 设随机变量 X 与 Y 相互独立,且均服从区间 $[-1,3]$ 上的均匀分布,则 $P\{\max\{X,Y\}\leqslant 1\}=$ _____.

6. 设二维随机变量 $(X,Y)\sim N(0,1;1,1;0)$,则 $X\sim$ _____, $Y\sim$ _____, $P\{X+Y\leqslant 1\}=$ _____.

二、选择题(每题 3 分,共 12 分)

1. 设两个随机变量 X 与 Y 相互独立且同分布,进一步,$P\{X=-1\}=P\{Y=-1\}=\dfrac{1}{2}$, $P\{X=1\}=P\{Y=1\}=\dfrac{1}{2}$,则下列各式成立的是(   ).

A. $P\{X=Y\}=\dfrac{1}{2}$ B. $P\{X=Y\}=1$

C. $P\{X+Y=0\}=\dfrac{1}{4}$ D. $P\{XY=1\}=\dfrac{1}{4}$

2. 设 (X,Y) 的概率密度函数为

$$f(x,y)=\begin{cases} \dfrac{1}{\pi}, & x^2+y^2\leqslant 1, \\ 0, & \text{其他}, \end{cases}$$

则 X 与 Y 的关系是(   ).

A. 独立同分布   B. 独立不同分布
C. 不独立同分布   D. 不独立不同分布

3. 设随机变量 X_1 与 X_2 同分布,且分布律如下.

X_i	-1	0	1
P	$\dfrac{1}{4}$	$\dfrac{1}{2}$	$\dfrac{1}{4}$

$i=1,2$,若满足 $P\{X_1X_2=0\}=1$,则 $P\{X_1=-X_2\}$ 等于(   ).

A. 0   B. $\dfrac{1}{4}$ C. $\dfrac{1}{2}$ D. 1

4. 设 X_1 和 X_2 是任意两个相互独立的连续型随机变量,它们的概率密度函数分别为 $f_1(x)$ 和 $f_2(x)$,分布函数分别为 $F_1(x)$ 和 $F_2(x)$,则(   ).

A. $f_1(x)+f_2(x)$ 必为某一随机变量的概率密度函数
B. $f_1(x)f_2(x)$ 必为某一随机变量的概率密度函数
C. $F_1(x)+F_2(x)$ 必为某一随机变量的分布函数
D. $F_1(x)F_2(x)$ 必为某一随机变量的分布函数

三、计算题(共 68 分)

1. (8分)袋中装有 4 个球,分别标有号码 1,2,3,4,每次从中任取一个,不放回地抽取两次,记 X,Y 分别表示两次取到的球的号码的最小值和最大值,求 (X,Y) 的分布律及 X,Y 各自的边缘分布律.

2. (6分)设二维随机变量(X,Y)的分布律为

X \ Y	0	1
0	0.4	a
1	b	0.1

若随机事件$\{X=0\}$与$\{X+Y=1\}$相互独立,求实数a,b.

3. (8分)设(X,Y)在由曲线$y=2x-x^2$与x轴所围区域D上服从均匀分布.求:

(1) (X,Y)的概率密度函数;   (2) X与Y的边缘概率密度函数;

(3) 判断X与Y是否相互独立;   (4) $P\{X\leqslant Y\}$.

4. (8分)设随机变量(X,Y)的分布律为

X \ Y	0	1	2	3	4	5
0	0	0.01	0.03	0.05	0.07	0.09
1	0.01	0.02	0.04	0.05	0.06	0.08
2	0.01	0.03	0.05	0.05	0.05	0.06
3	0.01	0.02	0.04	0.06	0.06	0.05

求:(1)在$Y=1$的条件下随机变量X的条件分布律;(2)$P\{Y=3|X=0\}$;(3)判断X与Y是否相互独立;(4)求$Z=\min\{X,Y\}$的分布律.

5. (6分)设随机变量(X,Y)的概率密度函数为

$$f(x,y)=\begin{cases} k\mathrm{e}^{-(2x+3y)}, & x>0,y>0, \\ 0, & \text{其他.} \end{cases}$$

求:(1)常数k;(2)(X,Y)的分布函数.

6. (8分)设随机变量(X,Y)的概率密度函数为

$$f(x,y)=\begin{cases} 1, & |y|<x,0<x<1, \\ 0, & \text{其他.} \end{cases}$$

求:(1) 条件概率密度函数$f_{X|Y}(x|y)$,特别地,写出$Y=\dfrac{1}{2}$时X的条件概率密度函数;

(2) $P\left\{X\geqslant\dfrac{1}{4}\Big|Y=\dfrac{1}{2}\right\}$,$P\left\{X\leqslant\dfrac{3}{4}\Big|Y=\dfrac{1}{2}\right\}$.

7. (6分)设随机变量X与Y相互独立且都服从$[0,1]$上的均匀分布,求$Z=X+Y$的概率密度函数.

8. (6分)设(X,Y)的概率密度函数为

$$f(x,y)=\begin{cases} 3x, & 0<y<x<1, \\ 0, & \text{其他.} \end{cases}$$

求$Z=X+Y$的概率密度函数.

9.（12 分）设随机变量 X 服从 $[0,1]$ 上的均匀分布，在 $X=x(0<x<1)$ 的条件下，随机变量 Y 在区间 $[0,x]$ 上服从均匀分布.求：

(1)（X,Y）的概率密度函数；　(2)Y 的概率密度函数；　(3)$P\{X+Y>1\}$.

第 3 章涉及的考研真题

第4章

随机变量的数字特征

随机变量的概率分布完整地描述了随机变量的概率特征,但实际问题中,很多时候由于数据不完整或采集数据的代价过高,我们可能只能得到随机变量的部分信息而无法得到其具体的概率分布.这时,可以利用随机变量某些代表性的数字特征进行局部研究,本章将介绍随机变量的常用数字特征:数学期望、方差、协方差和相关系数.

4.1 数学期望的定义及性质

期望,顾名思义,是人们对某种结果的希望,在日常生活中常以"平均身高""平均收入""平均利润"等形式出现.在概率论中,这个名词起源于历史上一个著名的分赌本问题.

例 4.1(分赌本问题) 公元 1654 年夏天,一个名叫德梅尔的法国贵族向当时享誉欧洲号称"神童"的法国数学家帕斯卡(B. Pascal,1623—1662)请教一个亲身所遇的"分赌本"问题:德梅尔和赌友掷骰子,各押赌注 32 个金币,若德梅尔先掷出三次"6 点",或赌友先掷出三次"4 点",就算赢了对方.赌博进行了一段时间,德梅尔已掷出了两次"6 点",赌友也掷出了一次"4 点".这时,德梅尔奉命要立即去晋见国王,赌博只好中断.那么两人应该怎么分这 64 个金币的赌金呢?

这个问题引发了帕斯卡的兴趣,他与当时号称数坛"怪杰"的法国数学家费马(Pierre de Fermat,1601—1665)对此展开热烈的讨论.他们频频通信,互相交流,围绕着赌博中的数学问题开始了深入细致的研究,终于在 1657 年完整地解决了"分赌本问题",并将此题的解法向更一般的情况推广,从而建立了概率论的一个基本概念——数学期望,这是描述随机变量取值的平均水平的一个量.

4.1.1 数学期望的定义

我们已经知道,对于只取有限个值的离散型随机变量,其数学期望定义为所有取值以概率为权的加权平均,如随机变量 X 分布律为:$P\{X=1\}=0.2,P\{X=2\}=0.8$,则 X 的数学期望为 $1\times0.2+2\times0.8=1.8$.对取无穷可列个值的离散型随机变量,这种定义形式是否仍然适用呢?如果适用,其对应的和式是个无穷项级数,这种级数的和是否存在呢?离散型随机变量数学期望的严格定义如下.

定义 4.1 设离散型随机变量的分布律为 $P\{X=x_i\}=p_i, i=1,2,\cdots$，则当级数 $\sum\limits_{i=1}^{\infty} x_i p_i$ 绝对收敛，即 $\sum\limits_{i=1}^{\infty} |x_i| p_i < +\infty$ 时，称 X 存在**数学期望**（mathematical expectation），简称为期望或均值，记为

$$E(X) = \sum_{i=1}^{\infty} x_i p_i. \tag{4.1}$$

若级数 $\sum\limits_{i=1}^{\infty} |x_i| p_i$ 发散，则称 X 的期望不存在.

这个定义中，强调了数学期望的存在是有条件的，必须要求级数 $\sum\limits_{i=1}^{\infty} x_i p_i$ 绝对收敛. 这是因为：离散型随机变量的取值是可以按照预先指定的不同次序一一列举的，而列举次序的改变不应该影响到它的数学期望的值（如果数学期望存在的话），由无穷级数的理论知道，要求这个级数绝对收敛，即 $\sum\limits_{i=1}^{\infty} |x_i| p_i < +\infty$，就能保证该级数的和不受求和次序变动的影响，以保证数学期望的唯一性.

对照离散型随机变量期望的定义，连续型随机变量的数学期望定义如下.

定义 4.2 设连续型随机变量 X 的概率密度函数为 $f(x)$，若积分 $\int_{-\infty}^{+\infty} x f(x) \mathrm{d}x$ 绝对收敛，则称 X 的数学期望或均值存在，且期望值为

$$E(X) = \int_{-\infty}^{+\infty} x f(x) \mathrm{d}x.$$

若积分 $\int_{-\infty}^{+\infty} |x| f(x) \mathrm{d}x$ 发散，则称 X 的数学期望不存在.

例 4.2 抛掷一枚质地均匀的骰子，设出现的点数为随机变量 X，则 X 的分布律为

$$P\{X=k\} = \frac{1}{6}, \quad k=1,2,\cdots,6.$$

期望值为 $E(X) = \frac{1}{6}(1+2+\cdots+6) = 3.5$.

此例说明 $E(X)$ 不一定是 X 能取到的数值. 也许"期望"这个词让人有些费解，因为不管你怎么掷骰子都不可能掷出 3.5 点，用均值可能会更容易理解，但期望一词的运用由来已久，已经成为通用的概率语言.

例 4.3（节约化验费的方案） 某单位在春季时对职工进行肝炎病毒验血普查，假设职工总人数为 N 人. 若每人的血样逐一检验，则一份血样需要支付一份化验费. 现采用以下方案：先将被检验者分组，每组 k 个人，将这 k 个人的血样各取出一部分混合在一起进行检验，如果检验结果为阴性，说明这 k 个人的血液全为阴性，此时相当于每人支付 $\frac{1}{k}$ 份化验费；如果检查结果为阳性，则需要对这 k 个人的血样逐一检验，这时 k 个人共需支付 $k+1$ 份化验费，相当于每人支付 $\frac{k+1}{k}$ 份化验费. 假定各职工的检验结果相互独立，且每位职工检

查结果为阴性的概率为 q.

记每位职工需要支付的化验费为 X,则 X 的分布律为

$$P\left\{X=\frac{1}{k}\right\}=q^k, \quad P\left\{X=\frac{k+1}{k}\right\}=1-q^k,$$

从而每位职工需要支付的平均化验费为

$$E(X)=\frac{1}{k}q^k+\frac{k+1}{k}(1-q^k)=1+\frac{1}{k}-q^k.$$

对于给定的 q,选择合适的每组人数 k,只要 $1+\frac{1}{k}-q^k<1$,即 $\frac{1}{k}-q^k<0$,即节约了化验费用.

当 q 已知时,还可以依据 $\frac{1}{k}-q^k<0$,选取最合适的整数 k_0,使得平均检验费用 $E(X)$ 达到最小值. 例如,当 $q=0.9$ 时,$k_0=4$,这意味着最好的分组方案是 4 人一组. 按照这种分组方案,每人需要支付的平均化验费为:$1+\frac{1}{4}-0.9^4=0.5939$,节约了近 40% 的化验费用.

4.1.2 常见随机变量的数学期望

对一些常见的离散型随机变量,我们按照定义 4.1 计算其期望.

1. (0-1)分布 $B(1,p)$

设 X 的分布律为

$$P\{X=1\}=p, \quad P\{X=0\}=1-p, \quad 0<p<1.$$

由(4.1)式有

$$E(X)=0 \cdot (1-p)+1 \cdot p=p,$$

即(0-1)分布的期望值为其参数 p.

2. 二项分布 $B(n,p)$

设 X 的分布律为

$$P\{X=k\}=C_n^k p^k q^{n-k}, \quad k=0,1,2,\cdots,n, \quad p+q=1.$$

$$E(X)=\sum_{k=0}^{n}k C_n^k p^k q^{n-k}=\sum_{k=1}^{n}k\,\frac{n!}{k!(n-k)!}p^k q^{n-k}$$

$$\xrightarrow{m=k-1} np\sum_{m=0}^{n-1}\frac{(n-1)!}{m![(n-1)-m]!}p^m q^{(n-1)-m}$$

$$=np(p+q)^{n-1}=np,$$

即二项分布的期望值为两个参数的乘积. 这个期望值有着明显的概率意义,比如掷硬币试验,设出现正面的概率为 $\frac{1}{2}$,若进行 100 次试验,则可以"期望"出现 $100\times\frac{1}{2}=50$ 次正面,这正是期望这一名称的来由.

3. 泊松分布

设 X 的分布律为

$$P\{X=k\}=\frac{\lambda^k}{k!}e^{-\lambda}, \quad k=0,1,2,\cdots.$$

$$E(X) = \sum_{k=0}^{\infty} k \frac{\lambda^k}{k!} e^{-\lambda} = \lambda e^{-\lambda} \sum_{k=1}^{\infty} \frac{\lambda^{k-1}}{(k-1)!} = \lambda e^{-\lambda} \cdot e^{\lambda} = \lambda,$$

即泊松分布的数学期望为其参数.

4. 几何分布

设 X 的分布律为

$$P\{X = k\} = q^{k-1} p, \quad k = 1, 2, \cdots.$$

$$E(X) = \sum_{k=1}^{\infty} k q^{k-1} p = p \left[\sum_{k=1}^{\infty} k q^{k-1} \right] = p \left[\sum_{k=1}^{\infty} k x^{k-1} \right] \Big|_{x=q}$$

$$= p \left[\sum_{k=1}^{\infty} (x^k)' \right] \Big|_{x=q} = p \left[\sum_{k=1}^{\infty} x^k \right]' \Big|_{x=q} = p \left(\frac{x}{1-x} \right)' \Big|_{x=q}$$

$$= p \frac{1}{(1-x)^2} \Big|_{x=q} = p \frac{1}{(1-q)^2} = \frac{1}{p},$$

即几何分布的期望为其参数的倒数.

注 在上面的推证过程中,利用了函数项级数求导和求和相交换的技巧,这是一种很典型的处理无穷项级数求和的方法,具有严格的理论基础,具体可参阅微积分教材.

需要提醒读者注意的是:不是所有的随机变量都存在数学期望.以下给出一个数学期望不存在的例子.

例 4.4 设随机变量 X 分布律为 $P\left\{X = (-1)^k \frac{2^k}{k}\right\} = \frac{1}{2^k}, k = 1, 2, \cdots.$

由于 $\sum_{k=1}^{\infty} |x_k| p_k = \sum_{k=1}^{\infty} \left| (-1)^k \frac{2^k}{k} \frac{1}{2^k} \right| = \sum_{k=1}^{\infty} \frac{1}{k} = +\infty$,因此,$X$ 的数学期望不存在.

对于一些常见的连续型随机变量,我们依据定义 4.2 求解其期望.

1. 均匀分布

设 X 服从区间 $[a, b]$ 上的均匀分布,则

$$E(X) = \int_{-\infty}^{+\infty} x f(x) \mathrm{d}x = \int_a^b x \frac{1}{b-a} \mathrm{d}x = \frac{a+b}{2},$$

即均匀分布的期望为取值区间 $[a, b]$ 的中点.

2. 指数分布

设 $X \sim e(\lambda)$,则

$$E(X) = \int_{-\infty}^{+\infty} x f(x) \mathrm{d}x = \int_0^{+\infty} x \lambda e^{-\lambda x} \mathrm{d}x = -\int_0^{+\infty} x \mathrm{d} e^{-\lambda x} = \int_0^{+\infty} e^{-\lambda x} \mathrm{d}x = \frac{1}{\lambda},$$

即指数分布的期望为其参数的倒数.

3. 正态分布

设 $X \sim N(\mu, \sigma^2)$,则

$$E(X) = \int_{-\infty}^{+\infty} x \frac{1}{\sqrt{2\pi}\sigma} e^{-\frac{(x-\mu)^2}{2\sigma^2}} \mathrm{d}x \xrightarrow{\diamondsuit \ t = \frac{x-\mu}{\sigma}} \int_{-\infty}^{+\infty} \frac{\mu + \sigma t}{\sqrt{2\pi}} e^{-\frac{t^2}{2}} \mathrm{d}t$$

$$= \mu \int_{-\infty}^{+\infty} \frac{1}{\sqrt{2\pi}} \mathrm{e}^{-\frac{t^2}{2}} \mathrm{d}t + \frac{\sigma}{\sqrt{2\pi}} \int_{-\infty}^{+\infty} t\, \mathrm{e}^{-\frac{t^2}{2}} \mathrm{d}t$$

$$= \mu,$$

即正态分布的期望为其第一个参数 μ.

4. 柯西分布

设 $X \sim f(x) = \dfrac{1}{\pi(1+x^2)}$,由于

$$\int_{-\infty}^{+\infty} |x| \frac{1}{\pi(1+x^2)} \mathrm{d}x = 2\int_{0}^{+\infty} \frac{x\,\mathrm{d}x}{\pi(1+x^2)} = \frac{1}{\pi}\ln(1+x^2)\Big|_0^{+\infty} = +\infty,$$

故柯西分布期望不存在.

在本书介绍的常见连续型分布中,数学期望不存在的仅柯西分布一种,前面计算的各例均不存在这个问题,所以未一一判断期望的存在性,读者可自行做出判断.

4.1.3　随机变量函数的期望

为计算随机变量函数的期望,如 $Y = f(X)$,求 $E(Y)$,一种方法是先按照列举法或分布函数法求解出该随机变量的分布,再按照定义求其期望;另一种方法是利用下面介绍的两个关于一维随机变量函数的期望的定理.

> **定理 4.1**　设 $Y = g(X)$,$g(x)$ 是连续函数.
>
> (1) 若 X 是离散型随机变量,分布律为 $P\{X = x_i\} = p_i (i = 1,2,\cdots)$,且 $\sum\limits_i |g(x_i)|p_i < +\infty$,则有
>
> $$E(Y) = E(g(X)) = \sum_i g(x_i)p_i;$$
>
> (2) 若 X 是连续型随机变量,概率密度函数为 $f(x)$,且 $\int_{-\infty}^{+\infty} |g(x)| f(x)\mathrm{d}x < +\infty$,则有
>
> $$E(Y) = E(g(X)) = \int_{-\infty}^{+\infty} g(x)f(x)\mathrm{d}x.$$

关于二维随机变量函数的期望我们给出下面的定理.

> **定理 4.2**　设 $Z = g(X,Y)$,$g(x,y)$ 是连续函数.
>
> (1) 若 (X,Y) 是二维离散型随机变量,其分布律为
>
> $$P\{X = x_i, Y = y_j\} = p_{ij}(i,j = 1,2,\cdots), \quad 且 \sum_i \sum_j |g(x_i,y_j)| p_{ij} < +\infty,$$
>
> 则有
>
> $$E(Z) = E(g(X,Y)) = \sum_i \sum_j g(x_i,y_j)p_{ij};$$
>
> (2) 若 (X,Y) 是二维连续型随机变量,其联合概率密度函数为 $f(x,y)$,且
>
> $$\int_{-\infty}^{+\infty}\int_{-\infty}^{+\infty} |g(x,y)| f(x,y)\mathrm{d}x\mathrm{d}y < +\infty,$$
>
> 则有
>
> $$E(Z) = E(g(X,Y)) = \int_{-\infty}^{+\infty}\int_{-\infty}^{+\infty} g(x,y)f(x,y)\mathrm{d}x\mathrm{d}y.$$

这两个定理的证明超出了本书的范围,此处省略.

例 4.5　已知随机变量 X 的分布律如下:

X	-2	-1	0	1	2
P	0.1	0.2	0.2	0.1	0.4

求 $Y = X^2$ 的数学期望.

解　方法 1　先求 Y 的分布律:先逐一列举出 X 每个取值对应的函数值

X^2	$(-2)^2$	$(-1)^2$	0^2	1^2	2^2
P	0.1	0.2	0.2	0.1	0.4

再对相等的值进行合并,并将相应的概率值相加,得到

$Y = X^2$	0	1	4
P	0.2	0.3	0.5

第二步,利用 Y 的分布律求 $E(Y)$,可得
$$E(Y) = 0 \times 0.2 + 1 \times 0.3 + 4 \times 0.5 = 2.3.$$

方法 2　如果我们利用等值合并前 X^2 的分布律直接求 $E(X^2)$,可得相同的结果,即
$$E(Y) = E(X^2) = (-2)^2 \times 0.1 + (-1)^2 \times 0.2 + 0^2 \times 0.2 + 1^2 \times 0.1 + 2^2 \times 0.4 = 2.3.$$

这两种算法本质上是一回事,但后者的计算是直接依据 X 的分布律求解出来的,由此启发我们,在求解随机变量函数的期望时,我们不需要先求出随机变量函数的分布律,可以直接利用 X 的分布律.

例 4.6　已知二维离散型随机变量 (X,Y) 的分布律如下:

X＼Y	0	1	2
0	$\dfrac{1}{3}$	$\dfrac{1}{12}$	$\dfrac{1}{3}$
1	$\dfrac{1}{12}$	$\dfrac{1}{12}$	$\dfrac{1}{12}$

求 $E(XY)$.

解　易得 XY 的分布律为

XY	0	1	2
P	$\dfrac{5}{6}$	$\dfrac{1}{12}$	$\dfrac{1}{12}$

所以 $E(XY) = 0 \times \dfrac{5}{6} + 1 \times \dfrac{1}{12} + 2 \times \dfrac{1}{12} = \dfrac{1}{4}$.

例 4.7　已知二维连续型随机变量 (X,Y) 的概率密度函数为
$$f(x,y) = \begin{cases} x+y, & 0 < x < 1, 0 < y < 1, \\ 0, & \text{其他}. \end{cases}$$
求 $E(X), E(Y), E(XY)$.

解

$$E(X) = \int_{-\infty}^{+\infty}\int_{-\infty}^{+\infty} xf(x,y)\mathrm{d}x\mathrm{d}y = \int_0^1 \mathrm{d}x\int_0^1 x(x+y)\mathrm{d}y = \frac{7}{12},$$

$$E(Y) = \int_{-\infty}^{+\infty}\int_{-\infty}^{+\infty} yf(x,y)\mathrm{d}x\mathrm{d}y = \int_0^1 \mathrm{d}y\int_0^1 y(x+y)\mathrm{d}x = \frac{7}{12},$$

$$E(XY) = \int_{-\infty}^{+\infty}\int_{-\infty}^{+\infty} xyf(x,y)\mathrm{d}x\mathrm{d}y = \int_0^1 \mathrm{d}x\int_0^1 xy(x+y)\mathrm{d}y = \frac{1}{3}.$$

例 4.8 经调研发现,市场上每年对某厂生产的一类产品的需求量为随机变量 X(单位：吨), X 服从区间 $[2000,4000]$ 上的均匀分布. 设该厂每售出一吨此类产品可获利 3 万元,而积压 1 吨产品则导致 1 万元的损失. 问：为使该厂生产此类产品获得的平均利润最大,应生产多少件产品?

解 设每年该厂生产此类产品 m 吨,由题意知：$2000 \leqslant m \leqslant 4000$.

设生产此类产品的利润为 Y,则

$$Y = g(X) = \begin{cases} 3m, & X \geqslant m, \\ 3X-(m-X), & X < m. \end{cases}$$

于是

$$\begin{aligned} E(Y) = E(g(X)) &= \int_{-\infty}^{+\infty} g(x)f_X(x)\mathrm{d}x = \frac{1}{2000}\int_{2000}^{4000} g(x)\mathrm{d}x \\ &= \frac{1}{2000}\left[\int_{2000}^{m}(4x-m)\mathrm{d}x + \int_{m}^{4000} 3m\mathrm{d}x\right] \\ &= \frac{1}{1000}(-m^2 + 7000m - 4\,000\,000). \end{aligned}$$

由一元二次函数顶点公式知, $E(Y)$ 在 $m=3500$ 处达到最大,即当该厂生产数量为 3500 吨时,预期平均收益达到最大.

4.1.4 矩简介

为了更好地描述随机变量函数分布的特征,有时还会用到随机变量的各阶矩(原点矩和中心矩),它们在数理统计中有着重要的应用.

定义 4.3 若 $E(X^k)(k=1,2,\cdots)$ 存在,则称 $E(X^k)$ 为随机变量 X 的 k 阶**原点矩**(**origin moment**)；若 $E(X-E(X))^k(k=1,2,\cdots)$ 存在,则称 $E(X-E(X))^k$ 为随机变量 X 的 k 阶**中心矩**(**central moment**).

利用随机变量函数期望公式,容易得到 k 阶原点矩和 k 阶中心矩的计算公式：

$$E(X^k) = \begin{cases} \sum_i x_i^k p_i, & X \sim P\{X=x_i\} = p_i, \\ \int_{-\infty}^{+\infty} x^k f(x)\mathrm{d}x, & X \sim f(x); \end{cases}$$

$$E(X-E(X))^k = \begin{cases} \sum_i (x_i-E(X))^k p_i, & X \sim P\{X=x_i\} = p_i, \\ \int_{-\infty}^{+\infty} (x-E(X))^k f(x)\mathrm{d}x, & X \sim f(x). \end{cases}$$

4.1.5 数学期望的性质

假设下面涉及的随机变量数学期望都存在,期望具有以下基本性质.

性质 4.1 常数的期望就是常数本身,即 $E(C)=C$,C 为常数.

证 常数 C 可以看作以概率 1 只取一个值 C 的随机变量,所以 $E(C)=C \cdot 1=C$.

性质 4.2 常数与随机变量乘积的期望等于常数与该随机变量期望的乘积.即
$$E(kX)=kE(X), \tag{4.2}$$
式中 k 为常数.

证 设 X 是连续型随机变量(离散型情形请读者自行证明),其概率密度函数为 $f(x)$. 当 $k=0$ 时,(4.2)式显然成立.对于 $k \neq 0$ 的情形,有
$$E(kX)=\int_{-\infty}^{+\infty}kxf(x)\mathrm{d}x=k\int_{-\infty}^{+\infty}xf(x)\mathrm{d}x=kE(X).$$

性质 4.3 两个随机变量和的期望(无条件的)等于这两个随机变量期望的和,即
$$E(X+Y)=E(X)+E(Y). \tag{4.3}$$

证 假设 (X,Y) 为二维连续型随机变量(二维离散型情形请读者自行证明),则
$$\begin{aligned}
E(X+Y)&=\int_{-\infty}^{+\infty}\int_{-\infty}^{+\infty}(x+y)f(x,y)\mathrm{d}x\mathrm{d}y\\
&=\int_{-\infty}^{+\infty}\int_{-\infty}^{+\infty}xf(x,y)\mathrm{d}x\mathrm{d}y+\int_{-\infty}^{+\infty}\int_{-\infty}^{+\infty}yf(x,y)\mathrm{d}x\mathrm{d}y\\
&=\int_{-\infty}^{+\infty}x\left(\int_{-\infty}^{+\infty}f(x,y)\mathrm{d}y\right)\mathrm{d}x+\int_{-\infty}^{+\infty}y\left(\int_{-\infty}^{+\infty}f(x,y)\mathrm{d}x\right)\mathrm{d}y\\
&=\int_{-\infty}^{+\infty}xf_X(x)\mathrm{d}x+\int_{-\infty}^{+\infty}yf_Y(y)\mathrm{d}y\\
&=E(X)+E(Y).
\end{aligned}$$

注 从(4.3)式的推导过程中可以看出,对二维连续型随机变量 (X,Y),可以直接利用 (X,Y) 的概率密度函数求 X 或 Y 的期望,即
$$E(X)=\int_{-\infty}^{+\infty}\int_{-\infty}^{+\infty}xf(x,y)\mathrm{d}x\mathrm{d}y,\quad E(Y)=\int_{-\infty}^{+\infty}\int_{-\infty}^{+\infty}yf(x,y)\mathrm{d}x\mathrm{d}y.$$

类似地,对二维离散型随机变量 (X,Y),若其分布律为 $P\{X=x_i,Y=y_j\}=p_{ij}(i,j=1,2,\cdots)$,则
$$E(X)=\sum_i\sum_j x_ip_{ij},\quad E(Y)=\sum_i\sum_j y_jp_{ij}.$$

利用数学归纳的方式,可以将这个性质推广到任意有限个随机变量情形,即得下面的推论.

推论 1 对 $n\geqslant 2$,$E(X_1+X_2+\cdots+X_n)=E(X_1)+E(X_2)+\cdots+E(X_n)$.

例 4.9 设随机变量 X 服从二项分布 $B(n,p)$,求 $E(X)$.

解 由二项分布的定义知 X 表示 n 重伯努利试验中成功事件 A 出现的次数,其中 A 出现的概率为 p.令
$$X_i=\begin{cases}1,&\text{第 } i \text{ 次试验成功,}\\0,&\text{第 } i \text{ 次试验失败,}\end{cases}\quad i=1,2,\cdots,n.$$

显然 X_i 是服从(0-1)分布的随机变量,所以 $E(X_i)=p,i=1,2,\cdots,n.$

另一方面,X 可以表示为 $X=X_1+X_2+\cdots+X_n.$ 由性质 4.3 的推论 1 得

$$E(X)=E(X_1)+E(X_2)+\cdots+E(X_n)=np.$$

在上述计算中,我们把一个比较复杂的随机变量拆成 n 个比较简单的随机变量 X_i 的和,利用性质 4.3 的推论 1,只要求得这些比较简单的随机变量的期望,再把它们相加即可得到 X 的期望. 这种方法称为"分解法",是概率论中常用的一种方法.

由性质 4.2 和性质 4.3 综合应用还可以推出如下的推论.

推论 2　随机变量线性函数的期望等于这个随机变量期望的同一线性函数,即

$$E(aX+b)=aE(X)+b, \quad a,b \text{ 为常数}.$$

例 4.10　利用期望的性质求解一般正态分布 $N(\mu,\sigma^2)$ 的期望.

解　若先设随机变量 $X\sim N(0,1)$,则 $E(X)=0.$ 令 $Y=\sigma X+\mu$,则 $Y\sim N(\mu,\sigma^2).$

应用期望的性质中的推论 2 可得

$$E(Y)=E(\sigma X+\mu)=\sigma E(X)+\mu=\mu.$$

性质 4.4　两个相互独立的随机变量乘积的期望等于它们期望的乘积,即若 X,Y 相互独立,则 $E(XY)=E(X)E(Y).$

证　假设 (X,Y) 为二维连续型随机变量(二维离散型情形请读者自行证明),则

$$E(XY)=\int_{-\infty}^{+\infty}\int_{-\infty}^{+\infty}xyf(x,y)\mathrm{d}x\,\mathrm{d}y=\int_{-\infty}^{+\infty}\int_{-\infty}^{+\infty}xyf_X(x)f_Y(y)\mathrm{d}x\,\mathrm{d}y$$

$$=\int_{-\infty}^{+\infty}xf_X(x)\mathrm{d}x\int_{-\infty}^{+\infty}yf_Y(y)\mathrm{d}y=E(X)E(Y).$$

这个性质可以推广到任意有限个随机变量情形.

推论 3　对 $n\geq2$,若 $X_1,X_2,\cdots,X_n$ 相互独立,则

$$E(X_1X_2\cdots X_n)=E(X_1)E(X_2)\cdots E(X_n).$$

习题 4.1

(A)

1. 经统计,某地区一个月内发生重大交通事故数 X 的分布律为

X	0	1	2	3	4	5	6
P	0.3	0.35	0.22	0.08	0.02	0.006	0.024

求该地区发生重大交通事故的月平均值.

2. 某新产品在未来市场上的占有率 X 是仅在区间 $[0,1]$ 上取值的随机变量,它的概率密度函数为

$$f(x)=\begin{cases}4(1-x)^3, & 0<x<1,\\ 0, & \text{其他}.\end{cases}$$

试求该产品的平均市场占有率.

3. 设随机变量 X 的分布函数为

$$F(x)=\begin{cases}0, & x<0, \\ x^3, & 0\leqslant x\leqslant 1, \\ 1, & x>1,\end{cases}$$

求 $E(X)$.

4. 设 X 的分布律为

X	4	6	x_3
P	0.5	0.3	a

且 $E(X)=8$,求 x_3 和 a 的值.

5. X 的概率密度函数为

$$f(x)=\begin{cases}A(1-x^2), & -1<x<1, \\ 0, & \text{其他}.\end{cases}$$

求:(1)系数 A;(2)$E(X)$.

6. 设随机变量 X 的概率密度函数为

$$f(x)=\begin{cases}ax+b, & 0\leqslant x\leqslant 1, \\ 0, & \text{其他}.\end{cases}$$

且 $E(X)=\dfrac{7}{12}$,求 a 与 b 的值.

7. 设 $f(x)$ 为随机变量 X 的概率密度函数,若对于常数 C 有 $f(C+x)=f(C-x)$,且 $E(X)$ 存在,证明 $E(X)=C$.

8. 设随机变量 X,Y 分别服从参数为 2 和 4 的指数分布.

(1) 求 $E(X+Y),E(2X-3Y^2)$;   (2) 若 X,Y 相互独立,求 $E(XY)$.

(B)

1. 设 X 分布律为

X	0	1	2	3	4
P	0.1	0.3	0.2	0.1	0.3

求 $E(X^2-2X+3)$.

2. 设 X 服从参数为 λ 的泊松分布,求 $E\left(\dfrac{1}{X+1}\right)$.

3. 设随机变量 X 的概率密度函数为

$$f(x)=\begin{cases}2(1-x), & 0<x<1, \\ 0, & \text{其他}.\end{cases}$$

求 $E(X^3)$.

4. 设随机变量 $X\sim N(0,1)$,求 $E(X^2),E(X^4)$.

5. 设 X_1 服从区间 $[0,2]$ 上的均匀分布，$X_2 \sim N(-1,2)$，X_3 服从参数为 3 的泊松分布，求 $E(3X_1 - X_2 + 2X_3)$.

6. 设随机变量 (X,Y) 的分布律为

Y \ X	-1	0	1
-1	0.3	0	0.3
1	0.1	0.2	0.1

求 $E(X),E(Y),E(XY)$.

7. 设随机变量 (X,Y) 的概率密度函数为

$$f(x,y) = \begin{cases} xy, & 0 < x < 1, 0 < y < 2, \\ 0, & \text{其他.} \end{cases}$$

求 $E(X),E(Y),E(XY+1)$.

8. 设 X,Y 相互独立，其概率密度函数分别为

$$f_X(x) = \begin{cases} 2x, & 0 \leqslant x \leqslant 1, \\ 0, & \text{其他.} \end{cases} \qquad f_Y(y) = \begin{cases} e^{-(y-5)}, & y > 5, \\ 0, & \text{其他.} \end{cases}$$

求 $E(XY)$.

4.2 方差

我们已经知道期望反映随机变量取值的平均水平，在许多实际问题中，只需要知道这个平均值就可以了. 但某些情况下，只知道平均值是不够的. 如：一次考试中同年级两个班级学生平均成绩恰好相等，但一个班级明显成绩分化严重，这时如何来比较两个班级学生的学习情况？是否可以用一个数量指标来衡量一个随机变量离开它的平均值的偏离程度呢？这正是本节要讨论的问题.

4.2.1 方差的定义

设 X 为要讨论的随机变量，$E(X)$ 为其期望，这时 $|X - E(X)|$ 就衡量了随机变量 X 与它的期望值 $E(X)$ 之间偏差的大小，但绝对值运算会带来诸多数学处理上的不便，我们可以改用 $(X - E(X))^2$ 去衡量这个偏差. 但是 $(X - E(X))^2$ 是一个随机变量，应该用它的平均值，即 $E(X - E(X))^2$ 这个数值来衡量 X 离开它的均值 $E(X)$ 的偏离程度，由此引入如下定义.

定义 4.4 设 X 是一个随机变量，若 $E(X - E(X))^2$ 存在，则称它为随机变量 X 的**方差**（variance），记为 $D(X)$ 或 $\text{Var}X$. 方差的平方根 $\sqrt{D(X)}$ 称为 X 的**标准差**（standard deviation）.

称 $X - E(X)$ 为随机变量 X 的离差（deviation），由方差的定义知，方差实质上是离差平方的期望，是一类特殊的随机变量函数的期望，所以我们可以根据 X 的分布直接给出方差的计算公式，即

$$D(X) = \begin{cases} \sum\limits_k (x_k - E(X))^2 p_k, & P\{X = x_k\} = p_k, k = 1, 2, \cdots, \\ \int_{-\infty}^{+\infty} (x - E(X))^2 f(x) \mathrm{d}x, & X \sim f(x). \end{cases}$$

特殊地,如果知道(X,Y)的分布,我们可以应用定理 4.2 求出其中一个随机变量如 X 的方差,即

$$D(X) = \begin{cases} \sum\limits_i \sum\limits_j (x_i - E(X))^2 p_{ij}, & P\{X = x_i, Y = y_j\} = p_{ij}, i, j = 1, 2, \cdots, \\ \int_{-\infty}^{+\infty} \int_{-\infty}^{+\infty} (x - E(X))^2 f(x,y) \mathrm{d}x \mathrm{d}y, & (X,Y) \sim f(x,y). \end{cases}$$

利用期望的性质,我们还可以证明方差的一个简化计算公式.

性质 4.5　一个随机变量的方差等于这个随机变量平方的期望减去其期望的平方,即

$$D(X) = E(X^2) - (E(X))^2.$$

证

$$D(X) = E(X - E(X))^2 = E[X^2 - 2XE(X) + (E(X))^2]$$
$$= E(X^2) - 2E(X)E(X) + (E(X))^2 = E(X^2) - (E(X))^2.$$

这个公式很重要,不仅可以利用该公式简化方差的运算,还可以用该公式证明得到:一般情况下随机变量平方的期望大于其期望的平方这个重要结论.

注　由方差的简便公式可得另一个常用的公式:

$$E(X^2) = D(X) + (E(X))^2.$$

4.2.2　常见随机变量的方差

下面求几个常用分布的方差.

1. (0-1)分布

$$P\{X = 1\} = p, \quad P\{X = 0\} = 1 - p, \quad 0 < p < 1.$$

由于 $E(X) = p, E(X^2) = 0^2 \cdot q + 1^2 \cdot p = p$,所以 $D(X) = p - p^2 = pq$,其中 $q = 1 - p$.

2. 泊松分布

设 $X \sim P(\lambda)$,则 $E(X) = \lambda$,

$$E(X^2) = \sum_{k=0}^{\infty} k^2 \frac{\lambda^k}{k!} \mathrm{e}^{-\lambda} = \sum_{k=1}^{\infty} k \frac{\lambda^k}{(k-1)!} \mathrm{e}^{-\lambda}$$

$$= \sum_{k=1}^{\infty} (k-1) \frac{\lambda^k}{(k-1)!} \mathrm{e}^{-\lambda} + \sum_{k=1}^{\infty} \frac{\lambda^k}{(k-1)!} \mathrm{e}^{-\lambda}$$

$$= \sum_{k=2}^{\infty} \frac{\lambda^k}{(k-2)!} \mathrm{e}^{-\lambda} + \lambda \sum_{k=1}^{\infty} \frac{\lambda^{k-1}}{(k-1)!} \mathrm{e}^{-\lambda}$$

$$= \lambda^2 \sum_{k=2}^{\infty} \frac{\lambda^{k-2}}{(k-2)!} \mathrm{e}^{-\lambda} + \lambda \sum_{k=1}^{\infty} \frac{\lambda^{k-1}}{(k-1)!} \mathrm{e}^{-\lambda}$$

$$= \lambda^2 + \lambda.$$

所以方差为

$$D(X) = E(X^2) - (E(X))^2 = \lambda.$$

由此可知,泊松分布的期望与方差相等,都等于其参数.因为泊松分布只有一个参数,所以只要知道它的数学期望或方差就能完全确定它的分布了.

3. 均匀分布

设 $X \sim U[a,b]$,则 $E(X) = \dfrac{a+b}{2}$.

$$E(X^2) = \int_a^b x^2 \frac{1}{b-a} \mathrm{d}x = \frac{a^2 + ab + b^2}{3}.$$

所以方差为

$$D(X) = E(X^2) - (E(X))^2 = \frac{(b-a)^2}{12}.$$

4. 指数分布

设 $X \sim e(\lambda)$,则 $E(X) = 1/\lambda$.

$$E(X^2) = \int_0^{+\infty} x^2 \lambda \mathrm{e}^{-\lambda x} \mathrm{d}x = -\int_0^{+\infty} x^2 \mathrm{d}\mathrm{e}^{-\lambda x} = \int_0^{+\infty} 2x \mathrm{e}^{-\lambda x} \mathrm{d}x = \frac{2}{\lambda^2}.$$

所以方差为

$$D(X) = \frac{2}{\lambda^2} - \left(\frac{1}{\lambda}\right)^2 = \frac{1}{\lambda^2}.$$

5. 正态分布

设 $X \sim N(\mu, \sigma^2)$,则 $E(X) = \mu$.直接应用方差定义计算得

$$D(X) = \int_{-\infty}^{+\infty} (x-\mu)^2 \frac{1}{\sqrt{2\pi}\sigma} \mathrm{e}^{-\frac{(x-\mu)^2}{2\sigma^2}} \mathrm{d}x \xrightarrow{\stackrel{x-\mu}{\sigma} = t} \frac{\sigma^2}{\sqrt{2\pi}} \int_{-\infty}^{+\infty} t^2 \mathrm{e}^{-\frac{t^2}{2}} \mathrm{d}t$$

$$= -\frac{\sigma^2}{\sqrt{2\pi}} \int_{-\infty}^{+\infty} t \mathrm{d}\mathrm{e}^{-\frac{t^2}{2}} = -\frac{\sigma^2}{\sqrt{2\pi}} \left(t \mathrm{e}^{-\frac{t^2}{2}} \Big|_{-\infty}^{+\infty} - \int_{-\infty}^{+\infty} \mathrm{e}^{-\frac{t^2}{2}} \mathrm{d}t \right)$$

$$= \frac{\sigma^2}{\sqrt{2\pi}} \int_{-\infty}^{+\infty} \mathrm{e}^{-\frac{t^2}{2}} \mathrm{d}t = \sigma^2.$$

即正态分布的方差是其分布中的第二个参数 σ^2,由此正态分布由其期望和方差完全确定.回忆第 2 章介绍正态分布时,曾称 σ^2 为正态分布的概率密度函数图像的形状参数,σ^2 越小,正态分布的概率密度函数的曲线越陡峭,σ^2 越大,正态分布的概率密度函数的曲线越平缓,X 取值越分散.现在计算得到正态分布的方差为 σ^2,可见方差确实反映了 X 取值的分散程度.

在第 2 章中我们学习过,一个服从一般正态分布的随机变量实施标准化变换,可以转变为一个标准正态分布,即若 $X \sim N(\mu, \sigma^2)$,令 $Y = \dfrac{X-\mu}{\sigma}$,则 $Y \sim N(0,1)$.对比发现,在这个标准化变换中,分子上减的是 X 的期望,分母上是 X 的标准差,这种类型的变换对一般的随机变量也可以进行,我们给出如下定义.

> **定义 4.5**　对于随机变量 X,若它的期望 $E(X)$ 及方差 $D(X)$ 都存在,且 $D(X) > 0$,则称 $X^* = \dfrac{X - E(X)}{\sqrt{D(X)}}$ 为 X 标准化了的随机变量.

4.2.3 方差的性质

由方差的定义知方差本身也是一个期望,所以应用期望的性质可以推证出方差具有如下常用的基本性质(设以下涉及的随机变量其方差均存在).

性质 4.6 常数的方差为 0,即 $D(C)=0$,C 为常数.

证 $D(C)=E(C-E(C))^2=E(C-C)^2=0$.

性质 4.7 常数与随机变量乘积的方差等于该常数的平方与该随机变量方差的乘积,即

$$D(aX)=a^2D(X), \quad a \text{ 为常数}.$$

证 $D(aX)=E[aX-E(aX)]^2=E[a^2(X-E(X))^2]$
$$=a^2E(X-E(X))^2=a^2D(X).$$

性质 4.8 一个随机变量与一个常数之和的方差等于该随机变量的方差,即

$$D(X+b)=D(X), \quad b \text{ 为常数}.$$

证 $D(X+b)=E[X+b-E(X+b)]^2=E(X-E(X))^2=D(X)$.

这个性质说明对随机变量进行常数平移后,随机变量的分散程度不变.

性质 4.9 两个随机变量和(或差)的方差等于这两个随机变量方差的和加上(或减去)这两个随机变量离差乘积期望的 2 倍,即

$$D(X \pm Y)=D(X)+D(Y) \pm 2E[(X-E(X))(Y-E(Y))].$$

特别地,两个独立随机变量和(或差)的方差等于这两个随机变量方差的和,即当 X,Y 相互独立时,有

$$D(X \pm Y)=D(X)+D(Y).$$

证 $D(X \pm Y)=E[X \pm Y-E(X \pm Y)]^2$
$$=E[(X-E(X)) \pm (Y-E(Y))]^2$$
$$=E[(X-E(X))^2+(Y-E(Y))^2 \pm 2(X-E(X))(Y-E(Y))]$$
$$=D(X)+D(Y) \pm 2E[(X-E(X))(Y-E(Y))].$$

当 X,Y 相互独立时,有

$$E[(X-E(X))(Y-E(Y))]=E[XY-XE(Y)-YE(X)+E(X)E(Y)]$$
$$=E(XY)-E(X)E(Y)=0.$$

性质 4.9 的特殊情况还可以推广到任意多个独立随机变量和它们的线性组合的情形.

推论 对 $n \geqslant 2$,若 $X_1,X_2,\cdots,X_n$ 相互独立,则

$$D(X_1+X_2+\cdots+X_n)=D(X_1)+D(X_2)+\cdots+D(X_n),$$

$$D\left(\sum_{i=1}^{n} a_i X_i\right)=\sum_{i=1}^{n} a_i^2 D(X_i), \quad a_1,a_2,\cdots,a_n \text{ 为常数}.$$

例 4.11(投资组合的平均收益和风险) 设某投资者将 1 个单位的资金(比如 100 万)投资到 n 种股票上,股票的月收益分别是相互独立的随机变量 $X_1,X_2,\cdots,X_n$,设其投资到第 i 种股票上的份额为 a_i,$\sum_{i=1}^{n} a_i=1$,则该投资组合的收益为 $Y=\sum_{i=1}^{n} a_i X_i$,该投资组合的

平均收益和市场风险可分别用期望和方差度量,即

$$E\left(\sum_{i=1}^{n} a_i X_i\right) = \sum_{i=1}^{n} a_i E(X_i), \quad D\left(\sum_{i=1}^{n} a_i X_i\right) = \sum_{i=1}^{n} a_i^2 D(X_i).$$

著名的马科维茨(Markowitz)均值-方差最优投资组合选择模型,就是在风险约束的条件下,寻求使平均收益最大化的投资组合,即要求解以下约束优化模型:

$$\max_{a_i} E\left(\sum_{i=1}^{n} a_i X_i\right), \quad 使得 \sum_{i=1}^{n} a_i^2 D(X_i) \leqslant \sigma^2, \quad \sum_{i=1}^{n} a_i = 1.$$

性质 4.10 一个随机变量方差为 0 的充要条件是该随机变量以概率 1 取常数,即 $D(X)=0$ 当且仅当 $P\{X=E(X)\}=1$.

该性质的充分性即为性质 4.6,其必要性补充在下文切比雪夫不等式证明的后面.

例 4.12 利用方差的性质求二项分布的方差.

解 设 $X \sim B(n,p)$,由二项分布的定义知,X 表示 n 重伯努利试验中成功的次数. 设 X_i 表示第 i 次伯努利试验成功的次数,即

$$X_i = \begin{cases} 1, & 第 i 次试验成功, \\ 0, & 第 i 次试验失败, \end{cases} \quad i=1,2,\cdots,n,$$

则 X_i 服从两点分布,分布律为

X_i	0	1
P	q	p

其中 p 是一次试验中成功的概率,$q=1-p$,且 $X=X_1+X_2+\cdots+X_n$. 由于 $X_1, X_2, \cdots, X_n$ 相互独立,所以

$$D(X) = D(X_1) + D(X_2) + \cdots + D(X_n) = npq.$$

这里应用方差的性质大大简化了计算,如果直接按定义去求 $D(X)$,则要麻烦得多.

例 4.13 利用方差性质求解一般正态分布 $N(\mu, \sigma^2)$ 的方差.

解 设 $X \sim N(\mu, \sigma^2)$,令 $Y = \dfrac{X-\mu}{\sigma}$,则 $Y \sim N(0,1)$,且 $E(Y)=0, D(Y)=1$.

由 $X = \sigma Y + \mu$,得

$$D(X) = \sigma^2 D(Y) = \sigma^2.$$

现在我们知道了正态分布 $N(\mu, \sigma^2)$ 中的 μ 和 σ^2 就是该正态分布的期望和方差,如果已知一个随机变量服从正态分布,那么只要再计算出它的期望和方差,就可以得到这个随机变量确切的概率分布.

例 4.14 设随机变量 X, Y 相互独立,$X \sim N(0,2), Y \sim N(-1,4)$,求 $Z=2X+3Y$ 的分布.

解 由 Z 为两个独立正态的线性组合知,Z 服从正态分布,且

$$E(Z) = E(2X+3Y) = 2E(X) + 3E(Y) = 2 \times 0 + 3 \times (-1) = -3,$$
$$D(Z) = D(2X+3Y) = 4D(X) + 9D(Y) = 4 \times 2 + 9 \times 4 = 44,$$

于是 $Z \sim N(-3,44)$.

例 4.15 设随机变量 X 具有期望 μ, 方差 σ^2, 且 $\sigma^2 > 0$, 记 $X^* = \dfrac{X-\mu}{\sigma}$. 试证明 $E(X^*) = 0$, $D(X^*) = 1$.

证 由期望和方差的性质得

$$E(X^*) = E\left(\frac{X-E(X)}{\sqrt{D(X)}}\right) = \frac{1}{\sqrt{D(X)}}E(X-E(X)) = 0,$$

$$D(X^*) = D\left(\frac{X-E(X)}{\sqrt{D(X)}}\right) = \frac{1}{D(X)}D(X-E(X)) = \frac{1}{D(X)}D(X) = 1.$$

$X^* = \dfrac{X-E(X)}{\sqrt{D(X)}}$ 为 X 标准化了的随机变量, 这个题目的结论更深刻地解释了标准化的含义.

我们不加证明地给出如下定理.

定理 4.3 如果 X, Y 有相同的概率分布, 则它们有相同的期望和方差.

4.2.4 切比雪夫不等式

前面讲到方差反映了随机变量取值相对于其自身均值的分散程度, 下面的切比雪夫不等式将更精确地说明这一点.

定理 4.4 设随机变量 X 的期望和方差都存在, 则对任意常数 $\varepsilon > 0$, 有

$$P\{|X - E(X)| \geqslant \varepsilon\} \leqslant \frac{D(X)}{\varepsilon^2}, \tag{4.4}$$

或

$$P\{|X - E(X)| < \varepsilon\} \geqslant 1 - \frac{D(X)}{\varepsilon^2}. \tag{4.5}$$

证 仅需证明 (4.4) 式.

如果 X 是连续型随机变量, $X \sim f(x)$, 则

$$P\{|X-E(X)| \geqslant \varepsilon\} = \int_{|x-E(X)| \geqslant \varepsilon} f(x)\mathrm{d}x \leqslant \int_{|x-E(X)| \geqslant \varepsilon} \frac{(x-E(X))^2}{\varepsilon^2}f(x)\mathrm{d}x$$

$$\leqslant \frac{1}{\varepsilon^2}\int_{-\infty}^{+\infty}(x-E(X))^2 f(x)\mathrm{d}x = \frac{D(X)}{\varepsilon^2}.$$

当 X 是离散型随机变量时, 只需将上述证明中的概率密度函数换成分布律, 积分号换成求和号即可.

(4.4) 式和 (4.5) 式均称为**切比雪夫不等式 (Chebyshev inequality)**.

在概率论中, 事件 $\{|X-E(X)| \geqslant \varepsilon\}$ 称为**大偏差 (large deviation)**, 其概率

$$P\{|X-E(X)| \geqslant \varepsilon\}$$

称为大偏差发生的概率, 切比雪夫不等式的意义就在于如果随机变量的期望和方差存在, 就可以利用方差给出大偏差发生概率的上界, 这个上界与方差成正比, 方差越大, 上界也越大.

在 (4.5) 式中取 $\varepsilon = 3\sqrt{D(X)}$ 得到

$$P\{|X-E(X)| < 3\sqrt{D(X)}\} \geqslant \frac{8}{9} \approx 88.9\%.$$

这个式子表明,随机变量的取值以超过 88.9% 的可能性集中在以其自身均值为中心的 3 倍标准差邻域内,这种取值特点称为"3 倍标准差准则".

首先我们利用这个不等式给出方差性质 4.10 必要性的补充证明.

例 4.16 若 $D(X)=0$,则 $P\{X=E(X)\}=1$.

证 由切比雪夫不等式知,对于任意的 $\varepsilon>0$,均有

$$P\{|X-E(X)|\geqslant\varepsilon\}\leqslant\frac{D(X)}{\varepsilon^2}=0, \quad 即 \quad P\{|X-E(X)|\geqslant\varepsilon\}=0.$$

上式意味着随机变量与其自身均值有任何一点偏差的可能性均为 0,所以 X 的取值必百分之百地集中在一点上,即 $P\{X=E(X)\}=1$.

例 4.17 一批产品废品率为 0.03,从中随机抽取 1000 个,求废品数在 20 个到 40 个之间的概率.

解 设 X 表示废品个数,则 $X\sim B(1000,0.03)$.

$$E(X)=np=1000\times0.03=30, \quad D(X)=npq=1000\times0.03\times0.97=29.1.$$

由切比雪夫不等式得

$$P\{20<X<40\}=P\{|X-30|<10\}\geqslant1-\frac{29.1}{10^2}=0.709.$$

这个估计是比较粗糙的,实际上此概率的精确值由伯努利公式得其值为 0.923. 可见,虽然切比雪夫不等式可以用来估计概率,但精度不高. 如果已知随机变量的概率分布,则所需求的概率可以确切地计算出来,也就没有必要利用这一不等式来做估计. 但另一方面,切比雪夫不等式适用范围较广,它对于任何期望和方差都存在的随机变量均成立,因此有着广泛的应用. 在理论上,切比雪夫不等式是证明大数定律的重要工具.

习题 4.2

(A)

1. 设某品牌一类化妆品一天销售量的分布律如下表:

X	0	1	2	3	4	5
P	0.24	0.4	0.2	0.12	0.03	0.01

试求该化妆品销售量的期望和方差.

2. 设连续型随机变量 X 的概率密度函数为

$$f(x)=\begin{cases}x, & 0\leqslant x\leqslant1, \\ 2-x, & 1<x<2, \\ 0, & 其他.\end{cases}$$

试求 $E(X)$ 和 $D(X)$.

3. 若随机变量 X_1,X_2,X_3 相互独立,且均服从相同的两点分布 $P\{X=0\}=0.8$, $P\{X=1\}=0.2$,则 $X=\sum_{i=1}^{3}X_i$ 服从＿＿＿＿＿分布,且 $E(X)=$＿＿＿＿＿,$D(X)=$＿＿＿＿.

4. 已知 $X \sim B(n,p)$,且 $E(X)=3,D(X)=2$,试求 X 的全部可能取值,并计算 $P\{X \leqslant 8\}$.

5. 已知随机变量 X 服从参数为 λ 的泊松分布,且 $P\{X=3\}=4P\{X=2\}$,求 $D(X)$.

6. 设随机变量 $X \sim N(2,9),Y=aX+b$,且 $Y \sim N(0,1)$,求 a,b 的值.

(B)

1. 设连续型随机变量 X 在区间 $[-1,2]$ 上服从均匀分布,随机变量

$$Y=\begin{cases}1, & X>0,\\0, & X=0,\\-1, & X<0.\end{cases}$$

求方差 $D(Y)$.

2. 设 $X \sim U(a,b),Y \sim N(4,3)$,$X$ 与 Y 有相同的期望和方差,求 a,b 的值.

3. 设一台机器上有 3 个部件,在某一时刻需要对部件进行调整,3 个部件需要调整的概率分别为 $0.1,0.2,0.3$,且相互独立.记 X 为需要调整的部件数,求 $E(X)$ 和 $D(X)$.

4. 设 $X_1,X_2,\cdots,X_n$ 相互独立且同分布于 $N(0,1)$,$Y=X_1^2+X_2^2+\cdots+X_n^2$,求 $E(Y)$,$D(Y)$.

5. 已知随机变量 $X \sim N(1,4),Y \sim N(-3,5)$,$X$ 与 Y 独立,求 $P\{X+Y<0\}$.

6. 设随机变量 X 服从泊松分布,且 $E(X)=6$,证明 $P\{3<X<9\} \geqslant \frac{1}{3}$.

7. 设每次试验事件 A 发生的概率都等于 0.5,试利用切比雪夫不等式估计在 1000 次独立试验中,事件 A 发生次数在 $450 \sim 550$ 之间的概率.

8. 将一颗骰子连续掷四次,其点数之和记为 X,估计概率 $P\{10<X<18\}$.

4.3 协方差和相关系数

对于二维随机变量 (X,Y),期望和方差这两个数字特征分别反映了两个分量 X,Y 各自的取值特点,我们还需要讨论描述 X,Y 相互关系的数字特征,本节将介绍协方差和相关系数.

4.3.1 协方差

在方差性质 4.9 的证明中,我们看到,如果两个随机变量 X,Y 是相互独立的,则它们离差乘积的期望为 0,即 $E[(X-E(X))(Y-E(Y))]=0$.反之,如果 $E[(X-E(X))(Y-E(Y))] \neq 0$,则此时 X 与 Y 必然不独立,所以,$E[(X-E(X))(Y-E(Y))]$ 在一定程度上反映了 X 与 Y 之间的关系,我们引入如下定义.

定义 4.6 对于二维随机变量 (X,Y),如果 $E[(X-E(X))(Y-E(Y))]$ 存在,则称它为 X 与 Y 的**协方差**(covariance),记作 $\mathrm{Cov}(X,Y)$ 或 σ_{XY},即

$$\mathrm{Cov}(X,Y)=E[(X-E(X))(Y-E(Y))].$$

由定义可见,$\text{Cov}(X,Y)=\text{Cov}(Y,X),\text{Cov}(X,X)=D(X)$. 显然,方差是协方差的特例,且方差的性质 4.9 可以重新表述为

$$D(X \pm Y)=D(X)+D(Y) \pm 2\text{Cov}(X,Y).$$

容易验证:

$$\text{Cov}(X,Y)=E(XY)-E(X)E(Y).$$

这个公式常用于协方差的计算.

例 4.18 接例 4.6 求 (X,Y) 的协方差.

解 已求得:$E(XY)=\dfrac{1}{4}$. 易求得 X 与 Y 的边缘分布律分别为

X	0	1
P	$\dfrac{3}{4}$	$\dfrac{1}{4}$

Y	0	1	2
P	$\dfrac{5}{12}$	$\dfrac{1}{6}$	$\dfrac{5}{12}$

则 $E(X)=\dfrac{1}{4},E(Y)=1$,于是得

$$\text{Cov}(X,Y)=E(XY)-E(X)E(Y)=0.$$

利用协方差的定义和期望的性质可以证明协方差具有以下性质.

性质 4.11 $\text{Cov}(kX,Y)=k\text{Cov}(X,Y).$

性质 4.12 $\text{Cov}(X+Y,Z)=\text{Cov}(X,Z)+\text{Cov}(Y,Z).$

如果将协方差理解为关于两个随机变元的函数,这两条性质可以表述为协方差关于单变元具有线性性.

综合以上两条性质可以推出下面的结果.

性质 4.13 $\text{Cov}(aX+bY,Z)=a\text{Cov}(X,Z)+b\text{Cov}(Y,Z).$

4.3.2 相关系数

在实际应用中,协方差是带量纲的量,比如 X,Y 分别表示任意一个人的身高与体重,如果 X 以米为单位,Y 以公斤为单位,则算出的协方差以"米·公斤"为单位,若改用其他单位,则协方差的数值可能会有很大的变化. 因此,需要用不依赖度量单位取法的量来表示这一数字特征.

为实现这一点,我们首先对随机变量 X,Y 分别实施标准化变换得到

$$X^*=\frac{X-E(X)}{\sqrt{D(X)}}, \quad Y^*=\frac{Y-E(Y)}{\sqrt{D(Y)}}.$$

然后再考虑 X^*,Y^* 的协方差,即

$$\text{Cov}(X^*,Y^*)=E(X^*Y^*)-E(X^*)E(Y^*)=E\left[\left(\frac{X-E(X)}{\sqrt{D(X)}}\right)\left(\frac{Y-E(Y)}{\sqrt{D(Y)}}\right)\right]$$

$$=\frac{E[(X-E(X))(Y-E(Y))]}{\sqrt{D(X)}\sqrt{D(Y)}}=\frac{\text{Cov}(X,Y)}{\sqrt{D(X)}\sqrt{D(Y)}}.$$

将这个数字特征定义为相关系数.

定义 4.7 对于二维随机变量 (X,Y)，若 X 与 Y 的协方差 $\mathrm{Cov}(X,Y)$ 存在，且 $D(X)>0$，$D(Y)>0$，则称 $\dfrac{\mathrm{Cov}(X,Y)}{\sqrt{D(X)}\sqrt{D(Y)}}$ 为 X 与 Y 的**相关系数**（correlation coefficient），记作 ρ 或 ρ_{XY}，即

$$\rho = \frac{\mathrm{Cov}(X,Y)}{\sqrt{D(X)}\sqrt{D(Y)}}.$$

定义 4.7 说明相关系数就是"标准尺度下的协方差".

例 4.19 设二维随机变量在由 x 轴，y 轴及直线 $x+y-2=0$ 所围成的区域 G 上服从均匀分布，求 X 与 Y 的相关系数 ρ_{XY}.

解 (X,Y) 的概率密度函数为

$$f(x,y)=\begin{cases} \dfrac{1}{2}, & 0<x<2, \text{且 } x+y<2, \\ 0, & \text{其他}, \end{cases}$$

$$E(X)=\int_{-\infty}^{+\infty}\int_{-\infty}^{+\infty}xf(x,y)\,\mathrm{d}x\,\mathrm{d}y=\int_0^2\frac{1}{2}x\,\mathrm{d}x\int_0^{2-x}\mathrm{d}y=\frac{2}{3},$$

$$E(X^2)=\int_{-\infty}^{+\infty}\int_{-\infty}^{+\infty}x^2f(x,y)\,\mathrm{d}x\,\mathrm{d}y=\int_0^2\frac{1}{2}x^2\,\mathrm{d}x\int_0^{2-x}\mathrm{d}y=\frac{2}{3},$$

所以 $D(X)=E(X^2)-(E(X))^2=\dfrac{2}{9}$.

因为 X 与 Y 对称，所以 $E(Y)=\dfrac{2}{3}$，$D(Y)=\dfrac{2}{9}$.

$$E(XY)=\int_{-\infty}^{+\infty}\int_{-\infty}^{+\infty}xyf(x,y)\,\mathrm{d}x\,\mathrm{d}y=\int_0^2\frac{1}{2}x\,\mathrm{d}x\int_0^{2-x}y\,\mathrm{d}y=\frac{1}{3},$$

所以 $\mathrm{Cov}(X,Y)=E(XY)-E(X)E(Y)=-\dfrac{1}{9}$，于是

$$\rho_{XY}=\frac{\mathrm{Cov}(X,Y)}{\sqrt{D(X)}\sqrt{D(Y)}}=\frac{-\dfrac{1}{9}}{\dfrac{2}{9}}=-\frac{1}{2}.$$

下面我们来推导相关系数的两条重要性质，并说明相关系数的含义.

考虑用 X 的线性函数 $aX+b$ 近似 Y，用均方误差 $e=E[Y-(aX+b)]^2$ 的大小来度量近似效果的好坏，则 e 越小，表示近似效果越好，e 越大，近似效果越差.

下面我们试图找出使 e 达到最小的系数 a 和 b.

由

$$e=E(Y^2)+a^2E(X^2)+b^2-2aE(XY)-2bE(Y)+2abE(X), \tag{4.6}$$

令

$$\begin{cases} \dfrac{\partial e}{\partial a}=2aE(X^2)-2E(XY)+2bE(X)=0, \\[2mm] \dfrac{\partial e}{\partial b}=2b-2E(Y)+2aE(X)=0, \end{cases}$$

求解得到

$$\begin{cases} \hat{a} = \dfrac{\text{Cov}(X,Y)}{D(X)}, \\[2mm] \hat{b} = E(Y) - aE(X) = E(Y) - \dfrac{\text{Cov}(X,Y)}{D(X)}E(X). \end{cases}$$

将 $\hat{a}, \hat{b}$ 代入(4.6)式中得

$$\min_{a,b} e = \min_{a,b} E[Y-(aX+b)]^2 = E[Y-(\hat{a}X+\hat{b})]^2 = (1-\rho_{XY}^2)D(Y). \tag{4.7}$$

由(4.7)式可见, e 是 $|\rho_{XY}|$ 的严格单调递减函数,这样 ρ_{XY} 的含义就很明显了. 当 $|\rho_{XY}|$ 较大时 e 较小,这表明平均来看, Y 取值上与 $aX+b$ 比较接近,即 Y 可以近似地用 X 的一个线性函数来表示,即 X,Y 之间很大程度上成立线性关系. 于是, ρ_{XY} 可以用来描述 X,Y 之间线性关系的强弱,当 $|\rho_{XY}|$ 比较大时,线性相关程度较高,当 $|\rho_{XY}|$ 比较小时,线性相关程度较弱. 当 $\rho=0$ 时,称 X 与 Y 不相关.

关于 ρ 的性质,有下面的定理.

定理 4.5 设 ρ 为 X 与 Y 的相关系数,则:

(1) $|\rho| \leqslant 1$;

(2) $|\rho| = 1$ 的充要条件是 $P\{Y=a+bX\}=1(a,b$ 为常数,且 $b \neq 0)$.

证 (1) 首先我们考查一个特殊随机变量 $Y-\lambda X$ 的方差, λ 为任意一个给定实数.

$$\begin{aligned} D(Y-\lambda X) &= E[Y-\lambda X - E(Y-\lambda X)]^2 \\ &= E[(Y-E(Y))^2 - 2\lambda(Y-E(Y))(X-E(X)) + \lambda^2(X-E(X))^2] \\ &= \lambda^2 D(X) - 2\lambda \text{Cov}(X,Y) + D(Y). \end{aligned}$$

由一元二次函数顶点坐标公式知,上式在 $\lambda = \dfrac{\text{Cov}(X,Y)}{D(X)}$ 处达到最小,最小值为

$$D(Y)\left(1 - \frac{\text{Cov}^2(X,Y)}{D(X)D(Y)}\right) = D(Y)(1-\rho^2).$$

由于方差是非负的,故 $D(Y)(1-\rho^2) \geqslant 0$,从而得到 $|\rho| \leqslant 1$.

(2) 由方差性质 4.10 知, $D(X)=0$ 的充要条件是存在常数 a,使 $P\{X=a\}=1$. 所以 $|\rho|=1$ 的充要条件是存在常数 a,使 $P\{Y-bX=a\}=1$,即 $P\{Y=a+bX\}=1$.

定理 4.5 说明,相关系数 ρ 的取值范围在 -1 和 1 之间,若 ρ 取值为正,则表明两变量为正相关,若 ρ 取值为负,则表明两变量为负相关. 当 $|\rho|=1$ 时,两变量完全线性相关,即 X 与 Y 以概率 1 存在线性函数关系; $|\rho|$ 越接近 1, X 与 Y 线性关系越密切, $|\rho|$ 越接近 0, X 与 Y 线性相关程度越低;由此可知,相关系数 ρ 是刻画 X 与 Y 之间线性相关程度的一个数字特征. 确切地说, ρ 应称为**线性相关系数**.

X 与 Y 相互独立和 X 与 Y 不相关都可用于描述随机变量 X 与 Y 的相互关系,那么它们之间存在什么关系呢? 由协方差定义及相关系数定义知,当 X 与 Y 相互独立时,若相关系数存在,则必有 $\rho=0$,即 X 与 Y 是不相关的;反之,由 X 与 Y 不相关不能推出 X 与 Y 独立;所以独立性比相关性要更强. 这种关系从"不相关"和"相互独立"的含义理解:不相关只是说明 X 与 Y 之间不存在线性关系,但不排除可能存在其他的关系. 这一点可以从下面的例题中得到印证.

例 4.20 设 (X,Y) 的分布律为

X＼Y	-1	0	1
-1	$\frac{1}{8}$	$\frac{1}{8}$	$\frac{1}{8}$
0	$\frac{1}{8}$	0	$\frac{1}{8}$
1	$\frac{1}{8}$	$\frac{1}{8}$	$\frac{1}{8}$

试证：X 与 Y 不相关，但 X 与 Y 不独立.

解　由 (X,Y) 的分布律可得 X 与 Y 的边缘分布律分别为

X	-1	0	1
p	$\frac{3}{8}$	$\frac{1}{4}$	$\frac{3}{8}$

Y	-1	0	1
p	$\frac{3}{8}$	$\frac{1}{4}$	$\frac{3}{8}$

计算得，$E(X)=E(Y)=0$，$D(X)=D(Y)=\dfrac{3}{4}$，$E(XY)=0$. 从而 $\mathrm{Cov}(X,Y)=E(XY)-E(X)E(Y)=0$. 所以 X 与 Y 不相关.

但由于 $P\{X=0,Y=0\}=0\neq P\{X=0\}P\{Y=0\}=\dfrac{1}{16}$，所以 X 与 Y 不独立.

一般情况下由不相关不能推出独立，但对二维正态分布来说，不相关和独立是一致的.

例 4.21　设 $(X,Y)\sim N(\mu_1,\mu_2;\sigma_1^2,\sigma_2^2;\rho)$，求 X 与 Y 的相关系数.

解　由于

$$\rho_{XY}=\frac{E(X-E(X))(Y-E(Y))}{\sqrt{D(X)}\sqrt{D(Y)}}=\frac{1}{\sigma_1\sigma_2}\int_{-\infty}^{+\infty}\int_{-\infty}^{+\infty}(x-\mu_1)(y-\mu_2)f(x,y)\mathrm{d}x\,\mathrm{d}y.$$

令 $s=\dfrac{x-\mu_1}{\sigma_1}$，$t=\dfrac{y-\mu_2}{\sigma_2}$，则

$$\rho_{XY}=\int_{-\infty}^{+\infty}\int_{-\infty}^{+\infty}\frac{st}{2\pi\sqrt{1-\rho^2}}\mathrm{e}^{-\frac{1}{2(1-\rho^2)}(s^2-2\rho st+t^2)}\mathrm{d}s\,\mathrm{d}t=\int_{-\infty}^{+\infty}s\,\mathrm{e}^{-\frac{s^2}{2}}\mathrm{d}s\int_{-\infty}^{+\infty}\frac{t}{2\pi\sqrt{1-\rho^2}}\mathrm{e}^{\frac{(t-\rho s)^2}{2(1-\rho^2)}}\mathrm{d}t$$

$$=\int_{-\infty}^{+\infty}\frac{\rho s^2}{\sqrt{2\pi}}\mathrm{e}^{-\frac{s^2}{2}}\mathrm{d}s=\rho.$$

这就是说，二维正态随机变量 (X,Y) 的概率密度函数 $f(x,y)$ 中的第 5 个参数 ρ 就是 X 与 Y 的相关系数. 在例 3.14 中我们已经知道 $\rho=0$ 与 X,Y 独立是等价的，所以对于二维正态变量 (X,Y) 来说，不相关与独立是等价的.

习题 4.3

(A)

1. 设 (X,Y) 的分布律如下，求 $\mathrm{Cov}(X,Y)$，ρ_{XY}.

X \ Y	−1	0	2
0	0.1	0.3	0.2
1	0.3	0	0.1

2. 设 X 服从参数为 2 的泊松分布,$Y=3X-2$,试求 $\mathrm{Cov}(X,Y)$ 及 ρ_{XY}.

3. 设 X 与 Y 是两个相互独立的随机变量,而且 $X \sim N(0,1)$,Y 在 $[-1,1]$ 上服从均匀分布,则 $\mathrm{Cov}(X,Y)=$ _____.

4. 若抛掷 n 次硬币中出现正面次数为 X,反面次数为 Y,则 X 与 Y 的相关系数 $\rho_{XY}=$( ).

    A. -1 B. 0   C. 0.5   D. 1

5. 设 (X,Y) 为二维随机变量,则与 $\mathrm{Cov}(X,Y)=0$ 不等价的是( ).

    A. X 与 Y 相互独立   B. $D(X-Y)=D(X)+D(Y)$

    C. $E(XY)=E(X)E(Y)$ D. $D(X+Y)=D(X)+D(Y)$

（B）

1. (X,Y) 的概率密度函数为

$$f(x,y)=\begin{cases} \dfrac{1}{8}(x+y), & 0 \leqslant x \leqslant 2,0 \leqslant y \leqslant 2, \\ 0, & \text{其他}. \end{cases}$$

试求 $\mathrm{Cov}(X,Y),\rho_{XY},D(X+Y)$.

2. 设 $E(X)=2,E(Y)=4,D(X)=4,D(Y)=9,\rho_{XY}=0.5$,求:

    (1) $U=3X^2-2XY+Y^2-3$ 的数学期望;   (2) $V=3X-Y+5$ 的方差.

3. 设随机变量 X 与 Y 相互独立且都服从正态分布 $N(\mu,\sigma^2)$,试求 $Z_1=\alpha X+\beta Y$,$Z_2=\alpha X-\beta Y$ 的相关系数 $\rho_{Z_1 Z_2}$,其中 α,β 为常数.

4. 设对 (X,Y) 有

$$f(x,y)=\begin{cases} \dfrac{5}{4}y, & x^2<y<1, \\ 0, & \text{其他}. \end{cases}$$

试验证 $E(XY)=E(X)E(Y)$,但 X 与 Y 不相互独立.

趣味拓展材料 4.1   彭实戈

    彭实戈,1947 年生于山东省滨州市,于 1974 年毕业于山东大学物理系;1978 年工作于山东大学数学研究所;1986 年获巴黎第九大学数学与自动控制三阶段博士学位和普鲁旺斯大学应用数学博士学位;1989 年任复旦大学博士后研究员;1990 年任山东大学数学院教授;2011 年被美国普林斯顿大学聘为"2011—2012 普林斯顿全球学者";2020 年当选为中国工业与应用数学学会会士,2005 年当选中国科学院院士;2023 年当选欧洲科学院院士.他长期致力于随机控制、金融数学和概率统计方面的研究,和法国数学家 Pardoux 教授一起开创了倒向随机微分方程的新方向,被用于研究金融产品定价等.

1993 年,彭实戈派学生调查、了解期货市场情况,他敏锐地发现中国期权期货交易中存在的一些严重问题.当时绝大部分企业、机构对期货、期权的避险功能了解甚少,在不清楚这种现代金融工具所隐藏的巨大风险以及如何度量和规避这种金融风险的情况下,便盲目投资,进行境外期货期权交易.投资者每做一单交易,输的概率大于 70%,而赢的概率小于30%.于是,他写了两封信,一封交给时任山东大学校长潘承洞校长,潘校长立即转呈山东省副省长,另一封,递交国家自然科学基金委.信中,他陈述了自己对国际期货、期权市场的基本看法,以及中国当时进行境外期货交易所面临的巨大风险,并建议从速开展对国际期货市场的风险分析和控制的研究并加强对金融高级人才的培养.彭实戈还亲赴北京,向国家自然科学基金委当面表达自己的意见.后来,山东省立即停止了境外期货交易.国家自然科学基金委员会也很快发文,将彭实戈的建议信转呈中央财经小组采取相应措施,避免中国国家金融资产的大量流失.自此后,国家自然科学基金委一直关心支持彭实戈在金融数学领域的研究工作.

1996 年 12 月,国家自然科学基金委通过"九五"重大项目"金融数学、金融工程和金融管理",集合中国科学院、复旦大学、清华大学、中国人民银行等 20 个单位的专家学者共同攻关,由彭实戈担任第一负责人,这标志着中国金融数学开始了一个从无到有的过程.

彭实戈教授 1997 年在文章中引入了 g-期望以及条件 g-期望的概念,从而建立了动态非线性数学期望理论基础.非线性期望理论的出发点是直接对于不确定量——随机变量来定义其非线性期望泛函.下面将在公理体系的基础水平上来引入非线性期望的概念.

定义 1 设 Ω 是一个给定的集合,而其上的一个向量格 H 是定义在 Ω 上的实值函数所组成的一个线性空间,且满足以下条件:

(1) 每一个实值的常数 C 都在 H 中;

(2) 如果 $X(\cdot)\in H$,则也有 $|X(\cdot)|\in H$.

我们把 H 中的函数称为随机变量,而称二元组 (Ω,H) 为随机变量空间.

注意到一个 H 中的随机变量 $X(\omega)$ 是关于自变量 ω 的函数.它之所以随机是因为我们无法知道哪一个 ω 要发生.概率论和期望的方法都是,退而求其次地计算 $X(\omega)$ 的数学期望,或者 $\varphi(X)$ 的期望,其中 φ 是一个给定的函数.

定义 2 一个非线性期望 E 是定义在随机变量空间 H 上的满足以下两个性质的(非线性)泛函 $E:H\to\mathbf{R}$.

(1) 单调性,即对于所有满足 $X(\omega)\geqslant Y(\omega)(\forall\omega\in\Omega)$ 的随机变量 $X,Y\in H$,都有
$$E[X]\geqslant E[Y];$$

(2) 保常数性,即 $E[C]=C$,并且称三元组 (Ω,H,E) 为一个非线性期望空间.称 E 为一个次线性期望,如果它还满足:

(3) 次线性,即 $E[X+Y]\leqslant E[X]+E[Y]$, $E[\lambda X]=\lambda E[X]$, $\forall X,Y\in H$, $\lambda\geqslant 0$;

(4) 如果对于 $\forall X\in H$,这个次线性期望还满足 $E[-X]=-E[X]$,则称 E 为一个线性期望.

彭实戈院士在多个讲座中介绍这个理论提出的动机和理由:面对经济世界中概率测度的不确定性给经济学带来的挑战,许多研究在处理这类不确定问题时通常会先验地假设概率空间的概率测度是已知的,然而,在现实世界中,这种情况很少发生.非线性期望理论则从

另一个全新角度,超越了传统数学期望的线性框架,允许对随机变量进行更复杂的处理.在非线性数学期望理论中,我们不再假设概率测度是已知的,而是允许我们对概率测度的确定性程度有所怀疑.这种怀疑反映在我们只知道概率测度在一族给定的概率之间,而不知道具体取值的情况下,通过使用非线性数学期望,我们可以建立一种能够控制这族概率的数学框架.这种框架可以帮助我们在处理不确定性时做出更安全和稳健的决策,而不仅仅是依赖于传统的线性平均值.非线性数学期望理论的应用包括风险管理、决策分析和经济学中的不确定性建模等领域.

测试题 4

一、填空题(共 10 题,每题 2 分)

1. 设 $X \sim B(n,p)$,且 $E(X)=3.6$,$D(X)=2.88$,则 $n=$ _____ , $p=$ _____ .

2. 设 X 服从泊松分布,且 $E(X^2)=20$,则 $E(X)=$ _____ .

3. 设 $X \sim U(a,b)$,$Y \sim N(4,3)$,X 与 Y 有相同的期望和方差,则 $a=$ _____ , $b=$ _____ .

4. 设 X 为一随机变量,若 $D(10X+1)=10$,则 $D(X)=$ _____ .

5. 设随机变量 X 与 Y 相互独立,且 $E(X)=E(Y)=3$,$E(X^2)=E(Y^2)=12$,则 $D(X)=$ _____ ,$D(3Y)=$ _____ ,$D(2X-3Y)=$ _____ .

6. 设随机变量 $X \sim U(-2,2)$,Y 表示做 10 次独立重复试验事件($X>0$)发生的次数,则 $E(Y)=$ _____ ,$D(Y)=$ _____ .

7. 设随机变量 $X \sim N(0,10)$ 与 $Y \sim N(2,4)$,且 X 与 Y 相互独立,则 $2X+3Y \sim$ _____ .

8. 设 X 与 Y 的方差为 $D(X)=25$,$D(Y)=16$,相关系数 $\rho_{XY}=0.4$,则 $D(X+Y)=$ _____ ,$D(X-Y)=$ _____ .

9. 当 X 与 Y 相互独立时,则 X 与 Y _____ 相关;当 X 与 Y 不相关时,则 X 与 Y _____ 独立.

10. X,Y 为随机变量,用 $D(X),D(Y),\mathrm{Cov}(X,Y)$ 表达 $D(X+Y)=$ _____ ,用 $D(X),D(Y),\rho_{XY}$ 表达 $\mathrm{Cov}(X,Y)=$ _____ .

二、选择题(共 5 题,每题 2 分)

1. X 为随机变量,$E(X)=-1$,$D(X)=3$,则 $E[3(X^2|2)]=$ ( ).

    A. 18   B. 9   C. 30   D. 36

2. 若 $\mathrm{Cov}(X,Y)=0$,下列选项不正确的是( ).

    A. $E(XY)=E(X)E(Y)$ B. $E(X+Y)=E(X)+E(Y)$

    C. $D(XY)=D(X)D(Y)$ D. $D(X+Y)=D(X)+D(Y)$

3. 设 $X \sim P(2)$,$Y \sim B(3,0.6)$,且 X 与 Y 相互独立,则 $E(X-2Y),D(X-2Y)$ 的值分别是( ).

    A. -1.6 和 4.88 B. -1 和 4 C. 1.6 和 4.88 D. 1.6 和 -4.88

4. 如果 X 与 Y 满足 $D(X+Y)=D(X-Y)$,则有( ).

    A. X 与 Y 独立   B. X 与 Y 不相关   C. $D(X)=0$ D. $D(X)D(Y)=0$

5. 已知随机变量 $X \sim N(\mu, \sigma^2)$，且 $E(X) = 3, D(X) = 1$，则 $P\{-1 < X < 1\} = ($　$)$.

    A. $2\Phi(1) - 1$　　　　　　　　　　　B. $\Phi(4) - \Phi(2)$

    C. $\Phi(-4) - \Phi(-2)$　　　　　　　　D. $\Phi(2) - \Phi(4)$

三、计算和证明题（共 9 题，1～5 每题 6 分，6～9 每题 10 分）

1. X 的概率密度函数为

$$f(x) = \begin{cases} 1 + x, & -1 \leqslant x < 0, \\ 1 - x, & 0 \leqslant x < 1, \\ 0, & \text{其他}. \end{cases}$$

求 $D(3X + 2)$.

2. 设随机变量 X 满足 $E(X) = D(X) = \lambda$，已知 $E[(X-1)(X-2)] = 1$，试求 λ.

3. 设连续型随机变量 X 的概率密度函数为

$$f(x) = \begin{cases} kx^\alpha, & 0 < x < 1, \\ 0, & \text{其他}. \end{cases}$$

其中 $k, \alpha > 0$. 又已知 $E(X) = 0.75$，求 k, α 的值.

4. 设随机变量 (X, Y) 的分布律为

Y＼X	−1	0	1
1	0.2	0.1	0.1
2	0.1	0	0.1
3	0	0.3	0.1

求 $E(X), E(Y), E(XY)$.

5. 设 $X \sim U[-1, 1]$，利用切比雪夫不等式估计概率 $P\left\{|X| \geqslant \dfrac{1}{2}\right\}$，并和这个事件概率的精确值做比较.

6. 设随机变量 X 与 Y 相互独立，且 $X \sim N(2, 14), Y \sim N(4, 25)$，求 $Z = 2X + Y$ 的分布，并求概率 $P\{2X + Y < 14\}$.

7. 设 X 服从参数为 1 的指数分布，$Y = X + \mathrm{e}^{-2X}$，试求 $E(Y), D(Y), \mathrm{Cov}(X, Y)$ 及 ρ_{XY}.

8. 设对 (X, Y) 有

$$f(x, y) = \begin{cases} \dfrac{5}{4}y, & x^2 < y < 1, \\ 0, & \text{其他}. \end{cases}$$

试验证 X 与 Y 是不相关的，但 X 与 Y 不相互独立.

9. 已知随机变量 $X \sim N(1, 3^2), Y \sim N(0, 4^2)$，且 X 与 Y 的相关系数 $\rho_{XY} = -\dfrac{1}{2}$. 设 $Z = \dfrac{X}{3} + \dfrac{Y}{2}$. 求：(1) $E(Z), D(Z)$；(2) ρ_{XZ}.

第 4 章涉及的考研真题

第5章

大数定律与中心极限定理

　　大数定律和中心极限定理是概率论中两类极限定理的统称.在前几章的学习中,我们曾了解了随机事件的频率稳定于概率,随机变量取值的算术平均值稳定于其数学期望值,以及正态分布理论及其应用."稳定"一词是什么含义?为什么许多随机变量近似服从正态分布?它们的严格数学意义需要进一步阐述,本章将对此类问题进行总结说明.

5.1 大数定律

　　首先介绍两个数学定义.

> **定义 5.1** 若一个随机变量序列 $X_1, X_2, \cdots, X_n, \cdots$ 中任意有限个随机变量都是相互独立的,则称这个随机变量序列是**相互独立**的.如果所有 $\{X_n\}$ 还有相同的分布函数,则称随机变量序列 $X_1, X_2, \cdots, X_n, \cdots$ 是**独立同分布**(independently identically distribution)的.
>
> **定义 5.2** 设 $X_1, X_2, \cdots, X_n, \cdots$ 是一个随机变量序列,若存在一个常数 μ,使得对于任意的 $\varepsilon > 0$,都有 $\lim\limits_{n \to \infty} P\{|X_n - \mu| < \varepsilon\} = 1$,则称随机变量序列 $X_1, X_2, \cdots, X_n, \cdots$ **依概率收敛**于 μ,记作 $X_n \xrightarrow{P} \mu, n \to \infty$.

　　注 $\{X_n\}$ 依概率收敛于 μ 表示当 n 充分大时 X_n 与 μ 非常接近,也就是说,X_n 与 μ 的差距小于任意的 $\varepsilon(\varepsilon > 0)$ 的概率随着 n 的增加而逐渐接近于 1.

> **定理 5.1(伯努利大数定律)** 设 n 重伯努利试验中事件 A 发生的次数为 μ_n,p 为每次试验中 A 出现的概率,则对任意的 $\varepsilon > 0$,有
> $$\lim_{n \to \infty} P\left\{\left|\frac{\mu_n}{n} - p\right| < \varepsilon\right\} = 1.$$

　　证 引入随机变量序列 $\{X_i\}, i = 1, 2, \cdots, n$,

$$X_i = \begin{cases} 1, & \text{第 } i \text{ 次试验 } A \text{ 发生}, \\ 0, & \text{第 } i \text{ 次试验 } A \text{ 不发生}, \end{cases}$$

则 X_i 服从参数为 p 的(0-1)分布,且 $E(X_i) = p, D(X) = pq$.

　　又 $X_1, X_2, \cdots, X_n$ 相互独立,$\mu_n = \sum\limits_{i=1}^{n} X_i$.记 $Y_n = \dfrac{1}{n} \sum\limits_{i=1}^{n} X_i$,则 $E(Y_n) = p, D(Y_n) = $

$\dfrac{p(1-p)}{n}.$

由切比雪夫不等式得

$$1 \geqslant P\left\{\left|\dfrac{\mu_n}{n}-p\right|<\varepsilon\right\} \geqslant 1-\dfrac{p(1-p)}{n\varepsilon^2},$$

当 $n \to +\infty$ 时,上式右端极限为 1,由两边夹定理得

$$\lim_{n\to\infty}P\left\{\left|\dfrac{\mu_n}{n}-p\right|<\varepsilon\right\}=1.$$

注 伯努利大数定律(Bernoulli's law of large numbers)的说明:事件发生的频率 $\dfrac{\mu_n}{n}$ 依概率收敛于事件的概率 p,它以严格的数学形式表达了频率的稳定性. 故当 n 很大时,事件发生的频率与概率有较大偏差的可能性很小,在实际应用中,当试验次数很大时,可以用事件发生的频率来近似事件的概率.

定理 5.2(切比雪夫大数定律) 设 $\{X_n\}$ 是一列两两不相关的随机变量序列,如果每个 X_i 的方差均存在,且有共同的上界,即 $D(X_i) \leqslant a$,其中 a 是与 i 无关的常数,则对任意的 $\varepsilon > 0$,有

$$\lim_{n\to\infty}P\left\{\left|\dfrac{1}{n}\sum_{i=1}^{n}X_i-\dfrac{1}{n}\sum_{i=1}^{n}E(X_i)\right|<\varepsilon\right\}=1.$$

证 由于 $\{X_n\}$ 两两不相关,所以

$$D\left(\dfrac{1}{n}\sum_{i=1}^{n}X_i\right)=\dfrac{1}{n^2}\sum_{i=1}^{n}D(X_i)\leqslant\dfrac{a}{n},$$

根据切比雪夫不等式,对于任意 $\varepsilon > 0$,都有

$$1 \geqslant P\left\{\left|\dfrac{1}{n}\sum_{i=1}^{n}X_i-\dfrac{1}{n}\sum_{i=1}^{n}E(X_i)\right|<\varepsilon\right\} \geqslant 1-\dfrac{D\left(\dfrac{1}{n}\sum_{i=1}^{n}X_i\right)}{\varepsilon^2} \geqslant 1-\dfrac{a}{n\varepsilon^2},$$

当 $n \to +\infty$ 时,有

$$P\left\{\left|\dfrac{1}{n}\sum_{i=1}^{n}X_i-\dfrac{1}{n}\sum_{i=1}^{n}E(X_i)\right|<\varepsilon\right\}=1.$$

注 切比雪夫大数定律(Chebyshev's law of large numbers)只要求满足 $\{X_n\}$ 两两不相关,而并不要求它们是同分布的. 如果 $\{X_n\}$ 是独立同分布的随机变量序列,方差均存在且有限,则 $\{X_n\}$ 必定服从切比雪夫大数定律.

切比雪夫大数定律说明:在满足定理条件的前提下,当 $n \to \infty$ 时,n 个两两不相关的随机变量的平均数这个随机变量将紧密地聚集在其数学期望 $\dfrac{1}{n}\sum_{i=1}^{n}E(X_i)$ 周围.

定理 5.3(马尔可夫大数定律) 对于随机变量序列 $\{X_n\}$,若 $\dfrac{1}{n^2}D\left(\sum_{i=1}^{n}X_i\right)\to 0, n\to\infty$,则 $\{X_n\}$ 服从马尔可大大数定律,即对任意的 $\varepsilon > 0$,有

$$\lim_{n\to\infty}P\left\{\left|\dfrac{1}{n}\sum_{n=1}^{n}X_i-\dfrac{1}{n}\sum_{n=1}^{n}E(X_i)\right|<\varepsilon\right\}=1.$$

证 利用切比雪夫不等式即可以证明,证略.

注 定理 5.3 中的 $\dfrac{1}{n^2}D\left(\sum\limits_{i=1}^{n}X_i\right)\to 0$ 被称为马尔可夫条件. 马尔可夫大数定律 (Markov law of large numbers) 的特点在于:对随机变量序列 $\{X_n\}$ 没有任何独立同分布、不相关的假设,只要满足马尔可夫条件即服从马尔可夫大数定律.

定理 5.4(辛钦大数定律) 设 $\{X_n\}$ 为一个独立同分布的随机变量序列,若 X_i 的数学期望均存在,则 $\{X_n\}$ 服从辛钦大数定律,即对任意的 $\varepsilon>0$,有

$$\lim_{n\to\infty}P\left\{\left|\frac{1}{n}\sum_{i=1}^{n}X_i-\frac{1}{n}\sum_{i=1}^{n}E(X_i)\right|<\varepsilon\right\}=1.$$

特别地,当给出 $E(X_i)=\mu$,上式记作

$$\lim_{n\to\infty}P\left\{\left|\frac{1}{n}\sum_{n=1}^{n}X_i-\mu\right|<\varepsilon\right\}=1.$$

证 略.

注 在前两章的学习中,我们了解到,若随机变量的方差存在,则其数学期望一定存在;反之则不成立. 切比雪夫大数定律和马尔可夫大数定律均假设随机变量序列的方差存在;辛钦大数定律(Wiener-Khinchin law of large numbers)仅假设每个 X_i 的数学期望存在,对其方差没有要求,但要求 $\{X_n\}$ 为一个独立同分布的随机变量序列. 伯努利大数定律是辛钦大数定律的特例.

辛钦大数定律表明:当试验的次数足够多时,随机变量 X 在试验中的 n 个观测值的算术平均值 $\dfrac{1}{n}\sum\limits_{n=1}^{n}X_i$ 依概率收敛于它的数学期望值 μ. 这种做法有其便捷性,即无论随机变量 X 的分布究竟如何,我们只需找到其数学期望.

综上,对频率稳定于概率,独立观测值的平均值稳定于期望值等直观描述给出了严格的数学表达形式. 事件发生的频率具有稳定性,它的稳定性会随着试验次数的增多表现得越来越明显. 这种稳定性与它在实验进行中的个别特征无关,且不再是随机的. 大数定律给出了稳定性的确切含义,并且给出了什么条件下才具有稳定性. 这对于我们解决理论与实际问题有实际意义,一方面,在理论上,大数定律可以看作是求解极限、重积分以及级数的一种新思路,另一方面,在实际生活中,如在保险动机的产生、保险公司财政稳定和保费的确定问题研究中,大数定律也有广泛的应用.

习题 5.1

(A)

1. _____和_____是概率论中两类极限定理的统称.

2. 随机事件的_____稳定于概率,随机变量随机独立取值的算术平均值稳定于其_____.

3. 设 $\{X_n\}$ 是独立同分布的随机变量序列,若 $E(X_n)=3$,$\mathrm{Var}(X_n)=5$. 证明:

$$\frac{X_1^2+X_2X_3+X_4^2+X_5X_6+\cdots+X_{3n-2}^2+X_{3n-1}X_{3n}}{n}\xrightarrow{P}\mu,\quad n\to\infty,$$

并确定常数 μ 的值.

（B）

1. 设 $X_1,X_2,\cdots,X_n,\cdots$ 为独立同分布的随机变量序列,且 $X_i(i=1,2,\cdots)$ 服从参数为 $\lambda>0$ 的泊松分布,n 较大时,若 $\overline{X}=\dfrac{1}{n}\sum\limits_{i=1}^{n}X_i$,近似服从_____分布.

2. 假设某银行为第 i 名顾客服务的时间服从区间 $[7,53]$（单位：$\min$）上的均匀分布,且对每个顾客是相互独立的,请问,当 $n\to\infty$ 时,n 次服务时间的算术平均值 $\dfrac{1}{n}\sum\limits_{i=1}^{n}X_i$ 以概率 1 收敛于何值?

3. 设 $\{X_n\}$ 为独立同分布的随机变量序列,且有共同的概率密度函数 $f(x)=\dfrac{1}{\pi(1+x^2)}$,$-\infty<x<+\infty$,试问辛钦大数定律对此随机变量序列是否适用.

4. 如果要估算某一地区的保险投保情况,你能根据辛钦大数定律提供一种估计方法吗?

5. 简述四种大数定律.

5.2 中心极限定理

大数定律描述了随机事件的频率稳定于概率,随机变量随机独立取值的算术平均值稳定于其期望值的问题,也就是 $\dfrac{1}{n}\sum\limits_{i=1}^{n}X_i$ 的渐近性质. 现在进一步讨论独立随机变量的和 $Y_n=\sum\limits_{i=1}^{n}X_i$ 的极限分布. 在前面的学习中,提到正态分布在随机变量的各种分布中占有十分重要的地位,在一定的条件下,不服从正态分布的独立随机变量,当随机变量的个数无限增加时,其和的分布近似服从正态分布. 中心极限定理就是研究独立随机变量和的极限分布为正态分布的问题.

> **定理 5.5（林德贝格-勒维中心极限定理）** 设 $\{X_n\}$ 是独立同分布的随机变量序列,且有期望值 $E(X_i)=\mu$,方差 $\mathrm{Var}(X_i)=\sigma^2<+\infty(i=1,2,\cdots)$.
>
> 记 $Y_n^*=\dfrac{X_1+X_2+\cdots+X_n-n\mu}{\sigma\sqrt{n}}$,则对于任意实数 y,有
>
> $$\lim_{n\to\infty}P\{Y_n^*\leqslant y\}=\dfrac{1}{\sqrt{2\pi}}\int_{-\infty}^{y}e^{-\frac{t^2}{2}}\mathrm{d}t.$$

林德贝格-勒维中心极限定理(Lindbergh-Levi central limit theorem)表明：只要 $\{X_n\}$ 独立同分布,方差存在,不管原来的分布是什么,只要 n 充分大,就可以用正态分布去逼近. 进而从理论上解释了正态分布的常见性和重要性,同时也提供了计算独立同分布随机变量和以及平均值概率分布的近似方法. 下面给出一些林德贝格-勒维中心极限定理的应用例子.

例 5.1 某食品加工厂加工零食,每袋的重量为随机变量,其期望值为 $100\mathrm{g}$,标准差为 $10\mathrm{g}$,一箱内要装 100 袋,求一箱零食重量大于 $10.2\mathrm{kg}$ 的概率.

解　设一箱零食重量为 X，箱中第 i 袋零食的重量为 $X_i(i=1,2,\cdots,100)$，由题意，$X_1,X_2,\cdots,X_{100}$ 相互独立并且服从于同一分布，$E(X_i)=100$，$\sqrt{D(X_i)}=10$，$X=\sum\limits_{i=1}^{100}X_i$，则

$$E(X)=\sum_{i=1}^{100}E(X_i)=100\times100=10\,000\text{g}=10\text{kg},$$

$$D(X)=\sum_{i=1}^{100}D(X_i)=100\times100=10\,000\text{g},\quad\sqrt{D(X)}=100\text{g}=0.1\text{kg}.$$

由中心极限定理，X 近似服从 $N(10,0.1^2)$，所以

$$P\{X>10.2\}=1-P\{X\leqslant10.2\}=1-P\left\{\frac{X-10}{0.1}\leqslant\frac{10.2-10}{0.1}\right\}\approx1-\Phi(2)$$
$$=1-0.977\,25=0.022\,75.$$

例 5.2　对敌人的防御地段进行 100 次轰炸，每次轰炸命中目标的炸弹数目是随机变量，其期望为 2，方差为 1.69. 求在 100 次轰炸中有 180~220 颗炸弹命中目标的概率.

设 X_i 第 i 次轰炸命中目标的炸弹数，$i=1,2,\cdots,100$，则 100 次轰炸命中目标的炸弹总数为 $X=\sum\limits_{i=1}^{100}X_i$，$E(X)=\sum\limits_{i=1}^{100}E(X_i)=200$，$D(X)=\sum\limits_{i=1}^{100}D(X_i)=169.$

由中心极限定理，X 近似服从 $N(200,169)$，所以

$$P\{180\leqslant X\leqslant220\}=P\left\{\frac{180-200}{13}\leqslant\frac{X-200}{13}\leqslant\frac{220-200}{13}\right\}$$
$$=P\left\{-\frac{20}{13}\leqslant\frac{X-200}{13}\leqslant\frac{20}{13}\right\}$$
$$\approx\Phi\left(\frac{20}{13}\right)-\Phi\left(-\frac{20}{13}\right)=0.876\,44.$$

定理 5.6（棣莫弗-拉普拉斯中心极限定理（De Moivre-Laplace central limit theorem））

设随机变量 $Y_n(n=1,2,\cdots)$ 服从二项分布 $B(n,p)$，则对于任意 x，随机变量 $\dfrac{Y_n-np}{\sqrt{np(1-p)}}$ 的分布函数 $F_n(x)$ 趋近于标准正态分布函数 $\Phi(x)$，即有

$$\lim_{n\to\infty}F_n(x)=\lim_{n\to\infty}P\left\{\frac{Y_n-np}{\sqrt{npq}}\leqslant x\right\}=\int_{-\infty}^{x}\frac{1}{\sqrt{2\pi}}\mathrm{e}^{-\frac{t^2}{2}}\mathrm{d}t=\Phi(x).$$

例 5.3　参加某保险公司人寿保险共有 2500 人，假设每一年每个人的死亡概率为 0.002，每人在年初时向保险公司缴纳保费 1200 元，若有人员死亡，其家属可申领赔偿金 200 000 元. 求保险公司亏本的概率.

解　方法 1　直接计算，通过二项分布的概率分布律求解. 但计算出精确值是困难的.

方法 2　X 表示 2500 人中死亡的人数，那么有 $X\sim B(2500,0.002)$，此时 $np=2500\times0.002=5$，$npq=2500\times0.002\times0.998=4.99$，2500 人缴纳的保险金为 $2500\times1200=3\,000\,000$ 元，每死亡一人赔付 200 000 元，若不想赔本，那死亡人数要小于 15 人. 则

$$P\{\text{保险公司亏本}\}=P\{\text{死亡人数多于15人}\}=P\{X>15\}=1-P\{X\leqslant14\}$$
$$=1-P\left\{\frac{X-5}{\sqrt{4.99}}\leqslant\frac{14-5}{\sqrt{4.99}}\right\}\approx1-\Phi\left(\frac{9}{\sqrt{4.99}}\right)=0.000\,069.$$

注 二项分布的极限分布可以是正态分布,也可以是泊松分布.通常情况下,处理 n 很大、p 很小(一般是 $p \leqslant 0.1$ 而 $npq \leqslant 9$ 的情形)的二项分布时,泊松分布优于正态分布;如用正态分布近似则仅以 $n \to \infty$ 为条件.

习题 5.2

（A）

1. 城市道路旁路灯建设需要一批钢筋,其中 80% 的长度不小于 3m.现从这批钢筋中随机地取出 100 根,问其中至少有 30 根短于 3m 的概率为多少?

2. 射击俱乐部组织飞镖打气球比赛,设每次击中目标的概率为 0.1.问:

(1) 试求 500 次射击中,击中的次数在区间 $[49, 55]$ 上的概率.

(2) 至少要扔多少次,才能使射中的次数超过 50 次的概率大于已给正数 μ.

3. 某产品的合格率为 99%,问包装箱中应装多少个这种产品,才能有 95% 的可能性使每箱中至少有 100 个合格产品.

（B）

1. 在灯管寿命测试中,某种品牌的灯管寿命服从均值为 100h 的指数分布,现随机地取 16 只这种灯管,设它们的寿命是相互独立的,求这 16 只灯管的寿命的总和大于 1920h 的概率.

2. 玩具店有三种气球出售,售出哪一种气球是随机的,因而售出一只气球的价格是一个随机变量,它取 1 元、1.2 元、1.5 元各个值的概率分别为 0.3,0.2,0.5.若售出 300 只气球.求收入至少 400 元的概率.

3. 演出用的大屏幕由 100 个相互独立起作用的部件所组成,演出时屏幕的每个部件损坏的概率为 0.1,为了使演出顺利进行,至少必须有 85 个部件正常工作,求屏幕正常使用的概率.

4. 设 X 是任一非负(离散型或连续型)随机变量,已知 $\sqrt{X}$ 的数学期望存在,而 $\varepsilon > 0$ 是任意实数,证明不等式 $P\{X \geqslant \varepsilon\} \leqslant \dfrac{E(\sqrt{X})}{\sqrt{\varepsilon}}$.

趣味拓展材料 5.1　切比雪夫

切比雪夫(Pafnuty Lvovich Chebyshev,1821—1894),俄罗斯数学家、力学家.

切比雪夫在概率论、数学分析等领域有重要贡献.在力学方面,他首次解决了直动机构(将旋转运动转化成直线运动的机构)的理论计算方法,并由此创立了机构和机器的理论,提出了有关传动机械的结构公式.他还发明了约四十余种机械,制造了有名的步行机(能精确模仿动物走路动作的机器)和计算器,切比雪夫关于机构的两篇著作是发表在 1854 年的《平行四边形机构的理论》和 1869 年的《论平行四边形》.

切比雪夫

在概率论方面,切比雪夫建立了证明极限定理的新方法——矩法,用十分初等的方法证明了一般形式的大数定律,研究了独立随机变量和函数收敛的条件,他的贡献使概率论的发展进入新阶段.此外,切比雪夫还创立了函数构造理论,建立了著名的切比雪夫多项式.他证明了贝尔特兰公式,自然数列中素数分布的定理,大数定律的一般公式以及中心极限定理.他一生发表了70多篇科学论文,内容涉及数论、概率论、函数逼近论、积分学等方面.俄罗斯的数学家们常说,他们的现代数学是由切比雪夫带动而建立和发展起来的.

趣味拓展材料5.2 棣莫弗

棣莫弗

亚伯拉罕·棣莫弗(Abraham De Moivre,1667—1754)法国裔英国籍数学家,在早期所学的数学著作中,他最感兴趣的是惠更斯关于赌博的著作,特别是惠更斯于1657年出版的《论赌博中的机会》一书,启发了他的灵感.

棣莫弗主要贡献在概率论,1711年写成《抽签的计量》一文,1718年修改扩充为《机会论》(The Doctrine of Chances).这是概率论较早的专著之一,首次定义了独立事件(independent event)的乘法定理,给出二项分布(binomial distribution)的公式,讨论了掷骰和其他赌博的许多问题.他在1730年出版的另一专著《分析杂论》中最早使用概率积分.他将概率论用于保险事业,于1725年出版过专门论著《论终身年金》.他于1733年给出了二项分布的正态近似,即中心极限定理的雏形,这也是正态分布的第一次出现,然而他并没有意识到他发现的分布的深远用途,也没有意识到中心极限定理的普遍存在性.

测 试 题 5

一、填空题(每空5分,共20分)

1. 小张自主创业,开了一家蛋糕店,店内有 A,B,C 三种蛋糕出售,其售价分别为5元、10元、12元.顾客购买 A,B,C 三种蛋糕的概率分别为 0.2,0.3,0.5,假设今天共有700名顾客,每位顾客各买了一个蛋糕,且购买蛋糕的意愿相互独立,用中心极限定理求小张今天营业额在 7000~7140 元之间的概率近似值为_____.

2. 设试验成功的概率 $p=0.2$,现在将试验独立地重复100次,试验成功的次数介于16~32次之间的概率 $Q=$_____.

3. 将一枚骰子重复掷 n 次,当 $n\to\infty$ 时,那么 n 次掷出点数的算数平均值 $\overline{X_n}$ 依概率收敛于_____.

4. 已知随机变量 X 的数学期望为10,方差 $D(X)$ 存在,且 $P\{-20<X<40\}\leqslant 0.1$,则 $D(X)\geqslant$_____.

二、选择题(每题5分,共20分)

1. 设随机变量 $X_1,X_2,\cdots,X_n$ 相互独立,$S_n=X_1+X_2+\cdots+X_n$,则根据林德伯格-列维中心极限定理,当 n 充分大时 S_n 近似服从正态分布,只要 $X_1,X_2,\cdots,X_n$( ).

A. 有相同期望和方差　　　　　　　B. 服从同一离散分布

C. 服从同一指数分布　　　　　　　D. 服从同一连续型分布

2. 下列命题正确的是(　　).

A. 由辛钦大数定律可以得出切比雪夫大数定律

B. 由切比雪夫大数定律可以得出辛钦大数定律

C. 由切比雪夫大数定律可以得出伯努利大数定律

D. 由伯努利大数定律可以得出切比雪夫大数定律

3. 设随机变量 $D(X)=2$,则由切比雪夫不等式,有 $P\{|X-E(X)|\geqslant 2\}\leqslant($　　).

A. $\dfrac{1}{2}$　　　　　B. $\dfrac{1}{3}$　　　　　C. $\dfrac{1}{4}$　　　　　D. $\dfrac{1}{8}$

4. 设随机变量 $X_1,X_2,\cdots,X_n$ 独立同分布,其分布函数为

$$F(x)=a+\frac{1}{\pi}\arctan\frac{x}{b},\quad-\infty<x<+\infty,b\neq 0.$$

则辛钦大数定律对此序列(　　).

A. 适用　　　　　　　　　　　B. 当常数 a 和 b 取适当数值时适用

C. 不适用　　　　　　　　　　D. 无法判别

三、计算题(每题 **10** 分,共 **60** 分)

1. 设 $X_1,X_2,\cdots,X_n$ 是独立同分布随机变量,已知 $X_i\sim P(1)$,求:

(1) $\displaystyle\sum_{i=1}^{n}X_i$ 的分布律;

(2) 利用中心极限定理求 $\displaystyle\lim_{n\to\infty}\left(e^{-n}+ne^{-n}+\frac{n^2}{2!}e^{-n}+\cdots+\frac{n^n}{n!}e^{-n}\right)$.

2. 某电话热线交换台有 n 部分机,k 条外线,每部分机呼叫外线的概率为 p.利用中心极限定理,解下列问题:

(1) 设 $n=200,k=30,p=0.12$,求每部分机呼叫外线时能及时应答的概率 α 的近似值;

(2) 设 $n=200,p=0.12$,为使每部分机呼叫外线时能及时应答的概率 $\alpha\geqslant 95\%$,至少需要设置多少条外线?

(3) 设 $k=30,p=0.12$,为使每部分机呼叫外线时能及时应答的概率 $\alpha\geqslant 95\%$,最多可以容纳多少部分机?

3. 某保险公司接受了 10 000 辆电动自行车的保险,每辆每年的保费为 12 元.若车丢失,则车主得赔偿金 1000 元.假设车的丢失率为 0.006,对于此项业务,试利用中心极限定理,求保险公司:

(1) 亏损的概率 α;　　　　　　　(2) 一年获利润不少于 40 000 元的概率 β;

(3) 一年获利润不少于 60 000 元的概率 r.

4. 已知男孩儿出生率为 51.5%,试求刚出生的 10 000 个婴儿中男孩儿多于女孩儿的概率.

5. 生产线组装每件产品的时间服从指数分布.统计资料表明,每件产品的平均组装时间为 10min.假设各件产品的组装时间互不影响.试利用中心极限定理,求:

(1) 组装 100 件产品需要 15~20h 的概率 Q;

（2）以 0.95 的概率估计 16h 内最多可以组装产品的件数.

6. 为确定某市成年男子中吸烟者的比例 p，准备调查这个城市中的 n 名成年男子，记这 n 名成年男子中吸烟人数为 X.

（1）问：n 至少为多大才能使 $P\left\{\left|\dfrac{X}{n}-p\right|<0.02\sqrt{p(1-p)}\right\}\geqslant 0.95$；

（2）证明：对于（1）中求得的 n，$P\left\{\left|\dfrac{X}{n}-p\right|<0.01\right\}\geqslant 0.95$ 成立.

第 5 章涉及的考研真题

第6章

统计量及其分布

在前 5 章中介绍了概率论的基本内容.在概率论中,随机变量的分布往往是已知的.在此基础上,研究讨论随机变量的性质、数字特征等.在现实中,研究对象的概率分布往往是完全未知或不完全知道,那么人们需要对所研究的对象进行多次重复观测,获取信息,得到若干观测值.通过这些观测值去推断研究对象的分布规律以及未知的参数,这就是数理统计的主要内容.

假如你要对当前全国在校大学生的消费情况进行调查分析,通过发放调查问卷获取信息.请问你该如何开展工作?

显然,你不可能做到对全国所有在校大学生发放调查问卷,而是会给部分大学生发放调查问卷,了解他们的消费情况,进而推断出全国在校大学生的消费情况.也就是说,由部分已知的信息推断整体的未知信息,这就是数理统计的方法.

本章首先介绍数理统计的基本概念:总体、个体、样本、统计量等,重点介绍常用统计量及抽样分布的相关内容.

6.1 随机样本

6.1.1 总体

在数理统计中,我们所关注的研究对象,往往是针对其某一项或某几项数量指标通过随机试验进行观察或试验.例如,某保险公司要发行一种保险,调查全国人民是否会购买,通过调查找出该保险的优缺点加以修正后再投入市场中进行交易.通常,我们将所研究对象的全体称为**总体**(population),每一个研究对象称为**个体**(individuality),而实际在对某一数量指标进行试验时,由于每个数量指标是一个随机变量 X,对总体的研究转换为对随机变量 X 的研究,所以,以后将对总体和对应的随机变量不加区别,统称为总体 X.根据总体中包含个体的数目,可将总体分为有限总体和无限总体,容量有限的称为是**有限总体**(finite population),容量无限的称为是**无限总体**(infinite population),而总体中包含的个体数量称为**总体的容量**(overall capacity).例如,我们欲研究市场上流通的一些理财产品的收益情况,全部的理财产品构成总体,每一个理财产品构成一个个体.

例 6.1   我们欲研究市场上流通的一些基金的收益情况(只关注收益为正和收益为负两种情况),请问如何设定总体与总体分布?

解   每一只基金都是要调查的对象,即每一只基金构成一个个体,所以全部的基金构成总体.

具体来说,人们只关注基金收益的正负,记作 X,其中

$$X = \begin{cases} 1, & \text{基金收益为正,} \\ 0, & \text{基金收益为负.} \end{cases}$$

则总体 $X \sim B(1, p)$,其中,p 表示基金收益为正的概率.

6.1.2   样本

数理统计方法实质上是由局部来推断整体的方法,即通过一些个体的特征来推断总体的特征.要作统计推断,首先要依照一定的规则抽取 n 个个体,得到一组数据 $x_1, x_2, \cdots, x_n$,然后对这些个体进行观察或试验,这一过程称为抽样.被抽取的个体被称作是一个**样本**(**sample**).为了充分利用样本的数据信息以更好地反映总体的特征,所抽取的样本必须具有代表性,一般是在相同的条件下对总体 X 进行 n 次独立重复的观察或试验,即得到一个容量为 n 的样本 $X_1, X_2, \cdots, X_n$,相应的结果 $x_1, x_2, \cdots, x_n$ 称为样本值.由于这里的样本 $X_1, X_2, \cdots, X_n$ 是在相同条件下对总体 X 独立进行试验的,所以 $X_1, X_2, \cdots, X_n$ 是独立的,并且与总体 X 具有相同的分布函数,我们称这样得到的 $X_1, X_2, \cdots, X_n$ 为来自总体 X 的一个简单随机样本,简称为样本,n 称为样本容量.若无特别说明,今后提到的样本均指简单随机样本.

如果总体是无限总体,一般采用无放回抽样,即随机抽样即可.如果总体是有限总体,大多采用有放回抽样,若遇实际操作不方便,当总体容量远远多于样本容量时,也可采用无放回抽样,如此,得到的样本皆可看作是简单随机样本.

由此,我们给出如下定义.

定义 6.1   如果随机变量 $X_1, X_2, \cdots, X_n$ 满足

(1) $X_1, X_2, \cdots, X_n$ 相互独立;

(2) $X_1, X_2, \cdots, X_n$ 服从相同的分布,即总体分布.

则称 $X_1, X_2, \cdots, X_n$ 为简单随机样本(**simple random sample**),简称为**样本**.它们的观测值 $x_1, x_2, \cdots, x_n$ 称为**样本值**(**sample value**).

样本也可视为一个随机向量,记为 $(X_1, X_2, \cdots, X_n)$,相应的样本值记为 $(x_1, x_2, \cdots, x_n)$.由于 $X_1, X_2, \cdots, X_n$ 独立同分布,所以随机向量 $(X_1, X_2, \cdots, X_n)$ 的分布函数为

$$F^*(x_1, x_2, \cdots, x_n) = \prod_{i=1}^{n} F(x_i),$$

并称其为**样本分布**(**sample distribution**).

习题 6.1

（A）

1. 设 X 为总体,若 $X_1, X_2, \cdots, X_n$ 满足条件 _____ 和 _____ ,则称 $X_1, X_2, \cdots, X_n$ 为从总体得到的容量为 n 的简单随机样本,简称为样本.

2. 在数理统计中, _____ 称为总体, _____ 称为个体, _____ 称为样本.

3. 设 $X_1, X_2, \cdots, X_6$ 是来自服从参数为 λ 的泊松分布 $P(\lambda)$ 的样本,试写出样本的联合分布律.

（B）

1. 为估计一物件的重量 μ,用一架天平重复测量 n 次,得样本 $X_1, X_2, \cdots, X_n$,由于是独立重复测量,$X_1, X_2, \cdots, X_n$ 是简单随机样本.已知总体服从 $N(\mu, \sigma^2)$,试写出样本分布的概率密度函数.

2. 设某种电灯泡的寿命 X 服从指数分布 $e(\lambda)$,概率密度函数为

$$f(x) = \begin{cases} \lambda e^{-\lambda x}, & x > 0; \\ 0, & x \leqslant 0. \end{cases}$$

试写出来自这一总体的简单随机样本 $X_1, X_2, \cdots, X_n$ 的概率密度函数.

3. 设 $X_1, X_2, \cdots, X_6$ 是来自 $[0, \theta]$ 上的均匀分布的样本,$\theta > 0$ 未知,试写出样本的联合概率密度函数.

6.2 统计量及经验分布函数

6.2.1 统计量

1. 统计量的概念

样本来自总体,自然带有总体的信息.因而可以从这些已知信息出发去研究分析总体的某些未知信息(未知的分布或分布中的未知参数),同时由样本来研究分析总体更节约时间和成本(尤其是某些有破坏性的抽样试验).通过总体 X 的一个样本 $X_1, X_2, \cdots, X_n$ 对总体 X 的分布相关的未知信息进行推断的问题称为**统计推断**(statistical inference).我们利用样本推断未知总体,然而在实际应用时,一般不能直接利用样本,往往需要根据所研究的问题对样本进行再加工,才可以充分地利用样本的信息.否则,样本只是一堆"无章可循"的数据.

例 6.2 从某学院大二学生中随机抽取 30 名学生,调查其概率论与数理统计考试成绩的情况,得到下列数据(单位:分),如表 6.1 所示.

表 6.1 成 绩 表

90	75	60	82	76	95	58	32	69	88
71	80	62	83	75	68	86	78	92	100
84	91	75	79	86	49	66	87	73	72

试对该专业大二学生概率论与数理统计考试成绩的情况做个大致分析.

若不进行加工,对这些高低不一的成绩数据,很难凭直观得出结论.倘若我们稍作加工,便能做出大致分析:记 $x_1, x_2, \cdots, x_{30}$ 为 30 名学生的考试成绩,$\max\{x_1, x_2, \cdots, x_{30}\} = 100, \min\{x_1, x_2, \cdots, x_{30}\} = 32, \frac{1}{30}\sum\limits_{i=1}^{30} x_i = 76.06, \sqrt{\frac{1}{30}\sum\limits_{i=1}^{30}(x_i - \bar{x})^2} = 14.10$. 从上述加工数据我们大概可知,该专业大二学生概率论与数理统计考试的平均成绩处于中等水平(76.06),虽然看上去成绩差距很大(样本数据中最高分和最低分相差 68),但样本波动值为 14.10,成绩差距不是很大.可见,数据的加工非常重要.

结合上面的例子可知,为了利用样本对总体进行统计推断,我们需适当地构造样本的函数,利用样本的函数对未知总体进行推断.即利用加工后的已知的样本信息推断总体未知信息,因而构造的样本的函数中不能含有总体的未知参数.为此,引入如下定义.

> **定义 6.2** 设 $X_1, X_2, \cdots, X_n$ 为总体 X 的一个样本,$g(X_1, X_2, \cdots, X_n)$ 是一个 n 元函数,如果 $g(X_1, X_2, \cdots, X_n)$ 中不含任何总体的未知参数,则称 $g(X_1, X_2, \cdots, X_n)$ 为一个统计量(**statistics**). 经过抽样后得到一组样本观测值为 $x_1, x_2, \cdots, x_n$,则称 $g(x_1, x_2, \cdots, x_n)$ 为统计量观测值或统计量值.

样本 $X_1, X_2, \cdots, X_n$ 是随机变量,因而样本的函数统计量 $g(X_1, X_2, \cdots, X_n)$ 也是随机变量.

2. 常用统计量

在诸多的统计量中,有一些统计量,能够估计总体的数字特征,在统计分析中应用频繁. 设 $X_1, X_2, \cdots, X_n$ 为总体 X 的一个样本,$x_1, x_2, \cdots, x_n$ 为样本观测值,给出以下常用统计量的定义.

样本均值(**sample mean**) $\quad \bar{X} = \frac{1}{n}\sum\limits_{i=1}^{n} X_i$;

样本方差(修正)(**sample variance**)

$$S^2 = \frac{1}{n-1}\sum_{i=1}^{n}(X_i - \bar{X})^2 = \frac{1}{n-1}\left[\sum_{i=1}^{n} X_i^2 - n\bar{X}^2\right];$$

样本标准差(**sample standard deviation**) $\quad S = \sqrt{\frac{1}{n-1}\sum\limits_{i=1}^{n}(X_i - \bar{X})^2}$;

样本 k 阶原点矩(**sample k-th origin moment**) $\quad A_k = \frac{1}{n}\sum\limits_{i=1}^{n} X_i^k, \quad k = 1, 2, \cdots$;

样本 k 阶中心矩(**sample k-th center moment**) $\quad B_k = \frac{1}{n}\sum\limits_{i=1}^{n}(X_i - \bar{X})^k, \quad k = 2, 3, \cdots$.

上述各统计量的观测值分别为：

样本均值 $\bar{x} = \dfrac{1}{n}\sum_{i=1}^{n} x_i$；

样本方差（修正） $s^2 = \dfrac{1}{n-1}\sum_{i=1}^{n}(x_i-\bar{x})^2 = \dfrac{1}{n-1}\left[\sum_{i=1}^{n} x_i^2 - n\bar{x}^2\right]$；

样本标准差 $s = \sqrt{\dfrac{1}{n-1}\sum_{i=1}^{n}(x_i-\bar{x})^2}$；

样本 k 阶原点矩 $a_k = \dfrac{1}{n}\sum_{i=1}^{n} x_i^k$，$k=1,2,\cdots$；

样本 k 阶中心矩 $b_k = \dfrac{1}{n}\sum_{i=1}^{n}(x_i-\bar{x})^k$，$k=2,3,\cdots$．

6.2.2 经验分布函数

为了推断总体 X 的分布函数 $F(x)$，需要构造与 $F(x)$ 对应的统计量——**经验分布函数（empirical distribution function）**. 具体方法为：

设总体 X 的分布函数为 $F(x)$，$X_1,X_2,\cdots,X_n$ 为总体 X 的一个样本，$x_1,x_2,\cdots,x_n$ 为样本观测值，记 $u(x)$ 为样本观测值 $x_1,x_2,\cdots,x_n$ 中小于等于 x 的个数.

定义 6.3 定义经验分布函数 $F_n(x)$ 为

$$F_n(x) = \frac{u(x)}{n}, \quad -\infty < x < +\infty.$$

一般地，将样本值 $x_1,x_2,\cdots,x_n$ 按由小到大的顺序排序并记编号为

$$x_{(1)} \leqslant x_{(2)} \leqslant \cdots \leqslant x_{(n)},$$

则经验分布函数 $F_n(x)$ 可表示为

$$F_n(x) = \begin{cases} 0, & x < x_{(1)}, \\ \dfrac{k}{n}, & x_{(k)} \leqslant x < x_{(k+1)}, \quad k=1,2,\cdots,n-1. \\ 1, & x \geqslant x_{(n)}, \end{cases}$$

实际上，经验分布函数 $F_n(x)$ 依概率 1 一致收敛于总体分布函数 $F(x)$，即

$$P\{\lim_{n\to\infty}(\sup_{-\infty<x<+\infty}|F_n(x)-F(x)|)=0\}=1.$$

此结论由格里汶科（Glivenko）在 1933 年证明. 因此，当 n 充分大时，经验分布函数 $F_n(x)$ 可以作为总体分布函数 $F(x)$ 的一个很好的替代.

习题 6.2

（A）

1. 已知总体 $X \sim N(\mu,\sigma^2)$，其中 μ 已知而 σ^2 未知，设 $X_1,X_2,\cdots,X_n$ 为取自总体 X 的一个样本，试指出下面哪些是统计量，哪些不是统计量？

$$X_1 + X_2 + \cdots + X_n; \qquad X_i + 2\mu; \qquad X_1^2 + X_2^2;$$

$$\frac{1}{\sigma^2} \sum_{i=1}^{n} (X_i - \overline{X})^2; \qquad X_1 + \sigma^2; \qquad \max\{X_1, X_2, \cdots, X_n\}.$$

2. 样本均值 $\overline{X} = $ _____ , $\bar{x} = $ _____ , 样本方差 $S^2 = $ _____ , $s^2 = $ _____ .

3. 啤酒厂生产的瓶装啤酒规定净含量为 640g, 由于随机性, 事实上不可能使所有的啤酒净含量均为 640g. 现从某厂生产的啤酒中随机抽取 10 瓶测定其净含量, 得到如下结果: 641, 635, 640, 637, 642, 638, 645, 643, 639, 640, 求 $\bar{x}$, s^2.

（B）

1. 在 5 块条件基本上相同的田地上种某种作物, 亩产量分别为 92, 94, 103, 105, 106（单位: 斤）, 求样本均值和样本方差.

2. 设 $X_1, X_2, \cdots, X_6$ 是来自 $[0, \theta]$ 上的均匀分布的样本, $\theta > 0$ 未知.

(1) 指出下列样本函数中哪些是统计量, 哪些不是? 为什么?

$$T_1 = \frac{X_1 + X_2 + \cdots + X_6}{6}, \quad T_2 = X_6 - \theta,$$

$$T_3 = X_6 - E(X_1), \quad T_4 = \max\{X_1, X_2, \cdots, X_6\}.$$

(2) 设样本的一组观察是: 0.5, 1, 0.7, 0.6, 1, 1, 写出样本均值、样本方差和标准差.

3. 从书库中任取 10 本书, 检查每本书中的错页数, 得到样本值为 (8, 7, 3, 6, 3, 6, 3, 7, 10, 12), 试写出频率分布及经验分布函数.

4. 加工某种型号的螺母, 从某日的产品中随机抽取 10 件. 测得螺母内径长度数据（单位: mm）如下:

　　9.8,　9.9,　10.3,　10,　10.1,　9.7,　10.4,　9.6,　10.2,　10.1.
估计该日生产的这些螺母内径的均值和标准差.

6.3　抽样分布

统计量是进行统计推断的基础, 确定统计量的分布是数理统计中需要解决的基本问题之一. 统计量的分布称为**抽样分布**(sampling distribution). 本节重点介绍常用的三大抽样分布——χ^2 分布、t 分布和 F 分布.

6.3.1　χ^2 分布

定义 6.4　设总体 X 服从标准正态分布 $N(0, 1)$, $X_1, X_2, \cdots, X_n$ 为来自总体的样本, 则称随机变量

$$\chi^2 = X_1^2 + X_2^2 + \cdots + X_n^2 \tag{6.1}$$

服从自由度为 n 的 **χ^2 分布**(χ^2 distribution), 记为 $\chi^2 \sim \chi^2(n)$, 其中自由度 n 是指 (6.1) 式右端包含的独立变量的个数.

$\chi^2(n)$分布的概率密度函数为

$$f(x)=\begin{cases}\dfrac{1}{2^{\frac{n}{2}}\Gamma\left(\dfrac{n}{2}\right)}x^{\frac{n}{2}-1}\mathrm{e}^{-\frac{x}{2}}, & x>0,\\[2mm]0, & x\leqslant0,\end{cases}\tag{6.2}$$

其中，$\Gamma\left(\dfrac{n}{2}\right)$是 Γ 函数 $\Gamma(\alpha)=\displaystyle\int_0^{+\infty}x^{\alpha-1}\mathrm{e}^{-x}\mathrm{d}x$ 在 $\dfrac{n}{2}$ 处的值.

$f(x)$的图像如图 6-1 所示.

现在推导(6.2)式.若 $X\sim N(0,1)$,则由例 2.20 可知 X^2 的概率密度函数为

$$f_{X^2}(y)=\begin{cases}\dfrac{1}{\sqrt{2\pi}}y^{-\frac{1}{2}}\mathrm{e}^{-\frac{y}{2}}, & y>0,\\[2mm]0, & y\leqslant0,\end{cases}$$

即 X^2 服从 $\chi^2(1)$.

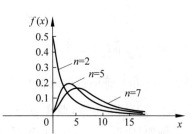

图 6-1　χ^2 分布的概率密度函数的图像

又根据习题 3.6(B)第 3 题：设 X,Y 相互独立,且分别服从参数为 $\alpha_1,\beta;\alpha_2,\beta$ 的伽马分布,记为 $X\sim G(\alpha_1,\beta),Y\sim G(\alpha_2,\beta)$,则 $X+Y\sim G(\alpha_1+\alpha_2,\beta)$.由此可知,$\chi^2(1)=G\left(\dfrac{1}{2},2\right)$.

因为 $X_1,X_2,\cdots,X_n$ 相互独立,所以 $X_1^2,X_2^2,\cdots,X_n^2$ 也相互独立,根据伽马分布的可加性,可得

$$\chi^2=X_1^2+X_2^2+\cdots+X_n^2\sim G\left(\dfrac{n}{2},2\right),$$

即得(6.2)式.

1. χ^2 分布的性质

性质 6.1　χ^2 分布的可加性

设随机变量 $X\sim\chi^2(n_1),Y\sim\chi^2(n_2)$,且 X,Y 相互独立,则

$$Z=X+Y\sim\chi^2(n_1+n_2).$$

性质 6.2　$E(\chi^2(n))=n,D(\chi^2(n))=2n$.

因 $X_i\sim N(0,1)$,则 $E(X_i)=0,D(X_i)=1$,参考习题 4.1(B)第 4 题,有

$$E(\chi^2(n))=E(X_1^2+X_2^2+\cdots+X_n^2)=E\left(\sum_{i=1}^nX_i^2\right)=\sum_{i=1}^nE(X_i^2)$$

$$=\sum_{i=1}^n[D(X_i)+(E(X_i))^2]=n,$$

$$D(\chi^2(n))=D(X_1^2+X_2^2+\cdots+X_n^2)=D\left(\sum_{i=1}^nX_i^2\right)=\sum_{i=1}^nD(X_i^2)$$

$$=\sum_{i=1}^n[E(X_i^4)-(E(X_i^2))^2]=2n.$$

2. χ^2 分布的上侧分位数

设 $\chi^2 \sim \chi^2(n)$，对于给定的正数 α，$0 < \alpha < 1$，称满足条件

$$P\{\chi^2 > \chi^2_\alpha(n)\} = \int_{\chi^2_\alpha(n)}^{+\infty} f(x)\mathrm{d}x = \alpha$$

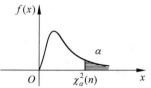

的点 $\chi^2_\alpha(n)$ 为 $\chi^2(n)$ 分布的上侧分位数，如图 6-2 所示.

点 $\chi^2_\alpha(n)$ 的数值可由附表 3（或用 Excel 中的函数命令求得 $\chi^2_\alpha(n)$ 的值，例如，求自由度为 n，概率为 α 的卡方值的命令为 $\mathrm{CHIINV}(\alpha,n)$）查得，当 $n > 45$ 时，由 α 值

图 6-2　χ^2 分布的上侧分位数示意图

查不到上侧分位数 $\chi^2_\alpha(n)$ 的值，可利用曾由费希尔

（R. A. Fisher）证明过的近似公式 $\chi^2_\alpha(n) \approx \dfrac{1}{2}(u_\alpha + \sqrt{2n-1})^2$ 进行计算，其中，u_α 是标准正态分布的上侧分位数，即 $\Phi(u_\alpha) = 1 - \alpha$.

例如，要求 $\chi^2_{0.01}(80)$ 的数值. 查附表 2 得 $u_{0.01} = 2.33$，代入上式可得

$$\chi^2_{0.01}(80) \approx \frac{1}{2}(2.33 + \sqrt{2 \times 80 - 1})^2 = 111.60.$$

6.3.2　t 分布

> **定义 6.5**　设 $X \sim N(0,1)$，$Y \sim \chi^2(n)$，且 X 与 Y 相互独立，则称随机变量
> $$T = \frac{X}{\sqrt{Y/n}}$$
> 服从自由度为 n 的 t 分布（t distribution）. 记作 $T \sim t(n)$，t 分布又称学生（Student）分布.

t 分布的概率密度函数为

$$f(x) = \frac{\Gamma\left(\dfrac{n+1}{2}\right)}{\sqrt{n\pi}\,\Gamma\left(\dfrac{n}{2}\right)}\left(1 + \frac{x^2}{n}\right)^{-\frac{n+1}{2}}, \quad -\infty < x < +\infty.$$

$f(x)$ 的图像如图 6-3 所示.

根据 Γ 函数的性质，可得 $\lim\limits_{n \to \infty} f(x) = \dfrac{1}{\sqrt{2\pi}}\mathrm{e}^{-\frac{t^2}{2}}$，即当 n 充分大时，t 分布近似于 $N(0,1)$ 分布.

设 $T \sim t(n)$，对于给定的正数 α，$0 < \alpha < 1$，称满足条件

$$P\{T > t_\alpha(n)\} = \alpha, \quad P\{T < -t_\alpha(n)\} = \alpha$$

的点 $t_\alpha(n)$ 为 $t(n)$ 分布的上侧分位数，如图 6-4 所示.

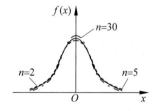

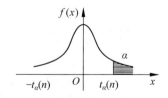

图 6-3　t 分布的概率密度函数的图像　　　　图 6-4　t 分布的上侧分位数示意图

由 $t(n)$ 分布的对称性易知 $P\{t(n)>t_\alpha(n)\}=\alpha$，$P\{t(n)<-t_\alpha(n)\}=\alpha$. 点 $t_\alpha(n)$ 的数值可由附表 4(或用 Excel 中的函数命令求得 $t_\alpha(n)$ 的值，例如，求自由度为 n，概率为 α 的 t 分布上侧分位数的命令为 TINV(α,n))查得，当 $n>45$ 时，可用标准正态分布近似 $t(n)$ 分布.

6.3.3 F 分布

定义 6.6 设 $X\sim\chi^2(n_1)$，$Y\sim\chi^2(n_2)$，且 X 与 Y 相互独立，则称随机变量

$$F=\frac{\dfrac{X}{n_1}}{\dfrac{Y}{n_2}}$$

服从自由度为 (n_1,n_2) 的 **F 分布**（**F distribution**），记为 $F\sim F(n_1,n_2)$. 其中称 n_1 为第一自由度，n_2 为第二自由度.

F 分布的概率密度函数为

$$f(x)=\begin{cases}\dfrac{\Gamma\left(\dfrac{n_1+n_2}{2}\right)}{\Gamma\left(\dfrac{n_1}{2}\right)\Gamma\left(\dfrac{n_2}{2}\right)}\left(\dfrac{n_1}{n_2}\right)^{\frac{n_1}{2}}x^{\frac{n_1}{2}-1}\left(1+\dfrac{n_1}{n_2}x\right)^{-\frac{n_1+n_2}{2}}, & x>0,\\ 0, & x\leqslant 0.\end{cases}$$

$f(x)$ 的图像如图 6-5 所示.

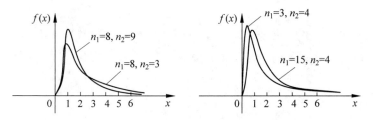

图 6-5　F 分布的概率密度函数的图像

由定义可知 $\dfrac{1}{F}=\dfrac{Y/n_2}{X/n_1}\sim F(n_2,n_1)$.

F 分布的上侧分位数

设 $F\sim F(n_1,n_2)$，对于给定的正数 α，$0<\alpha<1$，称满足条件

$$P\{F>F_\alpha(n_1,n_2)\}=\int_{F_\alpha(n_1,n_2)}^{+\infty}f(y)\mathrm{d}y=\alpha$$

的点 $F_\alpha(n_1,n_2)$ 为 F 分布的上侧分位数，如图 6-6 所示.
点 $F_\alpha(n_1,n_2)$ 的数值可由附表 5 查得. F 分布的上侧分位
数有下面的性质：

$$F_{1-\alpha}(n_1,n_2)=\frac{1}{F_\alpha(n_2,n_1)}.$$

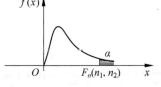

上述性质根据 F 分布上侧分位数的定义可以验证. 图 6-6　F 分布的上侧分位数示意图

例如

$$F_{0.95}(20,10) = \frac{1}{F_{0.05}(10,20)} = \frac{1}{2.35} = 0.43.$$

6.3.4 正态总体的样本均值与样本方差的分布

总体 X 服从正态分布 $N(\mu,\sigma^2)$,我们称之为正态总体. 由于数理统计中正态总体是重要的研究对象,所以掌握正态总体中统计量的分布尤为重要.

定理 6.1 设总体 X 服从正态分布 $N(\mu,\sigma^2)$, $X_1,X_2,\cdots,X_n$ 是来自 X 的一个样本, $\overline{X}$ 为样本均值,则 $\overline{X}$ 服从正态分布 $N\left(\mu,\dfrac{\sigma^2}{n}\right)$,即

$$\overline{X} = \frac{1}{n}\sum_{i=1}^{n}X_i \sim N\left(\mu,\frac{\sigma^2}{n}\right) \quad \text{或} \quad \frac{\overline{X}-\mu}{\dfrac{\sigma}{\sqrt{n}}} \sim N(0,1)$$

证 $X_1,X_2,\cdots,X_n$ 相互独立且 $X_i \sim N(\mu,\sigma^2)(i=1,2,\cdots,n)$,由第 3 章内容可知, $\overline{X} = \dfrac{1}{n}\sum_{i=1}^{n}X_i$ 也服从正态分布. 又知 $E(\overline{X}) = \mu$, $D(\overline{X}) = \dfrac{\sigma^2}{n}$,所以 $\overline{X} \sim N\left(\mu,\dfrac{\sigma^2}{n}\right)$.

注 若 $X_1,X_2,\cdots,X_n$ 为来自任意总体 X 的一个样本,且 $E(X)=\mu$, $D(X)=\sigma^2$, $\overline{X}$ 与 S^2 分别表示样本均值与样本方差,则有

$$E(\overline{X}) = \mu, \quad D(\overline{X}) = \frac{\sigma^2}{n}, \quad E(S^2) = \sigma^2.$$

定理 6.2 设总体 $X \sim N(\mu,\sigma^2)$, $X_1,X_2,\cdots,X_n$ 是来自总体 X 的样本,则:

(1) 样本均值 $\overline{X}$ 与样本方差 S^2 相互独立;

(2) $\dfrac{(n-1)S^2}{\sigma^2} = \dfrac{1}{\sigma^2}\sum_{i=1}^{n}(X_i-\overline{X})^2 \sim \chi^2(n-1)$.

定理的证明从略.

定理 6.3 设 $X_1,X_2,\cdots,X_n(n \geqslant 2)$ 是取自正态总体 $N(\mu,\sigma^2)$ 的样本, $\overline{X},S$ 分别表示样本均值和标准差,则

$$T = \frac{\overline{X}-\mu}{\dfrac{S}{\sqrt{n}}} \sim t(n-1).$$

证 由定理 6.1 和定理 6.2 知

$$\frac{\overline{X}-\mu}{\dfrac{\sigma}{\sqrt{n}}} \sim N(0,1), \quad \frac{(n-1)S^2}{\sigma^2} \sim \chi^2(n-1),$$

且 $\overline{X}$ 与 S^2 相互独立,从而 $\dfrac{\overline{X}-\mu}{\dfrac{\sigma}{\sqrt{n}}}$ 与 $\dfrac{(n-1)S^2}{\sigma^2}$ 也相互独立,故由 t 分布的定义知

$$\frac{\overline{X}-\mu}{\dfrac{S}{\sqrt{n}}}=\frac{\dfrac{\overline{X}-\mu}{\dfrac{\sigma}{\sqrt{n}}}}{\sqrt{\dfrac{(n-1)S^2/\sigma^2}{n-1}}}\sim t(n-1).$$

定理 6.4 设 $X_1,X_2,\cdots,X_{n_1}$ 和 $Y_1,Y_2,\cdots,Y_{n_2}(n_1,n_2\geqslant2)$ 分别是来自两个相互独立的正态总体 $N(\mu_1,\sigma^2)$ 及 $N(\mu_2,\sigma^2)$ 的样本,$\overline{X},\overline{Y},S_1^2,S_2^2$ 分别表示两样本的均值和方差,则

$$T=\frac{(\overline{X}-\overline{Y})-(\mu_1-\mu_2)}{S_w\sqrt{\dfrac{1}{n_1}+\dfrac{1}{n_2}}}\sim t(n_1+n_2-2),$$

其中 $S_w^2=\dfrac{(n_1-1)S_1^2+(n_2-1)S_2^2}{n_1+n_2-2}.$

证 由定理 6.1 知 $\overline{X},\overline{Y}$ 服从正态分布且相互独立,因此 $\overline{X}-\overline{Y}$ 服从正态分布,即

$$\overline{X}-\overline{Y}\sim N\left(\mu_1-\mu_2,\frac{\sigma^2}{n_1}+\frac{\sigma^2}{n_2}\right),$$

故

$$U=\frac{(\overline{X}-\overline{Y})-(\mu_1-\mu_2)}{\sigma\sqrt{\dfrac{1}{n_1}+\dfrac{1}{n_2}}}\sim N(0,1).$$

由定理 6.2 知 $\dfrac{(n_1-1)S_1^2}{\sigma^2}\sim\chi^2(n_1-1)$,$\dfrac{(n_2-1)S_2^2}{\sigma^2}\sim\chi^2(n_2-1)$,且它们相互独立. 由 χ^2 分布的可加性知 $V=\dfrac{(n_1-1)S_1^2}{\sigma^2}+\dfrac{(n_2-1)S_2^2}{\sigma^2}\sim\chi^2(n_1+n_2-2).$

再由 t 分布的定义得 $\dfrac{U}{\sqrt{\dfrac{V}{n_1+n_2-2}}}=\dfrac{(\overline{X}-\overline{Y})-(\mu_1-\mu_2)}{S_w\sqrt{\dfrac{1}{n_1}+\dfrac{1}{n_2}}}\sim t(n_1+n_2-2).$

定理 6.5 设 $X_1,X_2,\cdots,X_{n_1}$ 和 $Y_1,Y_2,\cdots,Y_{n_2}(n_1,n_2\geqslant2)$ 分别是来自两个相互独立的正态总体 $N(\mu_1,\sigma_1^2)$ 及 $N(\mu_2,\sigma_2^2)$ 的样本,则

$$F=\frac{S_1^2/\sigma_1^2}{S_2^2/\sigma_2^2}\sim F(n_1-1,n_2-1),$$

其中 S_1^2,S_2^2 分别是两个样本的方差.

证 由定理 6.2 知

$$\frac{(n_1-1)S_1^2}{\sigma_1^2}\sim\chi^2(n_1-1),\quad\frac{(n_2-1)S_2^2}{\sigma_2^2}\sim\chi^2(n_2-1),$$

且它们相互独立,由 F 分布的定义知

$$\frac{(n_1-1)S_1^2/\sigma_1^2(n_1-1)}{(n_2-1)S_2^2/\sigma_2^2(n_2-1)} \sim F(n_1-1,n_2-1), \quad 即 \quad \frac{S_1^2/\sigma_1^2}{S_2^2/\sigma_2^2} \sim F(n_1-1,n_2-1).$$

习题 6.3

（A）

1. 设总体 X 服从均值为 $\frac{1}{\lambda}$ 的指数分布，$X_1,X_2,\cdots,X_n$ 为 X 的一个样本，求 $E(\overline{X})$，$E(S^2)$.

2. 设 $X_1,X_2,\cdots,X_5$ 是独立且服从相同分布的随机变量，且每一个 $X_i\,(i=1,2,\cdots,5)$ 都服从 $N(0,1)$.

(1) 试给出常数 c，使得 $c(X_1^2+X_2^2)$ 服从 χ^2 分布，并指出它的自由度；

(2) 试给出常数 d，使得 $d\,\dfrac{X_1+X_2}{\sqrt{X_3^2+X_4^2+X_5^2}}$ 服从 t 分布，并指出它的自由度.

3. 设 $(X_1,X_2,\cdots,X_n)$ 是取自总体 X 的一个样本，在下列 3 种情况下，分别求 $E(\overline{X})$，$D(\overline{X})$，$E(S^2)$：(1)$X\sim B(1,p)$；(2)$X\sim e(\lambda)$；(3)$Y\sim U(0,2\theta)$，其中 $\theta>0$.

4. 若 $T\sim t(n)$，则 T^2 服从什么分布？

5. 设 $T\sim t(10)$，求常数 c，使 $P(T>c)=0.95$.

6. 查表求出 $\chi_{0.99}^2(12)$，$\chi_{0.05}^2(10)$，$t_{0.99}(12)$，$t_{0.01}(12)$，$F_{0.05}(10,9)$ 的值.

7. 在总体 $N(80,20^2)$ 中随机抽取容量为 100 的样本，问样本均值与总体均值的差的绝对值大于 3 的概率是多少？

8. 查表求出下列值：
$\chi_{0.9}^2(15)$，$t_{0.05}(9)$，$F_{0.01}(10,9)$，$F_{0.99}(28,2)$，$F_{0.99}(10,10)$.

（B）

1. 设 $X_1,X_2,\cdots,X_n$ 为 0-1 分布的一个样本，$E(X_i)=p$，$D(X_i)=p(1-p)$，求 $E(\overline{X})$，$D(\overline{X})$，$E(S^2)$.

2. 设 $X_1,X_2,\cdots,X_n$ 是来自正态总体 $N(0,\sigma^2)$ 的样本，试证：

(1) $\dfrac{1}{\sigma^2}\sum_{i=1}^{n}X_i^2 \sim \chi^2(n)$；　　　　(2) $\dfrac{1}{n\sigma^2}\left(\sum_{i=1}^{n}X_i^2\right)^2 \sim \chi^2(1)$.

3. 设 $X_1,X_2,\cdots,X_{10}$ 是来自正态总体 $N(0,9)$ 的样本，$\overline{X}=\dfrac{1}{10}\sum_{i=1}^{10}X_i$，则 $\overline{X}$ 服从_____分布.

4. 设 X_1,X_2,X_3,X_4 是来自正态总体 $N(0,4)$ 的样本，$X=a(X_1-2X_2)^2+b(3X_3-4X_4)^2$，则当 $a=$_____，$b=$_____时，统计量 X 服从 χ^2 分布，其自由度为_____.

5. $X\sim N(\mu_1,\sigma_1^2)$，$Y\sim N(\mu_2,\sigma_2^2)$，且 X 与 Y 相互独立，其样本容量分别为 n_1 和 n_2，样本方差分别为 S_1^2 和 S_2^2，则统计量 S_1^2/S_2^2 服从 $F(n_1-1,n_2-1)$ 的条件是_____.

6. 设随机变量 $X \sim N(\mu,1)$，$Y \sim \chi^2(n)$ 且 X 与 Y 独立，确定 $T = \dfrac{(X-\mu)^2}{Y} n$ 的分布.

7. 设总体 X 与 Y 相互独立，$X \sim N(0,4)$，$Y \sim N(0,9)$，$\overline{X} = \dfrac{1}{10}\sum\limits_{i=1}^{10} X_i$，$\overline{Y} = \dfrac{1}{15}\sum\limits_{i=1}^{15} Y_i$，其中 $X_1, X_2, \cdots, X_{10}$ 以及 $Y_1, Y_2, \cdots, Y_{15}$ 分别是来自总体 X 与 Y 的样本，试确定统计量 $\overline{X} - \overline{Y}$ 服从的分布，并计算 $|\overline{X} - \overline{Y}|$ 的数学期望.

8. 设总体 $X \sim N(\mu,\sigma^2)$，由 X 得到容量为 8 的样本 $X_1, X_2, \cdots, X_8$，试问统计量 $\dfrac{(X_1-X_2)^2+(X_3-X_4)^2}{(X_5-X_6)^2+(X_7-X_8)^2}$ 服从哪种分布？

趣味拓展材料6.1　数理统计发展简史

统计学起源于人口统计、社会调查等各种描述性统计活动. 公元前 2250 年，大禹治水，根据山川土质，人力和物力的多寡，分全国为九州；殷周时代实行井田制，按人口分地，进行了土地与户口的统计；春秋时代常以兵车多寡论诸侯实力，可见已进行了军事调查和比较；汉代全国户口与年龄的统计数字有据可查；明初编制了黄册与鱼鳞册，黄册乃全国户口名册，鱼鳞册系全国土地图籍，绘有地形，完全具有现代统计图表的性质. 可见，我国历代对统计工作非常重视，只是缺少系统研究，未形成专门的著作. 在西方各国，统计工作开始于公元前 3050 年，埃及建造金字塔，为征收建筑费用，对全国人口进行普查和统计，到了亚里士多德时代，统计工作开始往理性演变. 这时，统计在卫生、保险、国内外贸易、军事和行政管理方面的应用，都有详细的记载，统计一词，就是从意大利一词逐步演变而成的.

数理统计的发展大致可分为古典时期、近代时期和现代时期三个阶段.

1. 古典时期（19 世纪以前）是描述性的统计学形成和发展阶段，是数理统计的萌芽时期. 在这一时期里，瑞士数学家伯努利较早地系统论证了大数定律. 1763 年，英国数学家贝叶斯提出了一种归纳推理的理论，后被发展为一种统计推断方法——贝叶斯方法，开创了数理统计的先河. 法国数学家棣莫弗于 1733 年首次发现了正态分布的概率密度函数，并计算出该曲线在各种不同区间内的概率. 1809 年，德国数学家高斯（Gauss，1777—1855）和法国数学家勒让德（Adrien-Marie Legendre，1752—1833）各自独立地发现了最小二乘法，并应用于观测数据的误差分析，在数理统计的理论与应用方面都做出了重要贡献.

2. 近代时期（19 世纪末至 1945 年）是数理统计的主要分支建立，是数理统计的形成时期. 18 世纪初，由于概率论的发展从理论上接近完备，加之工农业生产迫切需要，推动着这门学科的蓬勃发展. 1889 年，英国数学家卡尔·皮尔逊提出了矩估计法，次年又提出了频率曲线的理论. 1908 年，英国的统计学家戈塞特（Willsam Sealy Gosset，1876—1937）创立了小样本检验代替了大样本检验的理论和方法（即 t 分布和 t 检验法），这为数理统计的另一分支——多元分析奠定了理论基础. 1912 年，英国统计学家费希尔推广了 t 检验法，同时发展了显著性检验及估计和方差分析等数理统计新分支.

3. 现代时期（1945 年以后）时美籍罗马尼亚数理统计学家瓦尔德（Abraham Wald，1902—1950）致力于用数学方法使统计学精确化、严密化，取得了很多重要成果. 他发展了决策理论，提出了一般的判别问题，创立了序贯分析理论，提出著名的序贯概率比检验法. 瓦尔德的两本著作《序贯分析》和《统计决策函数论》，被认为是数理发展史上的经典之作.

趣味拓展材料 6.2　卡尔·皮尔逊

皮尔逊

卡尔·皮尔逊(Karl Pearson,1857—1936),英国著名的统计学家、生物统计学家、应用数学家.他的科学道路,是从数学研究开始,继之以哲学和法律学,进而研究生物学与遗传学,集大成于统计学.他是自由思想者,对生物统计学、气象学、社会达尔文主义理论和优生学做出了重大贡献.他还是 19 世纪和 20 世纪之交罕见的百科全书式的学者、旧派理学派和描述统计学派的代表人物,被誉为现代统计科学的创立者.

1879 年毕业于剑桥大学,并获优等生称号.在校期间,他除了主修数学外,还学习法律,1881 年,他取得了法庭律师资格和法学学士学位.随后,他去德国海德堡大学和柏林大学留学,1882 年获文学硕士学位.接着,又获政治学博士学位.历任伦敦大学应用数学系主任、优生学教授、高尔顿实验室主任,并长期兼任《生物统计学杂志》和《优生学年刊》的编辑,英国皇家学会会员.

皮尔逊在统计学方面的贡献卓越:(1)导出一般化的频数曲线体系;(2)提出拟合优度检验;(3)发展了相关和回归理论;(4)重视个体变异性的数量表现和变异数据的处理;(5)推导出统计学上的概差.此外,皮尔逊还发明了一种用于二项分布的器械装置.他对算术平均数、众数、中位数之间的关系也进行了深入的研究.在哲学上,宣扬"人是自然规律的创造者",科学规律是人的认识能力的产物,20 世纪科学革命和哲学革命的先驱,"批判学派"代表人物之一.他的主要著作有:《科学入门》《对进化论的数学贡献,Ⅰ Ⅱ Ⅲ》《关于相关变异体系、离差体系与随机抽样》《17、18 世纪的统计学史,与变化的知识、科学和宗教思想的背景对照》等.

作为一位杰出的科学家,皮尔逊的生活也充满了趣闻轶事.在他大学时期神学还是剑桥大学每个学生的必修课,并且校方要求每个学生都要出席教堂礼拜.皮尔逊虽然醉心宗教,但他强烈反对这样的强制规定.在他不断地据理力争下,校方最终让步,废止了这样的规定.但令校方无比错愕的是,他依旧从无间断地参加神学课和教堂礼拜."我热衷宗教活动,但我坚决捍卫你不参加宗教活动的自由."皮尔逊说.皮尔逊还是一个极其注重自身健康的人.他非常重视身体锻炼和饮食健康,每天都会坚持进行一定量的运动,并注重饮食的搭配和平衡.他认为健康的身体是进行科学研究和创新的基础.

趣味拓展材料 6.3　威廉·戈塞特

威廉·戈塞特(William Sealy Gosset,1876—1937),全名威廉·希利·戈塞特,英国化学家、数学家与统计学家,以笔名"Student"著名.英国现代统计方法发展的先驱,小样本理论研究的先驱,为研究样本分布理论奠定了重要基础,被统计学家誉为统计推断理论发展史上的里程碑.

戈塞特

戈塞出生于英国肯特郡坎特伯雷市,求学于曼彻斯特学院和牛津大学,主要学习化学和数学.1899 年,戈塞进入都柏林的 A.吉尼斯父子酿酒厂,在那里可得到一大堆有关酿造方法、原料(大麦等)特性和成品质量之间的关系的统计数据.提高大麦质量的重要性最终促使他研究农田试验计划,并于1904年写成第一篇报告《误差法则应用》.戈塞是英国现代统计方法发展的先驱,由他导出的统计学 T 检验广泛运用于小样本平均数之间的差别测试.他曾在伦敦大学 K.皮尔逊生物统计学实验室从事研究(1906—1907),对统计理论的最显著贡献是《平均数的机误》(1908).这篇论文阐明,如果是小样本,那么平均数比例对其标准误差的分布不遵循正态曲线.由于吉尼斯酿酒厂的规定禁止戈塞发表关于酿酒过程变化性的研究成果,因此戈塞不得不于1908年以"学生"的笔名发表他的论文,导致该统计被称为"学生的 T 检验".1907—1937 年间,戈塞发表了 22 篇统计学论文,这些论文于 1942 年以《"学生"论文集》为书名重新发行.

趣味拓展材料 6.4　中国概率统计学之父——许宝騄

　　许宝騄(1910—1970),20 世纪最富创造性的统计学家之一,他拉开了中国概率论与数理统计学科研究的帷幕,被公认为在概率论和数理统计方面第一位具有国际声望的中国数学家.1948 年当选为"中央研究院"第一届院士,1955 年当选为中国科学院学部委员(院士).许宝騄主要从事数理统计学和概率论研究,在大数定律理论、参数估计理论、假设检验理论、多元统计分析等方面都取得了卓越成就.

　　1940 年,抗日战争处于最艰难的时候,在英国伦敦大学学院获得双博士学位后的许宝騄,放弃优越的学术环境和生活条件,毅然回国效劳,受聘为北京大学教授,于 1940 年到昆明,在西南联合大学任教.同华罗庚、陈省身被称为西南联大数学系"三杰".他循

许宝騄

循善诱,对学生的指导具体而细致,对学生的读书笔记逐字逐句地修改,甚至错别字和标点也要改正.他批改作业,不但指出正误,而且给出更好的解法.20 世纪 50 年代后他抱病工作,为国家培养新一代数理工作者做出很大贡献,并对马尔可夫过程转多函数的可微性、次序统计量的极限分布等多方面开展研究,并发表了有价值的论文.他的著作主要有《抽样论》《许宝騄论文选集》等.

测 试 题 6

一、填空与选择(每题 4 分)

1. 设 $X_1, X_2, \cdots, X_n$ 是来自总体的一个样本,样本均值 $\overline{X} =$ _____,样本标准差 $S =$ _____；样本方差 $S^2 =$ _____；样本的 k 阶原点矩 $A_k =$ _____；样本的 k 阶中心矩 $B_k =$ _____.

2. 设总体 $X \sim N(\mu, \sigma^2)$,其中 μ 已知,而 σ^2 未知,(X_1, X_2, X_3) 是从总体抽取的一个简单随机样本.指出在 $X_1 + X_2 + X_3, \max\{X_1, X_2, X_3\}, \sum_{i=1}^{3} \dfrac{X_i^2}{\sigma^2}, \dfrac{X_2 - X_1}{3}$ 之中,哪些是统计量,哪些不是统计量,为什么?

3. 从母体中抽得容量为 50 的样本,其频数分布为

观测值 x_i	1	2	3	4	5
频数 m_i	8	12	6	15	9

试计算样本均值及样本方差.

4. 设 $X_1, X_2, \cdots, X_{10}$ 是来自正态总体 $N(\mu, \sigma^2)$ 的样本，$S_{10}^2 = \frac{1}{9} \sum_{i=1}^{10} (X_i - \overline{X})^2$，则 $D(S_{10}^2)$ 的值为_____.

    A. $\frac{1}{3}\sigma^4$ B. $\frac{1}{9}\sigma^4$ C. $\frac{2}{9}\sigma^2$ D. $\frac{2}{9}\sigma^4$

5. 总体 $X \sim N(12, 4)$，今抽取容量为 5 的样本 $X_1, X_2, \cdots, X_5$，则 $P\{\min\{X_1, X_2, \cdots, X_5\} < 10\} = $_____，$P\{\max\{X_1, X_2, \cdots, X_5\} > 15\} = $_____.

二、计算与证明（每题 8 分）

1. 设总体 X 服从正态分布 $N(10, 9)$，今抽取容量为 10 的样本 $X_1, X_2, \cdots, X_{10}$，$\overline{X}$ 为样本均值.(1) 写出 $\overline{X}$ 所服从的分布；(2) 求 $\overline{X}$ 大于 11 的概率.

2. 设 $X_1, X_2, \cdots, X_{10}$ 是总体 X 的样本，若：

(1) X 服从参数为 p 的 0-1 分布；   (2) X 服从参数为 λ 的泊松分布；

(3) X 服从参数为 λ 的指数分布.

分别求 $E(\overline{X}), D(\overline{X})$.

3. 设 $X_1, X_2, \cdots, X_n$ 是来自 $\chi^2(n)$ 分布总体的样本，分布计算 $E(\overline{X})$ 与 $D(\overline{X})$.

4. 设 $X_1, X_2, \cdots, X_8$ 和 $Y_1, Y_2, \cdots, Y_{10}$ 分别是来自独立正态总体 $X \sim N(-1, 4)$ 与 $Y \sim N(2, 5)$ 的样本，S_1^2 与 S_2^2 分别为两样本的方差，试确定服从 $F(7, 9)$ 的统计量.

5. $X_1, X_2, \cdots, X_5$ 是来自 $N(0, 1)$ 的一组样本.

(1) 试确定常数 a, b，使得随机变量 $a(X_1 + X_2)^2 + b(X_3 + X_4 + X_5)^2$ 服从 χ^2 分布，并指出它的自由度；

(2) 试确定常数 c, d 使得随机变量 $c(X_1^2 + X_2^2)/d(X_3 + X_4 + X_5)^2$ 服从 F 分布，并指出它的自由度.

6. 设总体 $X \sim N(40, 5^2)$.(1)抽取容量为 64 的样本，求 $P\{|\overline{X} - 40| < 1\}$；(2)抽取样本容量 n 多大时，才能使概率 $P\{|\overline{X} - 40| < 1\}$ 达到 0.95？

7. 从一正态总体中抽取容量为 10 的样本.假定有 2% 的样本均值与总体均值之差绝对值在 4 以上，求总体的标准差.

8. 设总体 $X \sim N(\mu, \sigma^2)$，$X_1, X_2, \cdots, X_{20}$ 是 X 的样本.求：

(1) $P\left\{10.9 \leqslant \frac{1}{\sigma^2} \sum_{i=1}^{20} (X_i - \mu)^2 \leqslant 37.6\right\}$；(2) $P\left\{11.7 \leqslant \frac{1}{\sigma^2} \sum_{i=1}^{20} (X_i - \overline{X})^2 \leqslant 38.6\right\}$.

9. 设 $X_1, X_2, \cdots, X_n$ 是在 $[a, b]$ 上服从均匀分布的总体 X 的样本，求 $E(\overline{X}), D(\overline{X})$.

10. 查表求出下列各式中的 λ 值：

(1) $P\{\chi^2(15) > \lambda\} = 0.05$；   (2) $P\{\chi^2(20) \leqslant \lambda\} = 0.025$；

(3) $P\{|t(10)| > \lambda\} = 0.1$；   (4) $P\{|t(18)| < \lambda\} = 0.8$；

(5) $P\{F(15, 14) > \lambda\} = 0.05$；   (6) $P\{F(10, 24) \leqslant \lambda\} = 0.01$；

(7) $P\{F(16, 12) > \lambda\} = 0.95$.

第 6 章涉及的考研真题

第7章

参 数 估 计

在现实中,研究对象或总体的概率分布往往是完全未知或不完全知道,数理统计中,统计推断的任务之一是对总体的概率分布以及分布的数字特征等进行估计.例如追踪调查我校去年本科毕业生第一年工作的平均薪资是多少?我们班的概率论与数理统计期末考试成绩的波动性有多大?预测明年我国经济增长率的区间范围等.估计分为两类,一类是**参数估计**(**parameter estimation**),即总体分布类型已知,但其中含有一个或多个未知参数,需要利用样本信息对其进行估计.常用的估计方法包括点估计和区间估计.另一类是非参数估计,即总体的概率分布完全未知.本章只介绍参数估计.

7.1 点估计

点估计的方法主要有频率替换法、矩估计法、极大似然估计、最小二乘估计以及顺序统计量法等,本节主要介绍在经济管理领域使用较为普遍的矩估计法以及极大似然估计法.在介绍估计方法之前首先介绍**点估计**(**point estimation**)的概念.

> **定义 7.1** 假设 θ 为总体 X 的未知参数,$X_1,X_2,\cdots,X_n$ 为取自总体 X 的样本,x_1,$x_2,\cdots,x_n$ 为相应的样本观测值,用统计量 $\hat{\theta}(X_1,X_2,\cdots,X_n)$ 作为 θ 的估计量,即为**点估计量**(**point estimator**).相应地,用统计量的观测值 $\hat{\theta}(x_1,x_2,\cdots,x_n)$ 作为 θ 的估计值,即为**点估计值**(**point estimate**).

在不强调估计量与估计值的区别时,未知参数 θ 的估计量与估计值都记作 $\hat{\theta}$.

7.1.1 矩估计法

矩估计法最初由英国统计学家卡尔·皮尔逊(Karl Pearson)提出,该方法的总体思路为用样本矩代替总体矩得到未知参数的估计量.

设 $X_1,X_2,\cdots,X_n$ 为取自总体 X 容量为 n 的样本,$\theta_1,\theta_2,\cdots,\theta_k$ 为总体 X 的 k 个未知参数(k 为正整数),记 $A_i=\dfrac{1}{n}\sum\limits_{j=1}^{n}X_j^i\,(i=1,2,\cdots,k)$ 为样本 i 阶原点矩,如果总体 X 的前 k 阶原点矩 $a_i=E(X^i)\,(i=1,2,\cdots,k)$ 存在,并且通常它们是 $\theta_1,\theta_2,\cdots,\theta_k$ 的函数,记为

$a_i = E(X^i) = g_i(\theta_1, \theta_2, \cdots, \theta_k)$. 又由辛钦大数定律

$$A_i = \frac{1}{n} \sum_{j=1}^{n} X_j^i \xrightarrow{P} a_i, \quad i = 1, 2, \cdots, k,$$

进一步有

$$g_i(A_1, A_2, \cdots, A_k) \xrightarrow{P} g_i(a_1, a_2, \cdots, a_k),$$

其中，g_i 为连续函数. 则可用样本矩 A_i 近似估计 a_i，用 $g_i(A_1, A_2, \cdots, A_k)$ 近似估计 $g_i(a_1, a_2, \cdots, a_k)$.

具体步骤为：首先用包含待估参数的函数表达总体各阶原点矩

$$\begin{cases} a_1 = g_1(\theta_1, \theta_2, \cdots, \theta_k), \\ a_2 = g_2(\theta_1, \theta_2, \cdots, \theta_k), \\ \quad\quad\quad \vdots \\ a_k = g_k(\theta_1, \theta_2, \cdots, \theta_k). \end{cases}$$

然后解上述方程组，得

$$\begin{cases} \theta_1 = h_1(a_1, a_2, \cdots, a_k), \\ \theta_2 = h_2(a_1, a_2, \cdots, a_k), \\ \quad\quad\quad \vdots \\ \theta_k = h_k(a_1, a_2, \cdots, a_k). \end{cases} \tag{7.1}$$

再用各阶样本原点矩 A_i 代替(7.1)式中的各阶总体原点矩 a_i，得到参数 $\theta_1, \theta_2, \cdots, \theta_k$ 的估计量为

$$\begin{cases} \hat{\theta}_1 = h_1(A_1, A_2, \cdots, A_k), \\ \hat{\theta}_2 = h_2(A_1, A_2, \cdots, A_k), \\ \quad\quad\quad \vdots \\ \hat{\theta}_k = h_k(A_1, A_2, \cdots, A_k). \end{cases}$$

利用上述方法得到的参数的点估计量称为**矩估计量**（**moment estimator**），用样本矩估计相应的总体矩，用样本矩函数估计相应的总体矩函数的方法，称为**矩估计法**（**estimation by the method of moment**）.

例 7.1　设总体 X 服从 $U[0, b]$，b 为未知参数，其概率密度函数为

$$f(x; b) = \begin{cases} \dfrac{1}{b}, & 0 \leqslant x \leqslant b, \\ 0, & \text{其他}, \end{cases}$$

其中，$X_1, X_2, \cdots, X_n$ 为取自 X 的样本，求参数 b 的矩估计量.

解　由 $a_1 = E(X) = \dfrac{b}{2}$，解得 $b = 2E(X)$，则 $\hat{b} = 2\overline{X}$.

例 7.2　设总体 X 的概率密度函数为

$$f(x; b) = \begin{cases} bx^{b-1}, & 0 < x < 1, \\ 0, & \text{其他}, \end{cases}$$

其中,$X_1, X_2, \cdots, X_n$ 为取自 X 的样本,求参数 b 的矩估计量及矩估计值.

解 只有一个待估参数,只需写出一阶总体矩

$$E(X) = \int_0^1 x \cdot bx^{b-1} \mathrm{d}x = b\int_0^1 x^b \mathrm{d}x = \frac{b}{b+1} x^{b+1} \Big|_0^1 = \frac{b}{b+1},$$

解得 $b = \dfrac{E(X)}{1-E(X)}$,则参数 b 的矩估计量为 $\hat{b} = \dfrac{\overline{X}}{1-\overline{X}}$,矩估计值为 $\hat{b} = \dfrac{\overline{x}}{1-\overline{x}}$.

例 7.3 设总体 X 服从 $N(\mu, \sigma^2)$,其中 μ 与 σ^2 为未知参数,$X_1, X_2, \cdots, X_n$ 为取自 X 的样本,求参数 μ 与 σ^2 的矩估计.

解 有两个未知参数,需要写出二阶总体矩

$$\begin{cases} E(X) = \mu, \\ E(X^2) = D(X) + (E(X))^2 = \sigma^2 + \mu^2, \end{cases}$$

解方程组得

$$\begin{cases} \mu = E(X), \\ \sigma^2 = E(X^2) - (E(X))^2. \end{cases}$$

用一阶样本原点矩 $A_1 = \overline{X} = \dfrac{1}{n}\sum_{i=1}^n X_i$ 代替 $E(X)$,二阶样本原点矩 $A_2 = \dfrac{1}{n}\sum_{i=1}^n X_i^2$ 代替 $E(X^2)$,得到参数 μ 与 σ^2 的矩估计为

$$\hat{\mu} = \overline{X} = \frac{1}{n}\sum_{i=1}^n X_i,$$

$$\hat{\sigma}^2 = \frac{1}{n}\sum_{i=1}^n X_i^2 - \left(\frac{1}{n}\sum_{i=1}^n X_i\right)^2 = \frac{1}{n}\sum_{i=1}^n X_i^2 - (\overline{X})^2 = \frac{1}{n}\sum_{i=1}^n (X_i - \overline{X})^2.$$

矩估计法并不要求知道总体分布类型,只需要知道总体原点矩的信息,操作比较简单,但估计结果往往较为粗糙,不是很理想.下面介绍使用较为广泛的另一类估计方法——极大似然估计法.

7.1.2 极大似然估计法

极大似然思想:一个随机试验有若干种可能结果 $A_1, A_2, \cdots, A_n$,而我们只做了一次试验,结果 A_1 发生了,我们认为之所以 A_1 出现,其他结果没出现,是因为 A_1 发生的可能性最大,即 A_1 发生的概率最大导致的,这就是极大似然思想.

在参数估计理论中,该思想体现为,如果对总体的样本 $X_1, X_2, \cdots, X_n$ 进行一次观测,结果样本值 $x_1, x_2, \cdots, x_n$ 出现了,我们认为之所以这组样本值出现,是因为这组样本值出现的可能性最大,即概率最大导致的.借助该思想得到参数估计值的方法称为**极大似然估计法**(maximum likelihood estimate method).该方法由英国统计学家费希尔提出,并探讨了该方法的性质.

下面将对连续型总体与离散型总体分别予以讨论.

1. 连续型总体

设总体 X 的概率密度函数为 $f(x; \theta_1, \theta_2, \cdots, \theta_k)$,其中 $\boldsymbol{\theta} = (\theta_1, \theta_2, \cdots, \theta_k)$ 为未知参

数. $x_1, x_2, \cdots, x_n$ 为样本 $X_1, X_2, \cdots, X_n$ 的一组观测值,样本 $X_1, X_2, \cdots, X_n$ 的联合概率密度函数为 $\prod\limits_{i=1}^{n} f(X_i; \theta)$,则事件 $(X_1 = x_1, X_2 = x_2, \cdots, X_n = x_n)$ 的联合概率密度函数值为 $\prod\limits_{i=1}^{n} f(x_i; \theta)$,它随着 θ 的变化而变化. 由极大似然思想,样本值 $x_1, x_2, \cdots, x_n$ 出现了,是因为这组样本值出现的可能性最大,即概率最大导致的,故使得联合概率密度函数值 $\prod\limits_{i=1}^{n} f(x_i; \theta)$ 最大的 $\hat{\theta}$,即为 θ 的极大似然估计值. 将 $\prod\limits_{i=1}^{n} f(x_i; \theta)$ 看成 θ 的函数,记为

$$L(\theta) = L(x_1, x_2, \cdots, x_n; \theta) = \prod_{i=1}^{n} f(x_i; \theta),$$

称 $L(\theta)$ 为似然函数.

使 $L(\theta)$ 最大的 $\hat{\theta}$ 即为 θ 的极大似然估计值,即我们关心的是 $L(\theta)$ 的极值点,而非极值. 先对 $L(\theta)$ 取对数,得到 $\ln L(\theta)$,称为对数似然函数;然后通过求导,得到驻点,即可通过求解下面的方程

$$\frac{\partial \ln L(\theta)}{\partial \theta_i} = 0, \quad i = 1, 2, \cdots, k.$$

上式称为对数似然方程. 解得 θ 的**极大似然估计值**(maximum likelihood estimate),记作 $\hat{\theta} = \hat{\theta}(x_1, x_2, \cdots, x_n)$,而 $\hat{\theta} = \hat{\theta}(X_1, X_2, \cdots, X_n)$ 称为 θ 的**极大似然估计量**(maximum likelihood estimator).

2. 离散型总体

若总体 X 为离散型,其概率分布为 $P\{X = x\} = p(x; \theta_1, \theta_2, \cdots, \theta_k)$,其中 $\theta = (\theta_1, \theta_2, \cdots, \theta_k)$ 为未知参数. $x_1, x_2, \cdots, x_n$ 为样本 $X_1, X_2, \cdots, X_n$ 的一组观测值,样本 $X_1, X_2, \cdots, X_n$ 的联合分布律为 $\prod\limits_{i=1}^{n} p(x_i; \theta)$,即此时的似然函数为

$$L(\theta) = L(x_1, x_2, \cdots, x_n; \theta) = \prod_{i=1}^{n} p(x_i; \theta)$$

对 $L(\theta)$ 取对数得到对数似然函数 $\ln L(\theta)$,求使 $\ln L(\theta)$ 最大的 $\hat{\theta}$ 即为 θ 的极大似然估计值,后续过程同连续型.

综上,当已知总体 X 的分布,求解未知参数的极大似然估计步骤为:

(1) 利用已知分布,写出似然函数: $\prod\limits_{i=1}^{n} f(x_i; \theta)$(连续型), $\prod\limits_{i=1}^{n} p(x_i; \theta)$(离散型);

(2) 求对数似然函数 $\ln L(\theta)$;

(3) 建立似然方程(或似然方程组): $\dfrac{d \ln L(\theta)}{d\theta} = 0$(一个参数)或 $\dfrac{\partial \ln L(\theta)}{\partial \theta_i} = 0$(多个参数).

求解上述似然方程,解出驻点并判断是否为极大值点,得到参数 θ 的极大似然估计值,进而得到极大似然估计量.

注　当无法建立似然方程时,利用极大似然思想直接寻找使 $\ln L(\theta)$ 最大的 $\hat{\theta}$,即为 θ 的极大似然估计值.

例 7.4 设某电子元件失效的时间服从参数为 λ 的指数分布,现从中抽取 n 个元件,测得其失效时间为 $x_1, x_2, \cdots, x_n$,试求 λ 的极大似然估计值.

解 指数分布的概率密度函数为

$$f(x;\lambda) = \begin{cases} \lambda e^{-\lambda x}, & x \geqslant 0, \\ 0, & x < 0, \end{cases}$$

似然函数

$$L(\lambda) = \prod_{i=1}^{n} \lambda e^{-\lambda x_i} = \lambda^n e^{-\lambda \sum\limits_{i=1}^{n} x_i},$$

取对数得对数似然函数

$$\ln L(\lambda) = n \ln \lambda - \lambda \sum_{i=1}^{n} x_i.$$

关于 λ 求导数并令其为零得似然方程

$$\frac{\mathrm{d} \ln L(\lambda)}{\mathrm{d} \lambda} = \frac{n}{\lambda} - \sum_{i=1}^{n} x_i = 0,$$

解似然方程得

$$\hat{\lambda} = \frac{n}{\sum\limits_{i=1}^{n} x_i} = \frac{1}{\bar{x}}.$$

例 7.5 设总体 X 服从参数为 p 的 0-1 分布,p 为未知参数,$X_1, X_2, \cdots, X_n$ 为取自该总体的一组样本,$x_1, x_2, \cdots, x_n$ 为样本 $X_1, X_2, \cdots, X_n$ 的一组观测值,试求参数 p 的极大似然估计值及极大似然估计量.

解 X 的分布律为

$$P\{X = k\} = p^k (1-p)^{1-k}, \quad k = 0, 1.$$

由 $x_1, x_2, \cdots, x_n$ 为样本 $X_1, X_2, \cdots, X_n$ 的一组观测值,则似然函数为

$$L(p) = \prod_{i=1}^{n} P\{X = x_i\} = \prod_{i=1}^{n} p^{x_i} (1-p)^{1-x_i} = p^{\sum\limits_{i=1}^{n} x_i} (1-p)^{n - \sum\limits_{i=1}^{n} x_i},$$

取对数得对数似然函数为

$$\ln L(p) = \sum_{i=1}^{n} x_i \ln p + \left(n - \sum_{i=1}^{n} x_i\right) \ln(1-p).$$

关于 p 求导数并令其为零得似然方程

$$\frac{\mathrm{d} \ln L(p)}{\mathrm{d} p} = \frac{1}{p} \sum_{i=1}^{n} x_i - \frac{1}{1-p}\left(n - \sum_{i=1}^{n} x_i\right) = 0,$$

解得

$$\hat{p} = \frac{1}{n} \sum_{i=1}^{n} x_i = \bar{x}.$$

即参数 p 的极大似然估计值为 $\hat{p} = \dfrac{1}{n} \sum\limits_{i=1}^{n} x_i = \bar{x}$,极大似然估计量为 $\hat{p} = \dfrac{1}{n} \sum\limits_{i=1}^{n} X_i = \bar{X}$.

例7.6 设工厂生产的某批产品与规定标准的偏差服从 $N(\mu,\sigma^2)$,其中 μ 与 σ^2 未知,随机抽取 n 个产品,测得其偏差为 $x_1,x_2,\cdots,x_n$,试求 μ 与 σ^2 的极大似然估计.

解 正态分布的概率密度函数为

$$f(x;\mu,\sigma^2)=\frac{1}{\sqrt{2\pi}\sigma}e^{-\frac{(x-\mu)^2}{2\sigma^2}},$$

似然函数为

$$L(\mu,\sigma^2)=\prod_{i=1}^{n}\frac{1}{\sqrt{2\pi}\sigma}e^{-\frac{(x_i-\mu)^2}{2\sigma^2}}=(2\pi\sigma^2)^{-\frac{n}{2}}e^{-\frac{\sum\limits_{i=1}^{n}(x_i-\mu)^2}{2\sigma^2}},$$

取对数,得

$$\ln L(\mu,\sigma^2)=-\frac{n}{2}\ln(2\pi\sigma^2)-\frac{1}{2\sigma^2}\sum_{i=1}^{n}(x_i-\mu)^2.$$

分别对 μ 与 σ^2 求偏导数并令其为零得似然方程组

$$\begin{cases}\dfrac{\partial\ln L(\mu,\sigma^2)}{\partial\mu}=\dfrac{1}{\sigma^2}\sum\limits_{i=1}^{n}(x_i-\mu)=0,\\[3mm]\dfrac{\partial\ln L(\mu,\sigma^2)}{\partial\sigma^2}=-\dfrac{n}{2\sigma^2}+\dfrac{1}{2\sigma^4}\sum\limits_{i=1}^{n}(x_i-\mu)=0,\end{cases}$$

解得 μ 与 σ^2 的极大似然估计值为

$$\hat{\mu}=\bar{x},\quad \hat{\sigma}^2=\frac{1}{n}\sum_{i=1}^{n}(x_i-\bar{x})^2.$$

注:正态分布参数的极大似然估计的结果与矩估计的结果一致.

例7.7 设总体 X 服从 $[a,b]$ 上的均匀分布,试求 a,b 的极大似然估计量.

解 似然函数为

$$L(a,b)=\prod_{i=1}^{n}\frac{1}{b-a}=\frac{1}{(b-a)^n},$$

取对数得对数似然函数

$$\ln L(a,b)=-n\ln(b-a),$$

关于 a,b 求偏导数得

$$\begin{cases}\dfrac{\partial\ln L(a,b)}{\partial a}=\dfrac{n}{b-a}>0,\\[3mm]\dfrac{\partial\ln L(a,b)}{\partial b}=-\dfrac{n}{b-a}<0,\end{cases}$$

显然,两个偏导数都不能等于 0,故不存在驻点. 此时,我们要考虑边界上的点,由于似然函数关于 a 单调递增,关于 b 单调递减,且 $a\leqslant X_1,X_2,\cdots,X_n\leqslant b$,故得 a,b 的极大似然估计量为

$$\hat{a}=\min\{X_i\},\quad \hat{b}=\max\{X_i\}.$$

极大似然估计有一个很好的性质,即极大似然估计的不变性:若 $\hat{\theta}$ 为 θ 的极大似然估计,$g(\cdot)$ 为一一对应的连续函数,则 $g(\hat{\theta})$ 为 $g(\theta)$ 的极大似然估计.例如在例 7.6 中,σ^2 的

极大似然估计 $\hat{\sigma}^2 = \dfrac{1}{n}\sum_{i=1}^{n}(x_i - \bar{x})^2$，而 $\sigma = \sqrt{\sigma^2}$ 是一一对应的连续函数. 因此 $\hat{\sigma} = $

$\sqrt{\dfrac{1}{n}\sum_{i=1}^{n}(x_i - \bar{x})^2}$ 是标准差 σ 的最大似然估计.

习题 7.1

（A）

1. 设总体 X 的概率分布律为 $P\{X = k\} = \dfrac{1}{p}, k = 1, 2, \cdots, p$，试求未知参数 p 的矩估计量.

2. 设总体 X 服从二项分布 $B(m, p)$，$X_1, X_2, \cdots, X_n$ 为总体的一组样本，试求未知参数 p 的极大似然估计.

3. 设总体 $X \sim U(a, b)$，其中 a, b 为未知参数，$X_1, X_2, \cdots, X_n$ 为取自 X 的简单随机样本，求 a, b 的矩估计.

4. 设总体 X 服从参数为 λ 的泊松分布，其中参数 λ 未知，$X_1, X_2, \cdots, X_n$ 为来自 X 的简单随机样本，求 λ 的极大似然估计.

5. 从铆钉生产线上随机抽取 8 只铆钉，测得其头部直径（单位：mm）分别为：13.30，13.38，13.40，13.43，13.32，13.48，13.54，13.31，试求总体均值 $E(X)$，总体方差 $D(X)$ 以及标准差 $\sqrt{D(X)}$ 的矩估计值.

（B）

1. 设总体 X 的概率分布为

X	0	1	2	3
p	θ^2	$2\theta(1-\theta)$	θ^2	$1-2\theta$

其中 $\theta\left(0 < \theta < \dfrac{1}{2}\right)$ 是未知参数，利用总体 X 的如下样本值：3，1，3，0，3，1，2，3，求 θ 的矩估计值.

2. 设总体 X 的概率密度函数为

$$f(x; \theta) = \begin{cases} \theta e^{-\theta x} (\theta > 0), & x \geqslant 0, \\ 0, & x < 0, \end{cases}$$

现从总体 X 中随机抽取容量为 10 的样本，并得到样本一组观测值为

$$1050, 1100, 1080, 1200, 1300, 1250, 1340, 1060, 1150, 1150.$$

试求未知参数 θ 的极大似然估计值.

3. 设 $X_1, X_2, \cdots, X_n$ 为取自总体 X 的一组样本，X 的概率密度函数为

$$f(x; \theta) = \begin{cases} e^{-(x-\theta)}, & x \geqslant \theta, \\ 0, & \text{其他}, \end{cases}$$

其中 $\theta > 0$ 未知,试求 θ 的矩估计值和极大似然估计值.

4. 设总体 X 服从含有两个参数的指数分布,其概率密度函数为

$$f(x;\theta,\lambda) = \begin{cases} \dfrac{1}{\lambda}\mathrm{e}^{-\frac{1}{\lambda}(x-\theta)} \ (\lambda > 0), & x \geqslant \theta, \\ 0, & \text{其他}. \end{cases}$$

$X_1, X_2, \cdots, X_n$ 为取自 X 的简单随机样本,求未知参数 λ, θ 的矩估计值.

5. 设 $X_1, X_2, \cdots, X_n$ 为总体 X 的一个样本,总体 X 的概率密度函数为

$$f(x;\theta,\mu) = \begin{cases} \dfrac{1}{\theta}\mathrm{e}^{-\frac{x-\mu}{\theta}} \ (\theta > 0), & x \geqslant \mu, \\ 0, & \text{其他}. \end{cases}$$

求 θ 和 μ 的矩估计值和极大似然估计值.

7.2　点估计量的评选标准

点估计的优势在于能够给出待估参数的具体数值,作为经济决策的具体数量依据. 比如,某企业通过计算得到该季度商品销售额的估计值,可将其作为生产部门与采购部门制定具体实施计划的依据. 但点估计也存在不足之处,没能提供估计值的可靠度等信息.

对同一未知参数进行参数估计,利用不同方法可得到不同的估计量,但哪个估计量更准确呢? 因而需要给出参数估计好坏的标准. 数学家高斯(Gauss)与马尔可夫(Markov, 1856—1922)给出了评价标准,主要有无偏性、有效性及相合性(一致性)等.

7.2.1　无偏性

定义 7.2　设 $\hat{\theta}(X_1, X_2, \cdots, X_n)$ 为参数 θ 的点估计量,若有 $E(\hat{\theta}) = \theta$,则称 $\hat{\theta}$ 为 θ 的**无偏估计量**(unbiased estimator).

$\hat{\theta}$ 作为参数 θ 的点估计量,为随机变量,其取值可能大于参数真值 θ ,也可能小于参数真值 θ ,无偏估计量要求估计量在平均的意义上等于参数真值 θ .

例 7.8　设 $X_1, X_2, \cdots, X_n$ 为总体 X 的一组样本,证明:

(1) 样本均值 $\overline{X} = \dfrac{1}{n}\sum_{i=1}^{n}X_i$ 是总体期望 $E(X)$ 的无偏估计;

(2) 样本方差 $S^2 = \dfrac{1}{n-1}\sum_{i=1}^{n}(X_i - \overline{X})^2$ 是总体方差 $D(X)$ 的无偏估计;

(3) 样本二阶中心矩 $B_2 = \dfrac{1}{n}\sum_{i=1}^{n}(X_i - \overline{X})^2$ 是总体方差 $D(X)$ 的有偏估计.

证　(1) 由 $E(\overline{X}) = E\left(\dfrac{1}{n}\sum_{i=1}^{n}X_i\right) = \dfrac{1}{n}\sum_{i=1}^{n}E(X_i) = \dfrac{1}{n}\sum_{i=1}^{n}E(X) = E(X)$ 可知,$\overline{X} = \dfrac{1}{n}\sum_{i=1}^{n}X_i$ 是总体期望 $E(X)$ 的无偏估计;

(2) 由 $S^2 = \dfrac{1}{n-1}\left(\displaystyle\sum_{i=1}^{n} X_i^2 - n\overline{X}^2\right)$，有

$$E(S^2) = \frac{1}{n-1}E\left(\sum_{i=1}^{n} X_i^2 - n\overline{X}^2\right) = \frac{1}{n-1}E\left(\sum_{i=1}^{n} X_i^2\right) - \frac{n}{n-1}E(\overline{X}^2)$$

$$= \frac{1}{n-1}\sum_{i=1}^{n}E(X_i^2) - \frac{n}{n-1}E(\overline{X}^2) = \frac{1}{n-1}\sum_{i=1}^{n}E(X^2) - \frac{n}{n-1}E(\overline{X}^2)$$

$$= \frac{n}{n-1}[E(X^2) - E(\overline{X}^2)] = \frac{n}{n-1}[D(X) + (E(X))^2 - D(\overline{X}) - (E(\overline{X}))^2]$$

$$= \frac{n}{n-1}\left[D(X) + (E(X))^2 - \frac{D(X)}{n} - (E(X))^2\right] = D(X).$$

可知，样本方差 S^2 是总体方差 $D(X)$ 的无偏估计.

(3) 由 $B_2 = \dfrac{n-1}{n}S^2$ 得到 $E(B_2) = \dfrac{n-1}{n}E(S^2) = \dfrac{n-1}{n}D(X) < D(X)$，所以二阶样本中心矩 B_2 是总体方差 $D(X)$ 的有偏估计.

注 若 $\hat{\theta}$ 是 θ 的无偏估计，$g(\cdot)$ 是连续函数，一般不能推出 $g(\hat{\theta})$ 是 $g(\theta)$ 的无偏估计. 如样本标准差 $S = \sqrt{\dfrac{1}{n-1}\displaystyle\sum_{i=1}^{n}(X_i - \overline{X})^2}$ 不是总体标准差 $\sqrt{D(X)}$ 的无偏估计量.

对于参数 θ，如果 $\hat{\theta}_1$ 与 $\hat{\theta}_2$ 均为其无偏估计量，则需要定义第二个标准——有效性来比较优劣.

7.2.2 有效性

定义 7.3 若 $\hat{\theta}_1$ 与 $\hat{\theta}_2$ 均为 θ 的无偏估计量，但 $D(\hat{\theta}_1) < D(\hat{\theta}_2)$，则称 $\hat{\theta}_1$ 比 $\hat{\theta}_2$ 有效.

在同为无偏估计的条件下，若 $\hat{\theta}_1$ 比 $\hat{\theta}_2$ 有效，则意味着 $\hat{\theta}_1$ 与 θ 的平均偏离比 $\hat{\theta}_2$ 与 θ 的平均偏离小，即准确度更高.

例 7.9 设 $X_1, X_2, \cdots, X_n$ 为总体 X 的一组样本，且总体期望 $E(X) = \mu$，总体方差 $D(X) = \sigma^2$，试比较两个估计量 $\overline{X} = \dfrac{1}{n}\displaystyle\sum_{i=1}^{n} X_i$ 与 $\hat{X} = \dfrac{1}{k}\displaystyle\sum_{i=1}^{k} X_i$（其中 $k < n$）的优劣.

解 由于

$$E(\overline{X}) = E\left(\frac{1}{n}\sum_{i=1}^{n} X_i\right) = \frac{1}{n}\sum_{i=1}^{n}E(X_i) = \frac{1}{n}\sum_{i=1}^{n}E(X) = E(X),$$

$$E(\hat{X}) = E\left(\frac{1}{k}\sum_{i=1}^{k} X_i\right) = \frac{1}{k}\sum_{i=1}^{k}E(X_i) = \frac{1}{k}\sum_{i=1}^{k}E(X) = E(X),$$

可知 $\overline{X}$ 与 $\hat{X}$ 均为总体期望 $E(X)$ 的无偏估计. 然而

$$D(\overline{X}) = D\left(\frac{1}{n}\sum_{i=1}^{n} X_i\right) = \frac{1}{n^2}\sum_{i=1}^{n}D(X_i) = \frac{1}{n^2}\sum_{i=1}^{n}D(X) = \frac{D(X)}{n},$$

$$D(\hat{X}) = D\left(\frac{1}{k}\sum_{i=1}^{k} X_i\right) = \frac{1}{k^2}\sum_{i=1}^{k}D(X_i) = \frac{1}{k^2}\sum_{i=1}^{k}D(X) = \frac{D(X)}{k}.$$

所以，$D(\overline{X}) < D(\hat{X})$，则 $\overline{X}$ 比 $\hat{X}$ 更有效. 由此可知 $\overline{X}$ 优于 $\hat{X}$.

注 在实际问题中，某企业对出厂产品规格进行估计，选择更多产品的均值作为实际产品规格平均值的估计更好.

7.2.3 相合性（一致性）

定义7.4 设 $\hat{\theta}(X_1, X_2, \cdots, X_n)$ 为参数 θ 的点估计量，若对于任意 $\varepsilon > 0$，均有 $\lim\limits_{n \to \infty} P(|\hat{\theta}(X_1, X_2, \cdots, X_n) - \theta| < \varepsilon) = 1$，则称 $\hat{\theta}(X_1, X_2, \cdots, X_n)$ 为 θ 的相合估计量（一致估计量）（consistent estimator）.

例如，设 $X_1, X_2, \cdots, X_n$ 为总体 X 的一组样本，且总体期望 $E(X) = \mu$，由大数定律，对于任意 $\varepsilon > 0$，均有 $\lim\limits_{n \to \infty} P\left(\left|\dfrac{1}{n}\sum\limits_{i=1}^{n} X_i - \mu\right| < \varepsilon\right) = 1$，则 $\overline{X} = \dfrac{1}{n}\sum\limits_{i=1}^{n} X_i$ 为总体期望 μ 的相合估计（一致估计）.

注 相合性是在 $n \to \infty$ 的条件下定义的，是估计量的大样本性质，即适用于大样本情形，而无偏性和有效性是估计量的小样本性质.

习题 7.2

（A）

1. 设 X_1, X_2 是总体 X 的一组样本，$E(X) = \mu$，$D(X) = \sigma^2$，μ 的三个估计量分别为：$\hat{\mu}_1 = \dfrac{1}{4}X_1 + \dfrac{3}{4}X_2$，$\hat{\mu}_2 = \dfrac{1}{6}X_1 + \dfrac{5}{6}X_2$，$\hat{\mu}_3 = 3X_1 - 2X_2$，判断 $\hat{\mu}_1, \hat{\mu}_2, \hat{\mu}_3$ 的无偏性和有效性.

2. 比较总体期望 $E(X)$ 的两个无偏估计 $\overline{X} = \dfrac{1}{n}\sum\limits_{i=1}^{n} X_i$ 与 $\hat{X} = \sum\limits_{i=1}^{n} a_i X_i$（其中 $\sum\limits_{i=1}^{n} a_i = 1$）的有效性.

3. 设 $X_1, X_2, \cdots, X_n (n \geq 2)$ 为总体 X 的一组样本，$X \sim B(m, p)$，其中 p 为未知参数，证明：

(1) $\hat{p}_1 = \dfrac{X_i}{m}(i = 1, 2, \cdots, n)$ 与 $\hat{p}_2 = \dfrac{\overline{X}}{m}$ 均是 p 的无偏估计量；

(2) $\hat{p}_2$ 比 $\hat{p}_1$ 更有效.

4. 设 $X_1, X_2, \cdots, X_n$ 为总体 X 的一组样本，且总体期望存在，问 b 为何值时，$\hat{X} = \dfrac{1}{2021}X_1 + bX_2$ 为总体期望的无偏估计.

5. 设 $X_1, X_2, \cdots, X_n$ 是来自总体 $X \sim N(\mu, \sigma^2)$ 的样本，试求当常数 C 为何值时，$\sum\limits_{i=1}^{n-1} C(X_{i+1} - X_i)^2$ 为 σ^2 的无偏估计.

（B）

1. 设总体 $X \sim N(\mu, \sigma^2)$，其中 μ 和 σ 未知，$X_1, X_2, \cdots, X_n$ 为总体 X 的一组样本，试求 k 为何值时，$\hat{\sigma} = k \sum\limits_{i=1}^{n} |X_i - \overline{X}|$ 是 σ 的无偏估计.

2. 设 $X_1, X_2, \cdots, X_n$ 为总体 X 的一组样本，$E(X) = \mu, D(X) = \sigma^2$，试确定常数 c 使得 $(\overline{X})^2 - cS^2$ 为 μ^2 的无偏估计量.

3. 设 $\hat{\theta}$ 是 θ 的无偏估计量，证明：$\hat{\theta}$ 为 θ 的一致估计量的充分必要条件是 $\lim\limits_{n \to \infty} D(\hat{\theta}) = 0$.

4. 设总体 $X \sim N(\mu, \sigma^2)$，$X_1, X_2, \cdots, X_n$ 为总体 X 的一组样本，证明 S^2 是 σ^2 的一致估计量.

5. 设总体 X 的概率密度函数为

$$f(x) = \begin{cases} \dfrac{2x}{\theta^2}, & 0 < x < \theta, \\ 0, & \text{其他}, \end{cases}$$

其中 $X_1, X_2, \cdots, X_n$ 为总体 X 的一组样本.

（1）求 θ 的矩估计量；（2）判断 θ 的无偏性；（3）判断 θ 的一致性.

7.3　一个正态总体参数的区间估计

前面两节讨论了参数的点估计，利用点估计对参数进行估计简单明了，能够给出待估参数的精确值.但有的时候，误差可能会很大，比如经济学家在对当年经济增长进行预测的时候，往往会给出一个区间，而不会是某一个具体的数值.再如，对某企业年利润或金融市场股票指数进行估计时，往往给出一个范围，而非某个数值.这种以区间包含待估参数的形式，称为**区间估计**（interval estimate）.

7.3.1　区间估计的概念

> **定义 7.5**　设 $X_1, X_2, \cdots, X_n$ 为总体 X 的一组样本，θ 为总体 X 的待估参数，若对于给定概率 α，存在统计量 $\hat{\theta}_1 = \hat{\theta}_1(X_1, X_2, \cdots, X_n)$ 与 $\hat{\theta}_2 = \hat{\theta}_2(X_1, X_2, \cdots, X_n)$，使得
> $$P\{\hat{\theta}_1 < \theta < \hat{\theta}_2\} = 1 - \alpha,$$
> 则称随机区间 $(\hat{\theta}_1, \hat{\theta}_2)$ 为参数 θ 的**置信度**（confidence level）为 $1 - \alpha$ 的**置信区间**（confidence interval），$\hat{\theta}_1$ 称为**置信下限**（confidence lower limit），$\hat{\theta}_2$ 称为**置信上限**（confidence upper limit）.

注　（1）置信度也称为置信水平，其含义为对于样本的一组观测值，相应地得到区间 $(\hat{\theta}_1, \hat{\theta}_2)$，该区间包含参数真值 θ 的概率为 $1 - \alpha$，不包含参数真值 θ 的概率为 α，即区间以 $1 - \alpha$ 的可靠性包含真值，$1 - \alpha$ 越大，可靠性越高.

（2）置信区间的区间长度反映了精确度，区间长度越小，精度越高，反之，精度越低.

　　我们常将确定未知参数区间估计的过程比作渔网捕鱼,而把点估计比作鱼叉叉鱼,用渔网捕鱼一定比用鱼叉叉鱼成功的概率大很多.那么捕鱼的过程即可描述为先定位,后撒网.而对于具体的未知参数 θ 的估计,首先应确定 θ 的大致取值,即通过点估计方法得到点估计量 $\hat{\theta}$,然后以 $\hat{\theta}$ 为中心,构造区间 $(\hat{\theta}-\Delta_1,\hat{\theta}+\Delta_1)$,即得到 θ 的区间估计.

　　由于在实际经济问题中,正态分布是最常见的分布,下文将重点探讨当总体服从正态分布时,其均值和方差的区间估计问题.

7.3.2　正态总体均值的区间估计

　　设总体 $X\sim N(\mu,\sigma^2)$,$X_1,X_2,\cdots,X_n$ 为总体 X 的一组样本,求总体期望 μ 的置信度为 $1-\alpha$ 的置信区间.

1. 方差 σ^2 已知

　　因为 $X\sim N(\mu,\sigma^2)$,则有 $U=\dfrac{\overline{X}-\mu}{\dfrac{\sigma}{\sqrt{n}}}\sim N(0,1)$,标准正态分布是以 y 轴为对称轴的对称分布,因此,若给定 α 水平,有

$$P\left\{\left|\frac{\overline{X}-\mu}{\frac{\sigma}{\sqrt{n}}}\right|\leqslant u_{\frac{\alpha}{2}}\right\}=1-\alpha.$$

进一步,有

$$P\left\{\overline{X}-u_{\frac{\alpha}{2}}\frac{\sigma}{\sqrt{n}}\leqslant\mu\leqslant\overline{X}+u_{\frac{\alpha}{2}}\frac{\sigma}{\sqrt{n}}\right\}=1-\alpha,$$

得到期望 μ 的置信度为 $1-\alpha$ 的置信区间为

$$\left[\overline{X}-u_{\frac{\alpha}{2}}\frac{\sigma}{\sqrt{n}},\ \overline{X}+u_{\frac{\alpha}{2}}\frac{\sigma}{\sqrt{n}}\right],$$

其中,$u_{\frac{\alpha}{2}}$ 为标准正态分布的上侧 $\dfrac{\alpha}{2}$ 水平的分位数,n 为样本容量,$\overline{X}$ 为样本均值,σ 为标准差.

　　注　(1) 置信区间不唯一.如 $\alpha=0.05$,则 $1-\alpha=0.95$,那么 $\left[\overline{X}-u_{0.025}\dfrac{\sigma}{\sqrt{n}},\overline{X}+u_{0.025}\dfrac{\sigma}{\sqrt{n}}\right]$ 及 $\left[\overline{X}-u_{0.01}\dfrac{\sigma}{\sqrt{n}},\overline{X}+u_{0.01}\dfrac{\sigma}{\sqrt{n}}\right]$ 等均可作为置信区间.

　　(2) 置信区间常取对称区间.对于概率密度函数为对称分布的总体,其置信区间常取对称区间,原因是在相同置信度下对称区间长度最短,比如标准正态分布,t 分布等.对于非对称的 χ^2 分布,F 分布等也通常习惯上取对称区间.

　　(3) 置信度与置信区间长度的关系.当样本容量 n 固定,置信度 $1-\alpha$ 越大,α 越小,则 $u_{\frac{\alpha}{2}}$ 就越大,则区间长度 $L=2u_{\frac{\alpha}{2}}\dfrac{\sigma}{\sqrt{n}}$ 越大,估计精度越低;反之,置信度 $1-\alpha$ 越小,α 越大,则 $u_{\frac{\alpha}{2}}$ 就越小,则区间长度 $L=2u_{\frac{\alpha}{2}}\dfrac{\sigma}{\sqrt{n}}$ 越小,估计精度越高.

例 7.10　某保险公司投保人的年龄服从 $N(\mu,\sigma^2)$,其中 μ 未知,$\sigma^2=9$,现从投保人中随机抽取 36 名构成一组样本,得到具体年龄(周岁)如下:

32,50,40,24,33,44,45,48,44,47,31,36,39,46,45,39,38,45,

27,43,54,36,34,48,23,36,42,34,39,34,35,42,53,28,49,39.

试计算投保人的平均年龄,并在 95% 置信度下构建总体平均年龄的置信区间.

解　由样本数据计算得到样本的平均年龄 $\bar{x}=39.5$,查标准正态分布函数表得 $u_{0.025}=1.96$,则 $u_{\frac{\alpha}{2}}\dfrac{\sigma}{\sqrt{n}}=1.96\times\dfrac{\sqrt{9}}{\sqrt{36}}=1.96\times\dfrac{1}{2}=0.98$,于是得到 μ 的 95% 置信区间为

$$[39.5-0.98,39.5+0.98]=[38.52,40.48],$$

即能够以 95% 的把握保证该保险公司投保人总体平均年龄在 38.52 与 40.48 周岁之间.

2. 方差 σ^2 未知

当方差 σ^2 未知,人们自然想到要用样本方差 S^2 替代 σ^2,由定理 6.3 得到 T 统计量,即

$$T=\frac{\bar{X}-\mu}{\dfrac{S}{\sqrt{n}}}\sim t(n-1).$$

对于给定的 α 水平,由 t 分布的双侧分位数,可得

$$P\left\{\left|\frac{\bar{X}-\mu}{\dfrac{S}{\sqrt{n}}}\right|>t_{\frac{\alpha}{2}}(n-1)\right\}=\alpha,$$

即

$$P\left\{-t_{\frac{\alpha}{2}}(n-1)\leqslant\frac{\bar{X}-\mu}{\dfrac{S}{\sqrt{n}}}\leqslant t_{\frac{\alpha}{2}}(n-1)\right\}=1-\alpha,$$

故有

$$P\left\{\bar{X}-t_{\frac{\alpha}{2}}(n-1)\frac{S}{\sqrt{n}}\leqslant\mu\leqslant\bar{X}+t_{\frac{\alpha}{2}}(n-1)\frac{S}{\sqrt{n}}\right\}=1-\alpha,$$

从而 μ 的置信度为 $1-\alpha$ 的置信区间为

$$\left[\bar{X}-t_{\frac{\alpha}{2}}(n-1)\frac{S}{\sqrt{n}},\bar{X}+t_{\frac{\alpha}{2}}(n-1)\frac{S}{\sqrt{n}}\right].$$

例 7.11　某企业主管部门需了解某项技能培训所需平均时间,已知员工培训所需时间服从 $N(\mu,\sigma^2)$,其中 μ 与 σ^2 均未知,从经历过培训的员工中随机抽取 17 名组成一组样本,得知员工培训天数如下:

51,47,55,46,50,57,50,54,56,54,57,56,56,59,60,57,53.

试求总体均值 μ 的 90% 的置信区间.

解　由样本数据可计算

$$\bar{x}=\frac{1}{17}(51+47+55+46+50+57+50+54+56+54+57+$$

$$56+56+59+60+57+53)=54,$$

$$s^2 = \frac{1}{17-1}\sum_{i=1}^{17}(x_i-\bar{x})^2 = \frac{1}{16}\Big(\sum_{i=1}^{17}x_i^2-17\bar{x}^2\Big) = 16,$$

而 $n=17$，查 t 分布双侧分位数函数表，得 $t_{\frac{\alpha}{2}}(n-1) = t_{0.05}(16) = 1.74588$，则

$$t_{\frac{\alpha}{2}}(n-1)\frac{s}{\sqrt{n}} = 1.74588\times\frac{\sqrt{16}}{\sqrt{17}} = 1.74588\times0.9701425 \approx 1.6938,$$

于是得到 μ 的 90% 置信区间为 $[54-1.6938,54+1.6938]$，即能够以 90% 的把握保证该部门员工接受培训所需时间平均在 52.306 天与 55.694 天之间.

7.3.3 正态总体方差的区间估计（μ 未知）

实际经济问题中，往往需要确定精度和稳定性. 比如在购买股票前需要估计这只股票的风险，即波动. 在购买理财产品前，要注意其风险，这就需要对总体的方差进行估计，即需要给出方差的置信区间.

通常情况下总体期望 μ 未知，故只讨论当 μ 未知时总体方差 σ^2 的置信区间估计.

设总体 $X\sim N(\mu,\sigma^2)$，$X_1,X_2,\cdots,X_n$ 为总体 X 的一组样本，由定理 6.2 知

$$\frac{n-1}{\sigma^2}S^2 \sim \chi^2(n-1),$$

对给定 α 水平，由 χ^2 分布的分位数，存在数 λ_1 与 λ_2，使

$$P\Big\{\lambda_1\leqslant\frac{(n-1)S^2}{\sigma^2}\leqslant\lambda_2\Big\} = 1-\alpha,$$

即

$$P\Big\{\chi^2_{1-\frac{\alpha}{2}}\leqslant\frac{(n-1)S^2}{\sigma^2}\leqslant\chi^2_{\frac{\alpha}{2}}\Big\} = 1-\alpha.$$

进一步

$$P\Big\{\frac{(n-1)S^2}{\chi^2_{\frac{\alpha}{2}}(n-1)}\leqslant\sigma^2\leqslant\frac{(n-1)S^2}{\chi^2_{1-\frac{\alpha}{2}}(n-1)}\Big\} = 1-\alpha,$$

于是，方差 σ^2 的置信度为 $1-\alpha$ 的置信区间为

$$\Big[\frac{(n-1)S^2}{\chi^2_{\frac{\alpha}{2}}(n-1)},\frac{(n-1)S^2}{\chi^2_{1-\frac{\alpha}{2}}(n-1)}\Big],$$

标准差 σ 的置信度为 $1-\alpha$ 的置信区间为

$$\Big[\sqrt{\frac{(n-1)S^2}{\chi^2_{\frac{\alpha}{2}}(n-1)}},\sqrt{\frac{(n-1)S^2}{\chi^2_{1-\frac{\alpha}{2}}(n-1)}}\Big].$$

例 7.12 已知某机器零部件的长度 $X\sim N(\mu,\sigma^2)$，μ 与 σ^2 均未知，现从这批零部件中抽取 9 个，测得长度（单位：cm）分别为

$$7.3,\quad 7.1,\quad 6.6,\quad 6.2,\quad 6.8,\quad 7.2,\quad 7.1,\quad 6.5,\quad 6.4.$$

试给出 σ^2 的 95% 的置信区间.

解 由已知，$n=9,\alpha=0.05,\frac{\alpha}{2}=0.025,1-\frac{\alpha}{2}=0.975$，查 χ^2 分布的上侧分位数表，知 $\chi^2_{0.025}(8)=17.535,\chi^2_{0.975}(8)=2.180.$ 又

$$s^2 = \frac{1}{9-1} \sum_{i=1}^{9} (x_i - \bar{x})^2 = \frac{1}{8} \left(\sum_{i=1}^{9} x_i^2 - 9\bar{x}^2 \right) = 0.1550,$$

于是得到 σ^2 的 95% 的置信区间为

$$\left[\frac{(n-1)s^2}{\chi_{\frac{\alpha}{2}}^2(n-1)}, \frac{(n-1)s^2}{\chi_{1-\frac{\alpha}{2}}^2(n-1)} \right] = \left[\frac{8 \times 0.155}{17.535}, \frac{8 \times 0.155}{2.180} \right] = [0.0707, 0.5688].$$

习题 7.3

(A)

1. 设正态总体的方差 σ^2 为已知,问需抽取容量 n 为多大的样本,才能使总体均值 μ 的置信度为 $1-\alpha$ 的置信区间长度小于等于 L.

2. 某城市清洁工的月收入服从正态分布 $N(\mu, \sigma^2)$,随机抽取 30 名清洁工人构成一组样本,其月工资的平均值 $\bar{x} = 1352$ 元,标准差 $s = 157$ 元,试求 μ 以及 σ^2 的置信度为 95% 的置信区间.

3. 设 $X_1, X_2, \cdots, X_n$ 为总体 X 的一组样本,$n = 25$,总体 $X \sim N(\mu, 2^2)$,样本均值为 8,求总体均值 μ 的置信度为 95% 的置信区间.

4. 设某批显像管寿命 $X \sim N(\mu, \sigma^2)$,现从中随机抽取 7 个,测得其样本标准差为 $s = 87.1$,试给出显像管寿命方差 σ^2 的置信度为 90% 的置信区间.

5. 设某批铝材料的比重 $X \sim N(\mu, \sigma^2)$,现测得它的比重 16 次,计算得 $\bar{x} = 2.705$,$s = 0.029$,在置信度为 0.95 下,分别求 μ 和 σ^2 的置信区间.

(B)

1. 在某地小学五年级男生的体检记录中,随意抄录了 41 名男生的身高数据,测得平均身高为 150cm,标准差为 10cm,试求该地区小学五年级男生平均身高 μ 和身高标准差 σ 的 0.95 的置信区间(假设身高近似服从正态分布).

2. 设一批食盐的净含量 X 服从正态分布 $N(\mu, 25^2)$,现从中抽取 8 袋,测得其净含量为

$$497, \quad 506, \quad 518, \quad 524, \quad 488, \quad 510, \quad 515, \quad 508.$$

试给出这批食盐平均净含量 μ 的 95% 置信区间.

3. 设一台起重机装卸百件集装箱的时间 $X \sim N(\mu, \sigma^2)$,现随机调取其以往装卸记录 8 次,数据为

$$148, \quad 151, \quad 160, \quad 149, \quad 162, \quad 154, \quad 163, \quad 155.$$

试给出该起重机装卸百件集装箱平均时间 μ 的置信度为 99% 的置信区间.

4. 设某种清漆的 9 个样品,其干燥时间(单位 h)分别为

$$6.0, \quad 5.7, \quad 5.8, \quad 6.5, \quad 7.0, \quad 6.3, \quad 5.6, \quad 6.1, \quad 5.0.$$

干燥时间 $X \sim N(\mu, \sigma^2)$,当 σ 满足以下两个条件时,分别求 μ 的置信度为 0.95 的置信区间.(1)已知 $\sigma = 0.6$(h);(2)σ 为未知.

5. 一家洗衣粉生产厂家,每天的产量大约为 8000 袋.按照规定,每袋的重量应为 100g.

为了对产品重量进行检测,企业质检部门要进行抽检,以分析每袋重量是否符合要求.先从某天生产的一批洗衣粉中随机抽取 25 袋,测得每袋重量如下:

112.5	101.0	103.0	102.0	100.5
102.6	107.5	95.0	108.8	115.6
100.0	123.5	102.0	101.6	102.2
116.6	95.4	97.8	108.6	105.0
136.8	102.8	101.5	98.4	93.3

已知洗衣粉重量服从正态分布,且总体标准差为 10g.试估计该天产品的平均重量的置信区间,置信度为 95%.

趣味拓展材料 7.1 参数估计与我们的生活

通过本章学习,我们知道参数估计的目标是通过对样本数据的分析来确定总体参数.参数估计又分为两种类型:一类是点估计.比如,通过样本均值估计总体均值、样本矩估计总体矩.这存在着从点到面,由面及点,从局部到整体,由整体到局部的辩证关系.生活中,在计算某品牌灯泡的平均寿命时,对每个灯泡进行检验显然是不切实际的,厂商通常会采用抽样统计的方法,抽取样本进行概率计算,从而推知整体的平均寿命.显然,如果没有随机样本就无法推知整体合格率,而另一方面整体平均寿命代表着随机样本.理解完点估计概念,我们学习了点估计的两种方法,分别为矩估计法和极大似然估计法.第二次世界大战中,德军大规模生产坦克,盟军想要知道他们每个月的坦克产量数.盟军采取了两种方法获取这个信息:一是根据情报人员刺探的消息,二是根据盟军发现和截获的德国坦克数据,用统计分析中的矩估计法得到.根据第一种方法得到的情报,德军坦克每个月的产量大约有 1400 辆,但根据概率统计推断的方法,预计的数量只有数百辆."二战"之后,盟军对德国的坦克生产记录进行了检查,发现统计方法预测的答案与事实更加符合.统计不仅能解决生活中的问题,还能解决军事中的问题.因此,我们要通过学习统计知识,服务国家,弘扬爱国主义精神.极大似然估计原理反映的是使得样本被观测到的概率越大的那个参数值越可能是真值,极大似然估计事实上是直观概念的精确量化,这就说明伟大的科学知识通常源自人们对司空见惯的简单认知的升华.所以,生活中要勤于思考、归纳,善于从简单的认知中发现规律.什么样的估计量更准确呢? 高斯(Gauss)与马尔可夫(Markov)给出了评价标准:无偏性、有效性及相合性(一致性).通过估计量的评价标准,我们可以在不同的估计量中选取更合适的估计量用于统计学习.

另一类是区间估计.通过学习,我们知道给定一个较大的置信水平会得到一个比较宽的置信区间,运用一个较大的样本会得到一个较准确(较窄)的区间,直观地说,较宽的区间有更大的可能性包含参数.但是在实践运用中,过宽的区间往往没有实践意义.比如,天气预报说:"一年内会下一场雨",虽然这很有把握,但并没有什么意义.另一方面,过于准确(较窄)的区间也不一定有意义,因为过窄的区间虽然看上去很准确,但把握性就会降低,除非无限制地增加样本量,而现实中样本量总是有限的,并且样本的选取需要考虑到公正、客观、真实和科学的原则.区间估计总是要给结论留点儿余地.利用区间估计的思想研究社会经济问题时,应考虑其复杂性,不应盲目下结论,认真踏实,实事求是,在偶然中寻找必然性.

趣味拓展材料7.2　马尔可夫

马尔可夫（Andrey Andreyevich Markov, 1856—1922），俄国数学家，1874 年马尔可夫进入圣彼得堡大学学习，师从切比雪夫，毕业后留校任教. 其在概率论、数论、函数逼近论和微分方程等方面卓有成就.

马尔可夫

马尔可夫是彼得堡数学学派的代表人物. 以数论和概率论方面的工作著称. 他的主要著作有《概率演算》等. 在数论方面，他研究了连分数和二次不定式理论，解决了许多难题. 在概率论中，他发展了矩法，扩大了大数律和中心极限定理的应用范围. 马尔可夫最重要的工作是 1906—1912 年间，提出并研究了一种能用数学分析方法研究自然过程的一般图式——马尔可夫链. 同时开创了对一种无后效性的随机过程——马尔可夫过程的研究. 马尔可夫进行深入研究后指出：对于一个系统，由一个状态转至另一个状态的转换过程中，存在着转移概率，并且这种转移概率可以依据其紧接的前一种状态推算出来，与该系统的原始状态和此次转移前的马尔可夫过程无关. 目前，马尔可夫链理论与方法已经被广泛应用于自然科学、工程技术和公用事业中.

测 试 题 7

一、选择题（每题 1 分，共 10 分）

1. 置信水平表达了置信区间的（　　）.

　　A. 精确性　　　　　　B. 显著性　　　　　　C. 可靠性　　　　　　D. 准确性

2. 在置信水平不变的条件下，要缩小置信区间，则（　　）.

　　A. 增大样本容量　　　　　　　　　　B. 减小置信水平

　　C. 减小总体均值　　　　　　　　　　D. 增大总体标准差

3. 针对总体的分布未知，（　　）方法需要样本量较大才能得到精确的结果.

　　A. 最大似然估计　　B. 矩估计　　　　C. 无偏估计　　　　D. 区间估计

4. 假设总体服从正态分布且方差未知，当置信水平为 $1-\alpha\,(0<\alpha<1)$ 时，求总体均值 μ 的置信区间所使用的统计量是（　　）.

　　A. 服从标准正态分布的　　　　　　B. 服从 t 分布的

　　C. 服从 χ^2 分布的　　　　　　　　D. 服从 F 分布的

5. 设 $\hat{\theta}$ 是参数 θ 的无偏估计量，且 $D(\hat{\theta})>0$，则 $\hat{\theta}^2$ 是 θ^2 的（　　）.

　　A. 无偏估计量　　　　　　　　　　　B. 有效估计量

　　C. 有偏估计量　　　　　　　　　　　D. A 和 B 同时成立

6. 设总体 $X\sim N(\mu,\sigma^2)$，μ,σ^2 均未知，则 $\dfrac{1}{n}\sum\limits_{i=1}^{n}(X_i-\overline{X})^2$ 是（　　）.

　　A. μ 的无偏估计　　　　　　　　　B. σ^2 的无偏估计

　　C. μ 的矩估计　　　　　　　　　　D. σ^2 的极大似然估计

7. 为了鼓励学生们在学习中更好地追求卓越、奋发图强,同时提高学习效率,某校定期进行学生成绩调查,以评估学生的学习成绩和水平.已知某班学生成绩服从正态分布,现从中随机抽取 16 名学生,平均成绩为 92 分,标准差为 4,当置信度为 95% 时,该班学生平均学习成绩的置信区间上限为(   ).

  A. 95.16   B. 94.84   C. 93.16   D. 91.84

8. 在总体 X 的分布中,未知参数 θ 服从 $P\{T_1 \leqslant \theta \leqslant T_2\} = 1 - \alpha$,其中 α 为置信度,则下列说法正确的是(   ).

  A. 区间 (T_1, T_2) 以 $1 - \alpha$ 的概率包含 θ B. θ 以 $1 - \alpha$ 的概率落入区间 (T_1, T_2)

  C. θ 以 α 的概率落在区间 (T_1, T_2) 之外 D. 区间 (T_1, T_2) 以概率 α 包含 θ

9. 在其他条件不变的情况下,如果允许误差范围缩小为原来的 1/3 倍,则样本容量(   ).

  A. 缩小为原来的 1/3 倍   B. 缩小为原来的 1/9 倍

  C. 扩大为原来的 3 倍   D. 扩大为原来的 9 倍

10. 下列关于区间估计的说法,错误的是(   ).

  A. 置信水平是指我们对总体参数的估计的准确程度的度量

  B. 总体呈正态分布,方差已知时可以用正态分布对总体均值进行估计

  C. 在区间估计中,置信度越高,则估计结果的可靠性就越高

  D. 无论总体分布如何,样本容量比较大时可以用正态分布对总体均值进行估计

二、填空题(每题 1 分,共 5 分)

1. 设 $X_1, X_2, \cdots, X_n$ 是来自总体 X 的样本,当 $\sum\limits_{i=1}^{n} a_i = $ _____ 时,统计量 $\hat{\mu} = \sum\limits_{i=1}^{n} a_i X_i$ 是 $E(X)$ 的无偏估计量.

2. 已知某个城市发生天灾的概率为 p,现有一批志愿者对该城市进行随机抽样调查,共抽取 n 个样本,其中 x 个样本发生了天灾,那么按照极大似然估计方法估计的该城市天灾发生的概率 p 为 _____.

3. 设总体 X 的概率密度函数为

$$p(x;\theta) = \begin{cases} \theta(1-x)^{\theta-1}, & 0 < x < 1, \\ 0, & \text{其他,} \end{cases}$$

则 θ 的矩估计量为 _____.

4. 设 $X_1, X_2, \cdots, X_n$ 是来自总体 X 的样本,$X \sim N(\mu, \sigma^2)$,其中 μ, σ^2 均未知,则 μ 的置信度为 $1 - \alpha$ 的置信区间的长度 $L = $ _____,$E(L^2) = $ _____.

5. 设 $X_1, X_2, \cdots, X_n$ 为取自总体 X 的样本,经计算样本均值为 5,已知总体 X 的方差为 1,则 X 期望的置信度近似等于 0.95 的置信区间为 _____.

三、判断题(每题 1 分,共 5 分)

1. 矩估计量具有无偏性,但不一定有效.(   )

2. 当样本量足够大时,矩估计量的估计值一定比极大似然估计量的估计值更接近总体参数的真值.(   )

3. 当总体分布不确定时,可以使用样本数据中出现次数最多的值来估计总体参数.(   )

4. 估计量是随机变量,其分布的方差越小,估计值的精度越高.(　　)

5. 点估计是用样本统计量直接估计和代表总体参数.(　　)

四、简答题(每题 4 分,共 12 分)

1. 简述评价估计量的标准,并对每一个标准做出说明.

2. 什么是极大似然估计? 简述极大似然估计法的步骤.

3. 简述点估计和区间估计的含义及区别.

五、证明题(第 1 题 4 分,第 2 题 6 分,第 3 题 8 分,第 4 题 8 分,共 26 分)

1. (4 分)设 X_1,X_2,X_3,X_4 是来自总体 X 的一个样本,且 $E(X)=\mu,D(X)=\sigma^2$,试证下列统计量都是总体均值 μ 的无偏估计,并指出哪一个估计的有效性最差.

(1) $\hat{\mu}_1=\dfrac{5}{12}X_1+\dfrac{1}{2}X_2+\dfrac{1}{3}X_3-\dfrac{1}{4}X_4$;　　　　(2) $\hat{\mu}_2=\dfrac{2}{3}X_1+\dfrac{1}{6}X_2+\dfrac{1}{8}X_3+\dfrac{1}{24}X_4$;

(3) $\hat{\mu}_3=\dfrac{1}{2}X_1+\dfrac{1}{5}X_2+\dfrac{1}{4}X_3+\dfrac{1}{20}X_4$.

2. (6 分)设 $X_1,X_2,\cdots,X_n$ 是来自正态总体 $N(\mu,\sigma^2)$ 的一个样本,其中 μ 为已知,试证 $\hat{\sigma}^2=\dfrac{1}{n}\sum\limits_{i=1}^{n}(X_i-\mu)^2$ 是 σ^2 的无偏估计和一致估计.

3. (8 分)从均值为 μ,方差为 $\sigma^2>0$ 的总体中,分别抽取容量为 n_1,n_2 的两组独立样本,$\overline{X}_1,\overline{X}_2$ 分别为两组样本的均值.试证,对于任意常数 $a,b(a+b=1)$,$Z=a\overline{X}_1+b\overline{X}_2$ 都是 μ 的无偏估计,并确定常数 a,b 使 $D(Z)$ 达到最小.

4. (8 分)设 $X_1,X_2,\cdots,X_n$ 是总体 $X\sim N(\mu,\sigma^2)$ 的简单随机样本.记 $\overline{X}=\dfrac{1}{n}\sum\limits_{i=1}^{n}X_i$,

$S^2=\dfrac{1}{n-1}\sum\limits_{i=1}^{n}(X_i-\overline{X})^2$ 为样本方差,$T=\overline{X}^2-\dfrac{1}{n}S^2$.

(1) 试证明 T 是 μ^2 的无偏估计量;(2) 当 $\mu=0,\sigma=1$ 时,求 $D(T)$.

六、计算题(第 1 题 6 分,第 2 题 12 分,第 3 题 12 分,第 4 题 12 分,共 42 分)

1. (6 分)某公司平台数据显示,新产品的销售量在过去一个月中不断攀升,其销售量目前已经达到了每天 60 件.该产品的销售方在推广期内给相关人员提供了一定的优惠和返利.因此,平台担心可能存在销售量的夸大虚报行为.为了保证数据的客观真实,提醒员工们注重诚信、公平竞争,公司对该产品的日销售量的平均数值进行估计,判断该产品的销售是否存在虚报行为.调查人员检查库存,抽取了近 10 天的实际销售数据样本(如表所示)进行估计,试计算该产品平均销售量的置信区间,并判断员工是否存在谎报行为(假设销售总体 X 服从正态分布,$\alpha=0.05$,结果保留两位小数).

时间	1	2	3	4	5	6	7	8	9	10
X	36	38	40	45	48	50	55	60	62	66

2. (12 分)随着社会的发展和经济的繁荣,大学生们的生活消费支出逐渐增加成为了社会关注的热点问题.做好生活预算规划,不仅可以保证正常的生活需求,还可以养成良好的理财习惯.为此,该地区从高校中随机抽取了 100 名学生对其生活消费支出情况进行调

查,结果如下:

生活费支出分组(元/月)	人　　数
500 以下	5
500~1000	10
1000~1500	40
1500~2000	25
2000 以上	20
合　计	100

试求:(1) 该 100 名学生的平均月生活费支出;

(2) 该地区全体在校大学生人均月生活费支出的 95% 的置信区间.

3. (12 分)已知总体 X 是离散型随机变量,X 的可能取值为 $0,1,2,3$,且 $P\{X=1\}=1-3p$,$P\{X=2\}=p^2$,$E(X)=1+2p^2+3p$,其中 p 为未知参数.

(1) 试求 X 的分布律;

(2) 对 X 抽取容量为 10 的样本,其中 4 个取 0,1 个取 1,3 个取 2,2 个取 3. 求 p 的矩估计值和极大似然估计值.

4. (12 分)设总体 X 的概率密度函数为

$$f(x;\theta)=\begin{cases}\dfrac{1}{\theta}\mathrm{e}^{-\frac{x}{\theta}}, & x\geqslant 0,\\ 0, & x<0,\end{cases}$$

其中 θ 是未知参数,$X_1,X_2,\cdots,X_n$ 为总体 X 的简单随机样本.

(1) 试求 θ 的矩估计量和极大似然估计量;

(2) 验证矩估计量和极大似然估计量的无偏性和一致性.

第 7 章涉及的考研真题

第8章

假 设 检 验

在实际应用中,人们不仅需要通过样本去估计总体的未知参数,还经常遇到另一种统计推断类型——**假设检验**,即根据样本对总体的某些"假设"做出拒绝或者接受的一种推断方法.例如,面对激烈的市场竞争,某品牌手机考虑实施促销计划,以提高本品牌手机的销售量.从各经销商的平均销售数据来看,目前该品牌手机的每月平均销售量为 22 部.在实施了 4 周的促销计划以后,对选定的若干经销商的销售数据进行收集.样本数据显示,在过去的一个月中,这些手机经销商的平均销售量增加了 8 部.这一结果能够说明该促销计划确实使销售量有所增加? 该促销计划是否确实有效?

为了解决这样的问题,就需要用到统计推断的另一个方面——假设检验.

1900 年,英国统计学家卡尔·皮尔逊提出了拟合优度的卡方检验,1925 年,英国统计学家费希尔提出了其显著性检验的思想;1928—1938 年间,美国统计学家乔治·奈曼(Jerzy Neyman,1894—1981)和英国统计学家埃贡·皮尔逊(Egon Pearson,1895—1980)建立了 Neyman-Pearson 假设检验的理论体系.自 20 世纪 40 年代初首次将费希尔提出的显著性检验和 Neyman-Pearson 假设检验进行糅合,提出了原假设显著性检验(null hypothesis significance testing,NHST).

本章主要介绍假设检验的基础、正态总体参数的假设检验和 p 值法.

8.1 假设检验的基础

8.1.1 什么是假设检验

假设检验(hypothesis testing)是在对总体分布的参数或对总体分布的类型提出假设的基础上,利用抽取的样本信息来判断提出的假设是否成立的统计方法.比如,"调查显示,2023 届硕士毕业生第一份工作平均起薪为 5300 元/月"就构成一个可能的假设.我们不可能联系到所有的硕士毕业生以确认平均起薪是否确实为 5300 元,因为找到并联系国内所有的 2023 届硕士毕业生是一项巨大的工程,耗资将不可承受.为检验 $\mu=5300$ 元的合理性,我们必须从所有 2023 届硕士毕业生构成的总体中抽取样本,计算样本统计量,再根据一定的决策规则决定是接受还是拒绝该假设.显然,如果样本均值为 3000 元,将毫无疑问地拒绝原假设;然而,如果样本均值是 5236 元,又该怎样呢? 它是否足够接近 5300 元,使得我们接受总体均值是 5300 元的假设呢？我们是否能把两个均值的差异 64 元归结为抽样误差？还是说这个差异具有统计显著性？这就是数理统计所说的假设检验.假设检验又可分为**参数假设检验**和**非参数假设检验**.总体分布类型是完全已知的,分布中含有一个或几个未知参数,对分布中的未知参数作假设并进行检验,称为**参数假设检验**(parameter hypothesis testing);若总体的分布函数类型完全未知,对总体的分布函数类型或它的某些特征作假设并进行检验,称为**非参数假设检验**(nonparameter hypothesis testing).

8.1.2　假设检验的基本原理

如何利用从总体中抽取的样本来检验一个关于总体的假设是否成立呢？由于样本与总体同分布,样本包含了总体分布的信息,假设检验的基本思想是实际推断原理,即"小概率事件原理"(small probability event principle).

小概率事件是指发生概率很小的随机事件在一次试验中是几乎不可能发生的.例如事件 A 发生的概率 $\alpha=0.001$,则大约在 1000 次试验中,事件 A 才可能出现 1 次,而在一次试验中,事件 A 几乎不可能发生,这就是所谓的**小概率事件**.按照这一原理,首先需要依据经验或过往的统计数据对总体的分布参数做出假设 H_0,称为原假设或零假设(null hypothesis),其对立面称为备择假设(alternative hypothesis),记为 H_1,然后,在 H_0 为真的前提下,构造一个小概率事件,若在一次试验中,小概率事件居然发生了,就完全有理由拒绝 H_0 的正确性,否则就没有充分的理由拒绝 H_0,从而接受 H_0,这就是假设检验的基本思想.

上述思路包含了反证法的思想,但它不同于一般的反证法.一般的反证法要求在原假设成立的条件下导出的结论是绝对成立的,如果事实与之矛盾,则完全绝对地否定原假设,而假设检验中的反证法是带概率性质的反证法.概率反证法的逻辑是：如果小概率事件在一次试验中居然发生,我们就以很大的把握否定原假设,我们知道小概率事件并不是绝对不可能发生,只是它发生的可能性很小而已,由此可知,假设检验有时会犯错误,即所得结论与事实可能不符.

8.1.3　假设检验的基本步骤

这里通过一个具体的例子来说明假设检验中的重要概念和具体步骤.

引例　洗衣粉厂用一台包装机自动包装洗衣粉,已知袋装洗衣粉的重量 $X \sim N(\mu, 0.015^2)$,机器正常时,其均值 $\mu=0.5\mathrm{kg}$,某日开工后随机抽取 9 袋袋装洗衣粉,其净重(单位：kg)为

$$0.497, 0.507, 0.510, 0.475, 0.484, 0.488, 0.524, 0.491, 0.515.$$

问这台包装机工作是否正常？($\alpha=0.05$)

1. 首先根据研究的目的确定合理的假设,即原假设和备择假设.

(1) 提出如下假设：$H_0: \mu=\mu_0=0.5, H_1: \mu \neq \mu_0$.

$H_0: \mu=\mu_0=0.5$ 称为"原假设"或"零假设",$H_1: \mu \neq \mu_0$ 称为"备择假设""对立假设"或"备选假设",用 H_1 表示.检验的目的就是要在原假设 H_0 和备择假设 H_1 二者之中选择其一.

(2) 构造检验统计量.

样本均值 $\overline{X}$ 是总体均值 μ 的优良估计,当原假设 H_0 为真时,$|\overline{x}-0.5|$ 应该比较小,若 $|\overline{x}-0.5|$ 大到一定程度,就应怀疑 H_0 不真,$|\overline{x}-0.5|>C$ 就能对 H_0 进行检验,现在的问

题是如何找到这个界呢？因为 $\overline{X} \sim N\left(\mu, \dfrac{\sigma^2}{n}\right)$，所以 $U = \dfrac{\overline{X} - \mu}{\sigma/\sqrt{n}}$（通常称为 U 统计量），当 H_0

为真时，检验统计量（**test statistics**）$\dfrac{\overline{X} - \mu_0}{\sigma/\sqrt{n}} \sim N(0,1)$.

（3）在 H_0 为真的条件下，由给定的**显著性水平**（**significance level**）α 和检验统计量的抽样分布确定**临界值**（**critical value**）及**拒绝域**（**rejection region**）.

对于显著性水平 $\alpha = 0.05$，根据标准正态分布的上侧分位数的定义

$$P\left\{\left|\frac{\overline{X} - \mu_0}{\sigma/\sqrt{n}}\right| > u_{\frac{\alpha}{2}}\right\} = \alpha,$$

其中 $u_{\frac{\alpha}{2}}$ 是标准正态分布 $\dfrac{\alpha}{2}$ 上侧分位数，查表可得 $u_{\frac{\alpha}{2}} = u_{0.025} = 1.96$. $P\left\{\left|\dfrac{\overline{X} - \mu_0}{\sigma/\sqrt{n}}\right| > u_{\frac{\alpha}{2}}\right\} = \alpha$

是一个小概率事件，该假设检验的拒绝域为 $(-\infty, 1.96) \bigcup (1.96, +\infty)$. α 的选择要根据实际情况而定，通常取 $\alpha = 0.1, \alpha = 0.01, \alpha = 0.05$.

（4）计算检验统计量的观测值，作出统计决策.

若由抽取的样本值计算得到检验统计量的观测值落入拒绝域，则拒绝原假设；否则，则不能拒绝原假设.

这里 $n = 9, \overline{x} = 0.499, \mu_0 = 0.5, \sigma = 0.015$，于是

$$|u| = \left|\frac{\overline{x} - 0.5}{\sigma/\sqrt{n}}\right| = \left|\frac{0.499 - 0.5}{0.015/\sqrt{9}}\right| = 0.2 < 1.96.$$

落入接受域中，故接受原假设 H_0，可以认为这台包装机当日工作正常.

根据上述例子，参数假设检验的基本步骤总结如下.

（1）**提出假设**：根据实际问题提出合理的原假设 H_0 和备择假设 H_1；

（2）**选取检验统计量**：通常选取待检验参数的一个最优估计量，这种检验统计量不能直接用来假设检验，只有将其标准化后，才能用于度量它与原假设的参数值之间的差异程度，并且经过标准化后的统计量在原假设 H_0 成立的条件下服从某一确定的分布或极限分布，通常服从 $N(0,1)$、χ^2 分布、t 分布和 F 分布，称之为**检验统计量**. 一般地，关于正态总体 $N(\mu, \sigma^2)$ 的均值 μ 提出的假设检验选取的检验统计量为 $U = \dfrac{\overline{X} - \mu_0}{\sigma/\sqrt{n}}$ 或 $T = \dfrac{\overline{X} - \mu_0}{S/\sqrt{n}}$，对方差 σ^2 的检验统计量为 $\chi^2 = \dfrac{(n-1)S^2}{\sigma_0^2}$.

（3）**提出拒绝域的形式**：根据备择假设和检验统计量，确定**拒绝域**；

（4）**确定临界值**：在原假设 H_0 为真的条件下，由统计量的分布和显著性水平确定临界值；

（5）**作出统计决策**：依据样本值计算检验统计量的观测值，若检验统计量的值落入拒绝域，则拒绝原假设；否则，则不能拒绝原假设.

这种假设检验方法称为**临界值法**（**critical value**）.

8.1.4　假设检验的两类错误

假设检验的推理方法是根据"小概率原理"进行判断的一种反证法,但是,小概率事件在一次试验中几乎不发生并不是绝对不发生,只是它发生的可能性很小而已.因而,不可避免地会出现两类错误.

1. 第一类错误(弃真错误)

H_0 确实成立,检验结果却拒绝 H_0,这类错误称为**第一类错误**(error of type Ⅰ)或**弃真错误**,犯这类错误的概率通常用 α 表示,即

$$P\{拒绝\ H_0\mid H_0\ 为真\}=\alpha.$$

有时也把它称为风险水平.实际上后者更为确切,因为它反映了当原假设为真时却错误地拒绝原假设的风险.给定显著性水平 α,就控制了犯"弃真"错误的概率,不犯"弃真"错误的概率就是 $1-\alpha$.

2. 第二类错误(纳伪错误)

H_0 确实不成立,检验结果却接受 H_0,这类错误称为**第二类错误**(error of type Ⅱ)或**纳伪错误**,犯这类错误的概率通常用 β 表示,即

$$P\{接受\ H_0\mid H_0\ 为假\}=\beta.$$

如表 8.1 所列.

表 8.1　假设检验中各种可能结果的概率

	接受 H_0	拒绝 H_0
H_0 为真	$1-\alpha$(正确决策)	α(弃真错误)
H_0 为假	β(纳伪错误)	$1-\beta$(正确决策)

例如,考虑总体 $X\sim N(\mu,\sigma^2)$,σ^2 已知,关于均值 μ 的右侧检验

$$H_0:\mu=\mu_0,\quad H_1:\mu>\mu_0\ (取\ \mu=\mu_1>\mu_0)$$

右侧检验拒绝域的形式为 $\{\overline{X}\geqslant C\}$,接受域为 $\{\overline{X}<C\}$.则假设检验犯第一类错误的概率为

$$\alpha=P_{\mu_0}\{\overline{X}\geqslant C\},$$

犯第二类错误的概率为

$$\beta=P_{\mu_1}\{\overline{X}<C\}.$$

如图 8-1 阴影区域所示.

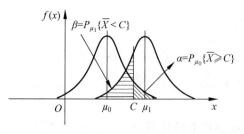

图 8-1　单正态总体均值 μ 右侧检验中的两类错误

进行假设检验时,人们自然希望犯这两类错误的概率越小越好,对固定的样本容量 n 当 α 减小时,则 β 增大;当 β 减小时,则 α 增大.这两类错误就像跷跷板的两端,此消彼长,如同在区间估计中,若要提高估计的可靠性,就会使区间变宽而降低精确度;若要提高精确度,就要求估计区间变得很窄,而这样,估计的可靠性就会大打折扣.只有增大样本容量才能使犯两类错误的概率同时减小,但样本容量增加将增加人力、物力和财力等,甚至是不切实际的,因为犯第一类错误更严重,需要加以控制,奈曼(Neyman)与皮尔逊(Pearson)给出了奈曼-皮尔逊准则:在控制犯第一类错误概率 α 的条件下,再寻找检验,使犯第二类错误的概率尽可能小,α 称为显著性水平.这里只对犯第一类错误的概率加以控制,而不考虑犯第二类错误的概率的检验,称为显著性检验.

8.1.5 建立假设时需要注意的几个问题

1. 在假设检验中,如果研究者关注的是总体参数是否有明显的变化,并不关心参数是变大还是变小,如 $H_1 : \mu \neq \mu_0$,这样的假设检验称为**双侧检验、双边检验或双尾检验**(two-sided test or two-tailed test);另外一些情况中,关注总体参数明显变化的方向,总体参数是否明显变大或变小,如果备择假设具有符号">"或"<",称为**单侧检验、单边检验或单尾检验**(one-sided test or one-tailed test).若备择假设为 $H_1 : \mu < \mu_0$,则为**左侧检验或左边检验**,考察的数值越小越好,比如废品率、生产成本等;若备择假设为 $H_1 : \mu > \mu_0$,则为**右侧检验或右边检验**,考察的数值越大越好,比如灯泡的使用寿命、轮胎行驶的里程数.

2. 在假设检验中,等号"="总是放在原假设上.比如,假设总体均值为 μ_0,原假设总是 $H_0 : \mu = \mu_0$,$H_0 : \mu \geqslant \mu_0$ 或 $H_0 : \mu \leqslant \mu_0$,而相应的备择假设则为 $H_1 : \mu \neq \mu_0$,$H_1 : \mu < \mu_0$ 或 $H_1 : \mu > \mu_0$.若备择假设为 $H_1 : \mu \geqslant \mu_0$ 或 $H_1 : \mu \leqslant \mu_0$,则 $|u| < u_\alpha$ 都会在拒绝域中,就会增大犯第一类错误的概率.

3. 假设检验不能证明原假设正确.

假设检验的结论或者拒绝原假设,或者不拒绝原假设,当不拒绝原假设时,通常就说接受原假设,这里的"接受原假设"并非真正意义上的接受,仅仅意味着还没有找到足够的证据来拒绝原假设,或者说冒一定的风险接受原假设.

4. 关于单侧检验的方向性确定问题.

从形式上看,原假设与备择假设可以互换,但原假设与备择假设的提出却不是任意的.因为假设检验的基本原理强调拒绝"原假设"必须慎重,通常需要有充分的理由才能否定的结论作为"原假设",处于被保护的位置,而那些新提出的、可能的、猜测的不能轻易接受的结论作为"备择假设".人们感兴趣的是那些新的、可能的、猜测的东西,希望用事实推翻原假设,实现吐故纳新,如果抽样信息不能充分地说明"备择假设"成立,则不能拒绝"原假设",也就是说,否定"原假设"必须有充足的证据.

例如,采用新技术后,将会使产品的使用寿命延长到 5000h 以上.

分析,产品的使用寿命没有超过 5000h 是原来的情况,在没有充分事实证明前不能轻易否定,故

$$H_0 : \mu \leqslant 5000(\text{不能轻易否定的命题}), \quad H_1 : \mu > 5000(\text{需要验证的命题}).$$

另外,在一对对立假设中,选哪一个作为 H_0 需要小心.例如,考虑某种药品是否为真,这里可能犯两种错误:

（1）将假药误作为真药，则冒着伤害患者的健康甚至生命的风险；

（2）将真药误作为假药，则冒着造成经济损失的风险.

显然，犯错误（1）比犯错误（2）的后果严重，因此在假设检验中，选择 H_0, H_1 使得两类错误中后果严重的错误成为第一类错误.

8.1.6　参数的区间估计与假设检验的关系

参数假设检验的关键是选取一个合适的检验统计量，根据已知分布求出临界值，进而确定拒绝域，一旦抽样结果使小概率事件发生，就拒绝原假设.

参数的区间估计则是找一个随机区间，使得这个随机区间包含未知参数是一个大概率事件.

这两类问题都是利用抽取到的样本对总体分布中的未知参数作判断：一个是利用小概率原理来进行推断，另一个则是根据大概率事件给出包含参数真值的范围.将正态总体参数的假设检验与区间估计相比较，可以看出检验统计量就是枢轴量，置信区间就相当于接受域，如果置信区间不包含假设的参数取值，则拒绝 H_0；如果置信区间包含假设的参数取值，则不能拒绝 H_0.

如前面引例 $u_{\alpha/2} = u_{0.025} = 1.96, \sigma = 0.015, n = 9$，则参数 μ 的置信度为 $1 - \alpha$ 的置信区间为

$$\left(\bar{x} - \frac{\sigma}{\sqrt{n}} u_{\alpha/2}, \bar{x} + \frac{\sigma}{\sqrt{n}} u_{\alpha/2}\right) = (0.4892, 0.5088).$$

要检验的 $\mu = 0.5$ 很明显地落在置信区间内，所以接受原假设，即可以认为这台包装机当日工作正常.

习题 8.1

（A）

1. 根据样本观察值去判断 H_0 正确与否的过程，称为（　　　），若样本观测值落入拒绝域中，则＿＿＿＿＿＿；否则＿＿＿＿＿＿.

2. 假设检验问题中，显著性水平 α 是指（　　　）.

　　A. 原假设 H_0 成立，经检验拒绝 H_0 的概率

　　B. 原假设 H_0 成立，经检验不能拒绝 H_0 的概率

　　C. 原假设 H_0 不成立，经检验拒绝 H_0 的概率

　　D. 原假设 H_0 不成立，经检验不能拒绝 H_0 的概率

3. 在假设检验中，由于抽样的偶然性，接受了实际上不成立的原假设，则（　　　）.

　　A. 犯第一类错误；　　　　　　　　　B. 犯第二类错误

　　C. 推断正确　　　　　　　　　　　　D. A，B 都有可能

4. 在假设检验中（　　　）.

　　A. 只会犯第一类错误　　　　　　　　B. 只会犯第二类错误

　　C. 两类错误都可能会发生　　　　　　D. 不会犯错误

5. 用 α,β 分别表示假设检验中犯第一类错误与第二类错误的概率,则当样本容量固定时( ).

A. α 减小时,β 也会减小　　　　　　B. α 增大时,β 也会增大

C. 没有任何关系　　　　　　　　　　D. α,β 两者,减少其中一个,另一个会增大

6. 对假设检验 $H_0:\mu=\mu_0,H_1:\mu\neq\mu_0$,若给定显著性水平 0.05,则该检验犯第一类错误的概率为( ).

7. 设 α,β 分别是犯第一类错误、第二类错误的概率,且 H_0,H_1 分别为原假设和备择假设,求下列概率:

(1) $P\{$接受 $H_0|H_0$ 不真$\}$;　　　　(2) $P\{$拒绝 $H_0|H_0$ 为真$\}$;

(3) $P\{$拒绝 $H_0|H_0$ 不真$\}$;　　　　(4) $P\{$接受 $H_0|H_0$ 为真$\}$.

8. 设总体 X 服从正态分布 $N(\mu,1)$,$X_1,X_2,\cdots,X_9$ 是该总体的简单随机样本,对于假设 $H_0:\mu=2,H_1:\mu>2$,已知拒绝域是 $\{\bar{x}>2.6\}$,则犯第一类错误的概率?

9. 简述小概率事件原理.

10. 简述参数假设检验与区间估计的关系.

（B）

1. 微波炉在炉门关闭时的辐射量是一个重要的质量指标,某厂生产的微波炉,该指标服从正态分布,长期以来其均值都符合要求(不超过 0.12 单位),为检验该厂近期生产的微波炉是否仍合格,提出的原假设和备择假设分别是_____.

2. 设总体 $X\sim N(\mu,\sigma^2)$,σ^2 已知,μ 未知,$x_1,x_2,\cdots,x_n$ 是来自总体 X 的样本值,已知 μ 的置信度为 0.95 的置信区间为 $(4.71,5.69)$,则取显著性水平 $\alpha=0.05$ 时,检验假设 $H_0:\mu=4.5,H_1:\mu\neq4.5$ 的结果是( ).

A. 不能确定　　　　　　　　　　B. 接受 H_0

C. 拒绝 H_0　　　　　　　　　　D. 条件不足无法检验

3. 设总体 $X\sim N(\mu,9)$,μ 为未知参数,$X_1,X_2,\cdots,X_{25}$ 为一组样本,对下述假设检验问题 $H_0:\mu=\mu_0,H_1:\mu\neq\mu_0$,取拒绝域为:$|\bar{x}-\mu_0|>C$,在显著性水平 0.05 下,试求常数 C 的值.

4. 设总体 X 服从正态分布 $N(\mu,1)$,X_1,X_2,X_3,X_4 是该总体的简单随机样本,对于检验假设 $H_0:\mu=0,H_1:\mu=\mu_1(\mu_1>0)$,已知拒绝域为 $\{\bar{x}>0.98\}$,问:此检验犯第一类错误的概率是多少?若 $\mu_1=1$,则犯第二类错误的概率是多少?

8.2　一个正态总体参数的假设检验

正态总体是概率统计中非常重要的分布,均值和方差又是正态分布中两个非常重要的参数,这一节主要研究一个正态总体均值和方差的假设检验.

8.2.1 一个正态总体均值的假设检验

1. 总体 $X \sim N(\mu, \sigma^2)$，σ^2 已知，关于均值 μ 的几种常用形式的检验（U 检验法）

对于总体均值的检验，根据假设检验的目的不同，讨论以下 3 种情形的假设检验.

（1）双侧检验 $H_0: \mu = \mu_0$，$H_1: \mu \neq \mu_0$.

在原假设 H_0 为真时，检验统计量

$$U = \frac{\overline{X} - \mu_0}{\sigma/\sqrt{n}} \sim N(0, 1).$$

对于给定的显著性水平 α，此双侧检验的拒绝域为

$$|u| = \left| \frac{\overline{x} - \mu_0}{\sigma/\sqrt{n}} \right| > u_{\alpha/2}.$$

根据抽取的样本，计算得到检验统计量的观测值，如果 $|u| > u_{\alpha/2}$，则拒绝 H_0，否则，接受 H_0.

（2）左侧检验 $H_0: \mu \geqslant \mu_0$，$H_1: \mu < \mu_0$.

左侧检验拒绝域的形式为 $\overline{x} < k$，下面求常数 k 的值.

令 $U = \dfrac{\overline{X} - \mu_0}{\sigma/\sqrt{n}}$，当原假设 H_0 成立时，U 的分布是不确定的，但 $U' = \dfrac{\overline{X} - \mu}{\sigma/\sqrt{n}} \sim N(0, 1)$，

且 $U' \leqslant U$，则 $\{\overline{X} < k\} = \left\{ \dfrac{\overline{X} - \mu_0}{\sigma/\sqrt{n}} < \dfrac{k - \mu_0}{\sigma/\sqrt{n}} \right\} \subseteq \left\{ \dfrac{\overline{X} - \mu}{\sigma/\sqrt{n}} < \dfrac{k - \mu_0}{\sigma/\sqrt{n}} \right\}$，$P_{\mu \geqslant \mu_0} \{\overline{X} < k\} = $

$P_{\mu \geqslant \mu_0} \left\{ \dfrac{\overline{X} - \mu_0}{\sigma/\sqrt{n}} < \dfrac{k - \mu_0}{\sigma/\sqrt{n}} \right\} \leqslant P_{\mu \geqslant \mu_0} \left\{ \dfrac{\overline{X} - \mu}{\sigma/\sqrt{n}} < \dfrac{k - \mu_0}{\sigma/\sqrt{n}} \right\} = \alpha.$

由标准正态分布分位点的定义得 $\dfrac{k - \mu_0}{\sigma/\sqrt{n}} = -u_\alpha$，此时

$$P_{\mu \geqslant \mu_0} \left\{ \frac{\overline{X} - \mu_0}{\sigma/\sqrt{n}} < -u_\alpha \right\} \leqslant \alpha,$$

即事件 $\{U < -u_\alpha\}$ 是概率更小的事件，因此左侧检验的拒绝域为

$$u = \frac{\overline{x} - \mu_0}{\sigma/\sqrt{n}} < -u_\alpha.$$

（3）右侧检验 $H_0: \mu \leqslant \mu_0$，$H_1: \mu > \mu_0$.

右侧检验拒绝域的形式为 $\overline{x} > k$，下面求常数 k 的值.

令 $U = \dfrac{\overline{X} - \mu_0}{\sigma/\sqrt{n}}$，当原假设 H_0 成立时，U 的分布是不确定的，但 $U' = \dfrac{\overline{X} - \mu}{\sigma/\sqrt{n}} \sim N(0, 1)$，

且 $U \leqslant U'$，则 $\{\overline{X} > k\} = \left\{ \dfrac{\overline{X} - \mu_0}{\sigma/\sqrt{n}} > \dfrac{k - \mu_0}{\sigma/\sqrt{n}} \right\} \subseteq \left\{ \dfrac{\overline{X} - \mu}{\sigma/\sqrt{n}} > \dfrac{k - \mu_0}{\sigma/\sqrt{n}} \right\}$，$P_{\mu \leqslant \mu_0} \{\overline{X} > k\} = $

$P_{\mu \leqslant \mu_0} \left\{ \dfrac{\overline{X} - \mu_0}{\sigma/\sqrt{n}} > \dfrac{k - \mu_0}{\sigma/\sqrt{n}} \right\} \leqslant P_{\mu \leqslant \mu_0} \left\{ \dfrac{\overline{X} - \mu}{\sigma/\sqrt{n}} > \dfrac{k - \mu_0}{\sigma/\sqrt{n}} \right\} = \alpha.$

由标准正态分布的分位点的定义得 $\dfrac{k - \mu_0}{\sigma/\sqrt{n}} = u_\alpha$，此时

$$P_{\mu \leqslant \mu_0}\left\{\frac{\overline{X} - \mu_0}{\sigma / \sqrt{n}} > u_\alpha\right\} \leqslant \alpha,$$

即事件 $\{U > u_\alpha\}$ 是概率更小的事件,因此右侧检验的拒绝域为

$$u = \frac{\overline{x} - \mu_0}{\sigma / \sqrt{n}} > u_\alpha.$$

上述的检验问题中都是利用统计量 U 来确定拒绝域,常称这个检验为 **U 检验**(**U test**).

根据上述讨论可以看出,单侧检验的类型、检验步骤和统计量都与双侧检验相同,只是拒绝域不同,实际上不需要特别记忆,只要将双侧检验的拒绝域取相应的左侧或右侧,将其中的 $\alpha/2$ 换成 α,就可以得到单侧检验的拒绝域.

例 8.1 假设某烟草公司生产的某品牌香烟中尼古丁含量服从正态分布 $X \sim N(\mu, 2.4^2)$,现从该品牌香烟中随机抽取 22 支香烟,其尼古丁含量的平均值 $\overline{x} = 18.6\text{mg}$,取显著性水平 $\alpha = 0.01$,是否可以认为该品牌香烟的尼古丁含量的均值为 18mg? 能否接受该品牌香烟的尼古丁含量不超过 17.5mg 的断言?

解 (1) 假设检验 $H_0: \mu = 18, H_1: \mu \neq 18$.

在原假设 H_0 为真时,检验统计量 $U = \dfrac{\overline{X} - \mu_0}{\sigma / \sqrt{n}} \sim N(0,1)$. 这里 $\alpha = 0.01$,查标准正态分布的分位数表 $u_{\alpha/2} = u_{0.005} = 2.56$,检验的拒绝域为 $|u| > 2.56$.

将 $n = 22, \overline{x} = 18.6, \mu_0 = 18, \sigma = 2.4$ 代入,计算得检验统计量的值

$$|u| = \left|\frac{\overline{x} - \mu_0}{\sigma / \sqrt{n}}\right| = \left|\frac{18.6 - 18}{2.4 / \sqrt{22}}\right| = 1.17 < u_{0.005} = 2.56$$

落在接受域中,故接受原假设 H_0,可以认为该品牌香烟的尼古丁含量的均值为 18mg.

(2) 假设检验 $H_0: \mu \leqslant 17.5, H_1: \mu > 17.5$.

选取检验统计量

$$U = \frac{\overline{X} - \mu_0}{\sigma / \sqrt{n}}.$$

这里 $\alpha = 0.01$,查标准正态分布的分位数表 $u_\alpha = u_{0.01} = 2.33$,检验的拒绝域为 $u > 2.33$.

将 $n = 22, \overline{x} = 18.6, \mu_0 = 17.5, \sigma = 2.4$ 代入,计算得检验统计量的值

$$u = \frac{\overline{x} - \mu_0}{\sigma / \sqrt{n}} = \frac{18.6 - 17.5}{2.4 / \sqrt{22}} = 2.15 < u_{0.01} = 2.33,$$

落在接受域中,故接受原假设 H_0,可以认为该品牌香烟的尼古丁含量不超过 17.5mg.

2. 总体 $X \sim N(\mu, \sigma^2)$,σ^2 未知,关于均值 μ 的几种常用形式的检验

(1) 小样本($n < 30$)总体均值的检验(t 检验法)

① 双侧检验 $H_0: \mu = \mu_0, H_0: \mu \neq \mu_0$.

若样本容量 $n < 30$ 且总体方差 σ^2 未知时,样本方差 $S^2 = \dfrac{1}{n-1}\sum\limits_{i=1}^{n}(X_i - \overline{X})^2$ 是总体方差 σ^2 的无偏估计,这里用 S^2 替换 σ^2,当原假设 H_0 为真时,检验统计量

$$T = \frac{\overline{X} - \mu_0}{S / \sqrt{n}} \sim t(n-1).$$

S 为样本标准差,对给定的显著性水平 α,拒绝域为

$$|t| = \left| \frac{\bar{x} - \mu_0}{s/\sqrt{n}} \right| > t_{\alpha/2}(n-1).$$

把抽取的样本观测值代入检验统计量中,如果 $|t| > t_{\alpha/2}(n-1)$,则拒绝 H_0,否则,接受 H_0.

② 左侧检验 $H_0 : \mu \geqslant \mu_0, H_0 : \mu < \mu_0$ 的拒绝域为

$$t = \frac{\bar{x} - \mu_0}{s/\sqrt{n}} < -t_{\alpha}(n-1).$$

③ 右侧检验 $H_0 : \mu \leqslant \mu_0, H_0 : \mu > \mu_0$ 的拒绝域为

$$t = \frac{\bar{x} - \mu_0}{s/\sqrt{n}} > t_{\alpha}(n-1).$$

上述的检验都是利用 t 分布的统计量确定拒绝域,常称这个检验为 **t 检验**(**t test**).

例 8.2　假设某行业的合理税负为 5.8,并且该行业税负服从正态分布,从中抽查了 10 家企业的税负情况,数据如下:

$$5.92, 6.20, 6.32, 5.74, 6.31, 5.58, 5.25, 5.79, 6.03, 5.99,$$

则这些企业的税负是否合理($\alpha = 0.05$)?

解　假设检验 $H_0 : \mu = 5.8, H_1 : \mu \neq 5.8$.

在原假设 H_0 成立时,检验统计量

$$T = \frac{\bar{X} - \mu_0}{S/\sqrt{n}} \sim t(n-1).$$

这里 $n = 10, \alpha = 0.05$,查 t 分布的分位数表,$t_{\alpha/2}(n-1) = t_{0.025}(9) = 2.262$,检验的拒绝域为 $|t| > 2.262$.

将 $\bar{x} = 5.913, s = 0.3368, \mu_0 = 5.8$ 代入,算得检验统计量的观测值

$$t = \frac{\bar{x} - \mu_0}{s/\sqrt{n}} = \frac{5.913 - 5.8}{0.3368/\sqrt{10}} = 1.061 < t_{0.025}(9) = 2.262,$$

落入接受域中,故接受原假设 H_0,可以认为这些企业的税负是合理的.

例 8.3　某电子产品生产厂家在其宣传广告中声称他们生产的某种品牌的电子产品的待机时间的平均值至少为 71.5h,管理部门检查了该厂生产的这种品牌的电子产品 6 部,得到的待机时间为

$$69, 68, 72, 70, 66, 75.$$

设电子产品的待机时间 $X \sim N(\mu, \sigma^2)$,由这些数据能否说明其广告宣传有欺骗消费者之嫌($\alpha = 0.05$)?

解　假设检验 $H_0 : \mu \geqslant 71.5, H_1 : \mu < 71.5$.

选取检验统计量

$$T = \frac{\bar{X} - \mu_0}{S/\sqrt{n}}.$$

这里 $n = 6, \alpha = 0.05$,查 t 分布的分位数表,$t_{\alpha}(n-1) = t_{0.05}(5) = 2.015$,该检验的拒绝域为 $t < -2.015$.

将 $\bar{x}=70$，$s^2=10$，$\mu_0=71.5$ 代入，得检验统计量的观测值

$$t = \frac{\bar{x}-\mu_0}{s/\sqrt{n}} = \frac{70-71.5}{\sqrt{10/6}} = -1.162 > -t_{0.05}(5) = -2.015,$$

落入接受域中，故接受原假设 H_0，即不能认为该厂广告宣传有欺骗消费者之嫌疑.

（2）大样本（$n \geqslant 30$）总体均值的检验

在大多数情况下，我们并不知道总体标准差是多少，不管总体是否服从正态分布，此时，用样本方差 S^2 来代替 σ^2，当样本容量 $n \geqslant 30$ 时，检验统计量为

$$U = \frac{\bar{X}-\mu_0}{S/\sqrt{n}} \sim N(0,1).$$

例 8.4　某加盟连锁店的主管想知道每家连锁店的日平均销售额是否大于 400 元，于是随机查看了 172 家连锁店，结果发现平均销售额是 407 元，标准差为 38 元，是否可下结论认为总体均值超过 400 元，或是两者之差 7 元归结于随机因素？（$\alpha = 0.05$）

解　假设检验 $H_0: \mu \leqslant 400$，$H_1: \mu > 400$.

样本容量 $n = 172 > 30$ 属于大样本，利用大样本总体均值检验的方法，选取检验统计量

$$U = \frac{\bar{X}-\mu_0}{S/\sqrt{n}}.$$

这里 $\alpha = 0.05$，查标准正态分布的分位数表，$u_\alpha = u_{0.05} = 1.645$，该检验的拒绝域为 $u > 1.645$.

将 $n = 172$，$\bar{x} = 407$，$s = 38$，$\mu_0 = 400$ 代入，计算检验统计量值为

$$u = \frac{\bar{x}-\mu_0}{s/\sqrt{n}} = \frac{407-400}{38/\sqrt{172}} = 2.416 > u_{0.05} = 1.645$$

落入拒绝域中，所以拒绝原假设 H_0，可以认为每家连锁店的日平均销售额大于 400 元.

8.2.2　一个正态总体方差的假设检验

在实际问题中，方差的检验也是假设检验的重要内容之一. 例如，居民的平均收入是衡量当地经济发展水平的一项重要指标，而收入的方差则反映了收入分配的差异，能够反映贫富差距的情况；如果你投资某种理财产品，会考虑收益率的方差，因为它反映了风险的大小；机器加工某种产品，产品指标的方差反映了机器性能的稳定性.

1. 总体 $X \sim N(\mu, \sigma^2)$，μ 未知，关于方差 σ^2 的几种常用形式的检验

（1）双侧检验 $H_0: \sigma^2 = \sigma_0^2$，$H_1: \sigma^2 \neq \sigma_0^2$.

样本方差 $S^2 = \dfrac{1}{n-1}\sum\limits_{i=1}^{n}(X_i - \bar{X})^2$ 是总体方差 σ^2 的无偏估计，因此若原假设 H_0 为真时，S^2 和 σ_0^2 会很接近，也就是说 $\dfrac{S^2}{\sigma_0^2}$ 的观测值 $\dfrac{s^2}{\sigma_0^2}$ 应该会很接近 1，若 $\dfrac{s^2}{\sigma_0^2}$ 过分地大于 1 或小于 1，则就有理由拒绝原假设 H_0，当 H_0 为真时

$$\chi^2 = \frac{(n-1)S^2}{\sigma_0^2} \sim \chi^2(n-1).$$

此双侧检验拒绝域的形式为 $\chi^2 = \dfrac{(n-1)s^2}{\sigma_0^2} < k_1$ 或 $\chi^2 = \dfrac{(n-1)s^2}{\sigma_0^2} > k_2$，其中 k_1, k_2 为常数，下面讨论 k_1, k_2 的取值 $P\{\chi^2 < k_1\} + P\{\chi^2 > k_2\} = \alpha$. 为计算方便，一般取

$$P\{\chi^2 < k_1\} = \frac{\alpha}{2}, \quad P\{\chi^2 > k_2\} = \frac{\alpha}{2}.$$

则此双侧检验的拒绝域为

$$\chi^2 < \chi_{1-\alpha/2}^2(n-1) \quad \text{或} \quad \chi^2 > \chi_{\alpha/2}^2(n-1).$$

将抽取的样本代入检验统计量中，如果 $\chi^2 < \chi_{1-\alpha/2}^2(n-1)$ 或 $\chi^2 > \chi_{\alpha/2}^2(n-1)$，则拒绝 H_0，否则，接受 H_0.

（2）左侧检验 $H_0 : \sigma^2 \geqslant \sigma_0^2, H_1 : \sigma^2 < \sigma_0^2$.

容易得出拒绝域为

$$\chi^2 = \frac{(n-1)s^2}{\sigma_0^2} < \chi_{1-\alpha}^2(n-1).$$

（3）右侧检验 $H_0 : \sigma^2 \leqslant \sigma_0^2, H_1 : \sigma^2 > \sigma_0^2$.

容易得出拒绝域为

$$\chi^2 = \frac{(n-1)s^2}{\sigma_0^2} > \chi_{\alpha}^2(n-1).$$

上述的假设检验都是利用服从 χ^2 分布的统计量确定拒绝域，把这类检验称为 **χ^2 检验**（**χ^2 test**）.

例 8.5　按照零件出厂规定，某种零件直径的标准差不得超过 $0.25\mathrm{mm}$，假设零件的直径服从正态分布，现从加工的一批零件中随机抽查了 25 件，测得样本标准差 $s = 0.35\mathrm{mm}$，则抽样结果是否说明标准差明显偏大（$\alpha = 0.05$）？

解　假设检验 $H_0 : \sigma \leqslant 0.25, H_1 : \sigma > 0.25$.

选取检验统计量

$$\chi^2 = \frac{(n-1)S^2}{\sigma_0^2}.$$

这里 $n = 25, \alpha = 0.05$，查 χ^2 分布的分位数 $\chi_{\alpha}^2(n-1) = \chi_{0.05}^2(24) = 36.415$，此检验的拒绝域为 $\chi^2 > 36.415$.

将 $s = 0.35, \sigma_0 = 0.25$ 代入检验统计量，计算统计量的观测值

$$\chi^2 = \frac{(n-1)s^2}{\sigma_0^2} = \frac{24 \times 0.35^2}{0.25^2} = 47.04 > \chi_{0.05}^2(24) = 36.415$$

落入拒绝域，故拒绝原假设 H_0，可以认为这批零件直径的标准差明显偏大.

2. 总体 $X \sim N(\mu, \sigma^2)$，μ 已知，关于方差 σ^2 的几种常用形式的检验

（1）双侧检验 $H_0 : \sigma^2 = \sigma_0^2, H_1 : \sigma^2 \neq \sigma_0^2$.

当总体均值 μ 已知时，则要充分利用 μ 的信息，在原假设 H_0 成立时，检验统计量

$$\chi^2 = \frac{\sum\limits_{i=1}^{n}(X_i - \mu)^2}{\sigma_0^2} \sim \chi^2(n).$$

类似于 μ 未知的情形,得到假设检验的拒绝域为

$$\chi^2 < \chi^2_{1-\alpha/2}(n) \quad \text{或} \quad \chi^2 > \chi^2_{\alpha/2}(n).$$

将样本值代入检验统计量中,如果 $\chi^2 < \chi^2_{1-\alpha/2}(n)$ 或 $\chi^2 > \chi^2_{\alpha/2}(n)$,则拒绝原假设 H_0,否则,接受 H_0.

(2) 左侧检验 $H_0: \sigma^2 \geqslant \sigma_0^2, H_1: \sigma^2 < \sigma_0^2$.

拒绝域为

$$\chi^2 = \frac{\sum\limits_{i=1}^{n}(x_i - \mu)^2}{\sigma_0^2} < \chi^2_{1-\alpha}(n).$$

(3) 右侧检验 $H_0: \sigma^2 \leqslant \sigma_0^2, \quad H_1: \sigma^2 > \sigma_0^2$.

拒绝域为

$$\chi^2 = \frac{\sum\limits_{i=1}^{n}(x_i - \mu)^2}{\sigma_0^2} > \chi^2_{\alpha}(n).$$

例 8.6 某无线电厂生产的一种高频管,其中的一项指标服从正态分布 $N(60, \sigma^2)$,从一大批这种产品中随机抽取 8 只高频管,测得该项指标数据为

$$68, 43, 70, 65, 55, 56, 60, 72.$$

在显著性水平 $\alpha = 0.05$ 下,检验是否有 $\sigma^2 = 8^2$.

解 作假设检验 $H_0: \sigma^2 = \sigma_0^2 = 8^2, H_1: \sigma^2 \neq 8^2$.

选取检验统计量

$$\chi^2 = \frac{\sum\limits_{i=1}^{n}(X_i - 60)^2}{\sigma_0^2}.$$

这里 $n = 8, \alpha = 0.05$,查 χ^2 分布的分位数 $\chi^2_{\alpha/2}(n) = \chi^2_{0.025}(8) = 17.535, \chi^2_{1-\alpha/2}(n) = \chi^2_{0.975}(8) = 2.18$,此检验的拒绝域为 $\chi^2 > 17.535$ 或 $\chi^2 < 2.18$.

将 $\sigma_0 = 8$ 代入,计算统计量的观测值

$$2.18 < \chi^2 = \frac{\sum\limits_{i=1}^{8}(x_i - 60)^2}{\sigma_0^2} = \frac{\sum\limits_{i=1}^{8}(x_i - 60)^2}{8^2} = 10.3594 < 17.535$$

落入接受域,故接受原假设 H_0,认为 $\sigma^2 = 8^2$.

对以上关于一个正态总体参数的假设检验进行总结(显著性水平为 α),如表 8.2 所列.

表 8.2　一个正态总体参数的假设检验表

条　件	原假设 H_0	备择假设 H_1	检验统计量	拒　绝　域
	$\mu = \mu_0$	$\mu \neq \mu_0$		$\|u\| > u_{\alpha/2}$
σ^2 已知	$\mu \leqslant \mu_0$	$\mu > \mu_0$	$U = \dfrac{\overline{X} - \mu_0}{\sigma/\sqrt{n}}$	$u > u_{\alpha}$
	$\mu \geqslant \mu_0$	$\mu < \mu_0$		$u < -u_{\alpha}$

续表

条　　件	原假设 H_0	备择假设 H_1	检验统计量	拒　绝　域
σ^2 未知且 $n<30$	$\mu=\mu_0$	$\mu\neq\mu_0$	$T=\dfrac{\overline{X}-\mu_0}{S/\sqrt{n}}$	$|t|>t_{\alpha/2}(n-1)$
	$\mu\leqslant\mu_0$	$\mu>\mu_0$		$t>t_\alpha(n-1)$
	$\mu\geqslant\mu_0$	$\mu<\mu_0$		$t<-t_\alpha(n-1)$
σ^2 未知且 $n\geqslant30$	$\mu=\mu_0$	$\mu\neq\mu_0$	$U=\dfrac{\overline{X}-\mu_0}{S/\sqrt{n}}$	$|u|>u_{\alpha/2}$
	$\mu\leqslant\mu_0$	$\mu>\mu_0$		$u>u_\alpha$
	$\mu\geqslant\mu_0$	$\mu<\mu_0$		$u<-u_\alpha$
μ 已知	$\sigma^2=\sigma_0^2$	$\sigma^2\neq\sigma_0^2$	$\chi^2=\dfrac{\sum\limits_{i=1}^{n}(X_i-\mu)^2}{\sigma_0^2}$	$\chi^2>\chi_{\alpha/2}^2(n)$ 或 $\chi^2<\chi_{1-\alpha/2}^2(n)$
	$\sigma^2\leqslant\sigma_0^2$	$\sigma^2>\sigma_0^2$		$\chi^2>\chi_\alpha^2(n)$
	$\sigma^2\geqslant\sigma_0^2$	$\sigma^2<\sigma_0^2$		$\chi^2<\chi_{1-\alpha}^2(n)$
μ 未知	$\sigma^2=\sigma_0^2$	$\sigma^2\neq\sigma_0^2$	$\chi^2=\dfrac{(n-1)S^2}{\sigma_0^2}$	$\chi^2>\chi_{\alpha/2}^2(n-1)$ 或 $\chi^2<\chi_{1-\alpha/2}^2(n-1)$
	$\sigma^2\leqslant\sigma_0^2$	$\sigma^2>\sigma_0^2$		$\chi^2>\chi_\alpha^2(n-1)$
	$\sigma^2\geqslant\sigma_0^2$	$\sigma^2<\sigma_0^2$		$\chi^2<\chi_{1-\alpha}^2(n-1)$

习题 8.2

（A）

1. 设 $X_1,X_2,\cdots,X_n$ 是取自正态总体 $N(\mu,\sigma^2)$ 的一组样本，检验假设 $H_0:\sigma^2=\sigma_0^2$，$H_1:\sigma^2\neq\sigma_0^2$，则选取的统计量及其分布为（　　）.

A. $\dfrac{\sum\limits_{i=1}^{n}(X_i-\mu)^2}{\sigma_0^2}\sim\chi^2(n)$　　　　　　B. $\dfrac{\sum\limits_{i=1}^{n}(X_i-\mu)^2}{\sigma_0^2}\sim\chi^2(n-1)$

C. $\dfrac{\sum\limits_{i=1}^{n}(X_i-\overline{X})^2}{\sigma_0^2}\sim\chi^2(n-1)$　　　　D. $\dfrac{(n-1)S^2}{\sigma_0^2}\sim\chi^2(n)$

2. 已知某炼铁厂铁水含碳量服从正态分布 $N(\mu,0.1^2)$，如果方差没有变化，假设检验为 $H_0:\mu=4.55$　$H_1:\mu\neq4.55$，则在显著性水平 α 下，检验统计量为＿＿＿＿＿＿，拒绝域为＿＿＿＿＿＿；设总体 $X\sim N(\mu,\sigma^2)$，σ^2 未知，检验假设 $H_0:\mu=4.55$，$H_1:\mu\neq4.55$，则在显著性水平 α 下，检验统计量为＿＿＿＿＿＿，拒绝域为＿＿＿＿＿＿.

3. 设总体 $X\sim N(\mu,\sigma^2)$，μ 未知，$X_1,X_2,\cdots,X_n$ 为一组样本，假设检验为 $H_0:\sigma^2\leqslant25$，$H_1:\sigma^2>25$，则在显著性水平 α 下，检验统计量为＿＿＿＿＿＿，拒绝域为＿＿＿＿＿＿.

4. 设总体 $X\sim N(\mu,\sigma^2)$，σ^2 未知，$X_1,X_2,\cdots,X_n$ 是来自总体 X 的一个简单随机样本，则假设检验 $H_0:\mu=\mu_0$，$H_1:\mu\neq\mu_0$ 的拒绝域与（　　）有关.

A. 样本值与样本容量 n　　　　　　B. 样本值与显著性水平 α

C. 样本值、样本容量 n 及显著性水平 α　　D. 显著性水平 α 与样本容量 n

5. 设 $X_1, X_2, \cdots, X_n$ 是来自正态总体 $N(\mu, \sigma^2)$ 的简单随机样本,其中参数 μ 和 σ^2 未知,记 $\overline{X} = \dfrac{1}{n}\sum_{i=1}^{n}X_i$, $S^2 = \dfrac{1}{n}\sum_{i=1}^{n}(X_i - \overline{X})^2$.

(1) 假设 $H_0: \mu = 0$, $H_1: \mu \neq 0$ 的 t 检验使用的统计量是_____;

(2) 假设 $H_0: \sigma^2 = \sigma_0^2$, $H_1: \sigma^2 \neq \sigma_0^2$ 的 χ^2 检验使用的统计量是_____.

6. 假设总体 $X \sim N(\mu, \sigma^2)$,由来自总体 X 的容量为 16 的简单随机样本,得到样本均值 $\overline{x} = 31.645$,样本方差 $s^2 = 4$,则假设检验 $H_0: \mu \leqslant 30$,使用统计量_____,其值为_____,在水平 $\alpha = 0.05$ 下_____假设 H_0.

7. 假设某种产品的质量服从正态分布,现在从一批产品中随机抽取 16 件,测得平均质量为 820g,标准差为 60g,若以显著性水平 $\alpha = 0.01$ 与 $\alpha = 0.05$,分别检验这批产品的平均质量是否为 800g,即 $H_0: \mu = 800$, $H_1: \mu \neq 800$,下列说法正确的是(   ).

A. 在两个显著性水平下都拒绝原假设

B. 在两个显著性水平下都接受原假设

C. 在 $\alpha = 0.01$ 下接受原假设,在 $\alpha = 0.05$ 下拒绝原假设

D. 在 $\alpha = 0.01$ 下拒绝原假设,在 $\alpha = 0.05$ 下接受原假设

8. 化肥厂用自动包装机装化肥,规定每袋标准质量为 100(单位:kg),设每袋质量 X 服从正态分布且标准差 $\sigma = 0.9$ 不变,某天抽取 9 袋,测得质量为

$$99.3, 98.7, 101.2, 100.5, 98.3, 99.7, 102.6, 100.5, 105.1.$$

问:机器工作是否正常?($\alpha = 0.05$)

9. 已知健康人的红细胞直径服从均值为 7.2mm 的正态分布,今从某疾病患者血液中随机测得 9 个红细胞的直径如下:

$$7.6, 8.5, 7.0, 7.3, 8.8, 6.9, 7.5, 8.0, 7.2.$$

在显著性水平 $\alpha = 0.10$ 下,该患者的红细胞与健康人的红细胞是否有显著差异?

10. 从正态总体中抽取样本观察值:

$$3.80, 4.10, 4.20, 4.35, 4.40, 4.50, 4.65, 4.71, 4.80, 5.10.$$

在显著性水平 0.10 下,检验假设 $H_0: \sigma^2 = 0.25$, $H_1: \sigma^2 \neq 0.25$.

11. 某公司生产的某种品牌的瓶装饮料要求标准差 $\sigma = 0.02$L,现在从成品饮料中随机抽取 20 瓶,发现所装饮料的样本标准差 $s = 0.03$L,假定瓶装饮料服从正态分布,试问在显著性水平 $\alpha = 0.05$ 下,我们能否认为它们达到了标准差 $\sigma = 0.02$ 升的要求?

12. 某厂用自动包装机包装奶粉,现从某天生产的奶粉中随机抽取 10 袋,测得它们的质量(单位:g)如下:

$$495, 510, 505, 489, 503, 502, 512, 497, 506, 492.$$

设包装机包装出的奶粉质量服从正态分布 $X \sim N(\mu, \sigma^2)$.(1)已知 $\mu = 500$;(2)μ 未知.分别检验各袋质量的标准差是否为 5g($\alpha = 0.05$)?

(B)

1. 对正态总体的数学期望 μ 进行假设检验,如果在显著水平 0.10 下接受原假设 H_0:

$\mu = \mu_0$,那么在显著水平 0.05 下,下列结论成立的是(　　).

A. 必须接受 H_0　　　　　　　　　　B. 可能接受也可能拒绝 H_0

C. 必须拒绝 H_0　　　　　　　　　　D. 不接受也不拒绝 H_0

2. 假设正态总体 $X \sim N(\mu, 1)$,$x_1, x_2, \cdots, x_9$ 是来自总体 X 的容量为 9 的一组样本观测值,要在 $\alpha = 0.05$ 的水平下检验 $H_0: \mu = 0$,$H_1: \mu \neq 0$,取拒绝域为 $\{|\bar{x}| > C\}$.

(1) 求常数 C;

(2) 若已知 $\bar{x} = 1.5$,是否可以据此接受 H_0?

(3) 若以 $\{|\bar{x}| > 1.15\}$ 作为 H_0 的拒绝域,试求检验的显著性水平 α.

3. 某种硬聚氯乙烯塑料的拉伸强度 $X \sim N(45, 2^2)$,现在对生产工艺进行升级后,抽取了 9 个样品,测得其样本均值 $\bar{x} = 46$.

(1) 问在显著性水平 $\alpha = 0.05$ 下能否认为生产工艺升级后其拉伸强度有显著变化?

(2) 如果生产工艺升级后的真实拉伸强度的均值为 $\mu_1 = 46.5$,试在 $\alpha = 0.05$ 下计算犯第二类错误的概率.

4. 有一种元件,要求其使用寿命不得低于 1000h,现从这批元件中随机抽取 25 件,测得其寿命平均值为 950h,已知该种元件寿命服从 $N(\mu, 100^2)$,试在显著性水平 $\alpha = 0.05$ 下确定这批元件是否合格.

5. 有一工厂生产一种灯管,已知灯管的寿命 $X \sim N(\mu, \sigma^2)$,其中 $\sigma = 200$. 根据以往的经验,灯管的平均寿命不会超过 1500h,为了提高灯管的平均寿命,工厂采用了新的生产工艺,为了进一步弄清楚新的工艺是否真正提高了灯管的平均寿命,他们测试了新工艺生产的 25 只灯管的寿命,其平均值为 1570h,试问:能否判定这是由于新工艺起了作用还是由于偶然因素造成的(显著性水平 $\alpha = 0.05$)?

6. 为了控制贷款规模,某商业银行有个内部要求,平均每项贷款数额不能超过 60 万元,假设贷款数额服从正态分布. 随着经济的发展,贷款规模有增大的趋势. 银行经理想了解在同样项目条件下,贷款的平均规模是否明显地超过 60 万元,故一个 $n = 31$ 的随机样本被抽出,测得 $\bar{x} = 68.1$ 万元,$s = 45$,在 $\alpha = 0.01$ 的显著性水平下,可否认为贷款的平均规模显著超过 60 万元?

7. 某种导线,要求其电阻标准差不得超过 0.005Ω,今生产了一批导线,从中抽取样本 9 根,测得 $s = 0.0075\Omega$,设总体服从正态分布,问:在 $\alpha = 0.05$ 下能否认为这批导线的标准差显著地偏大了?

8. 测定某种溶液的水分,它的 10 个测定值给出 $s = 0.037\%$. 设测定值总体服从正态分布,σ 为总体标准差,试在显著性水平 $\alpha = 0.05$ 下,检验假设

$$H_0: \sigma \geq 0.04\%, \quad H_1: \sigma < 0.04\%.$$

9. 自动生产线生产某种袋装食品,在正常生产情况下,每袋食品的标准重量为 500g,标准差不得超过 10g,由经验知道,该种食品的重量服从正态分布. 某天开工后,为了检查生产线的工作是否正常,随机抽取了 9 袋食品测量其重量,其结果为(单位:g):

　　　　497,　507,　510,　475,　484,　488,　524,　491,　515.

在显著性水平 $\alpha = 0.05$ 下,这天的自动生产线工作是否正常?

8.3 两个正态总体参数的假设检验

在一些实际问题中,需要比较两个正态总体均值、方差之间的关系,例如,要研究 A,B 两工厂加工零件的质量情况,生产中采用了一项新技术以后对提高产品质量是否有显著效果,这类问题常常可以转化为两正态总体关于均值的假设检验.

8.3.1 两个独立正态总体均值的检验

1. 两个正态总体的方差已知

设总体 $X \sim N(\mu_1, \sigma_1^2)$,$Y \sim N(\mu_2, \sigma_2^2)$,且 X 和 Y 相互独立,$X_1, X_2, \cdots, X_{n_1}$ 是来自总体 X 的样本,$x_1, x_2, \cdots, x_{n_1}$ 为样本值;$Y_1, Y_2, \cdots, Y_{n_2}$ 是来自总体 Y 的样本,$y_1, y_2, \cdots, y_{n_2}$ 为样本值,$\overline{X}$ 和 $\overline{Y}$ 分别为 X 和 Y 的样本均值,S_1^2 和 S_2^2 分别为 X 和 Y 的样本方差.

(1) 双侧检验 $H_0: \mu_1 = \mu_2$,$H_1: \mu_1 \neq \mu_2$.

当原假设 H_0 成立时

$$U = \frac{\overline{X} - \overline{Y}}{\sqrt{\dfrac{\sigma_1^2}{n_1} + \dfrac{\sigma_2^2}{n_2}}} \sim N(0, 1).$$

给定显著性水平 α,拒绝域为

$$|u| > u_{\alpha/2}.$$

将两组样本观测值代入检验统计量中,如果 $|u| > u_{\alpha/2}$,则拒绝 H_0,否则,接受 H_0.

(2) 左侧检验 $H_0: \mu_1 \geq \mu_2$,$H_1: \mu_1 < \mu_2$ 的拒绝域为

$$u < -u_{\alpha}.$$

(3) 右侧检验 $H_0: \mu_1 \leq \mu_2$,$H_1: \mu_1 > \mu_2$ 的拒绝域为

$$u > u_{\alpha}.$$

例 8.7 为分析男女工资收入是否有差异,对男女职员的平均小时工资进行了调查,独立抽取了具有同类工作经验的男女职员的两个随机样本,并记录下两个样本的均值、方差等数据,如表 8.3 所列.

表 8.3 两个独立样本的有关计算结果

男 性 职 员	女 性 职 员
$n_1 = 44$	$n_1 = 32$
$\overline{x} = 75$ 元	$\overline{y} = 70$ 元
$\sigma_1^2 = 64$	$\sigma_2^2 = 42$

在显著性水平为 0.05 的条件下,能否认为男性职员的平均小时工资与女性职员的平均小时工资显著不同?

解 设 $\overline{X}$ 为男性职员的平均小时工资,Y 为女性职员的平均小时工资,建立假设检验

$$H_0: \mu_1 = \mu_2, \quad H_1: \mu_1 \neq \mu_2.$$

在原假设 H_0 成立的条件下,检验统计量

$$U = \frac{\overline{X} - \overline{Y}}{\sqrt{\dfrac{\sigma_1^2}{n_1} + \dfrac{\sigma_2^2}{n_2}}} \sim N(0,1).$$

显著性水平 $\alpha = 0.05$，查标准正态分布表得临界值 $u_{\alpha/2} = u_{0.025} = 1.96$，拒绝域是 $|u| > 1.96$．这里 $n_1 = 44, n_2 = 32, \bar{x} = 75, \bar{y} = 70, \sigma_1^2 = 64, \sigma_2^2 = 42$，计算检验统计量的观测值

$$|u| = \frac{|\bar{x} - \bar{y}|}{\sqrt{\dfrac{\sigma_1^2}{n_1} + \dfrac{\sigma_2^2}{n_2}}} = \frac{|75 - 70|}{\sqrt{\dfrac{64}{44} + \dfrac{42}{32}}} = 3.006.$$

由于 $|u| = 3.006 > 1.96$，故拒绝原假设 H_0，表明男性职员的平均小时工资与女性职员的显著不同．

例 8.8 某灯泡厂在采用一项新工艺的前后，分别抽取 10 个灯泡进行寿命试验，计算得到：采用新工艺前灯泡寿命的样本均值为 2460h，总体标准差为 56h；采用新工艺后灯泡寿命的样本均值为 2550h，总体标准差为 48h. 设灯泡的寿命服从正态分布，则采用新工艺后灯泡的平均寿命是否有显著提高（$\alpha = 0.05$）？

解 设 $\overline{X}$ 表示采用新工艺后灯泡寿命的样本均值，$\overline{Y}$ 表示新工艺前灯泡寿命的样本均值，作假设检验 $H_0: \mu_1 \leqslant \mu_2, H_1: \mu_1 > \mu_2$．

选取检验统计量

$$U = \frac{\overline{X} - \overline{Y}}{\sqrt{\dfrac{\sigma_1^2}{n_1} + \dfrac{\sigma_2^2}{n_2}}}.$$

这里显著性水平 $\alpha = 0.05$，查标准正态分布表得临界值 $u_\alpha = u_{0.05} = 1.645$，拒绝域是 $(1.645, +\infty)$．

由 $n_1 = n_2 = 10, \bar{x} = 2550, \bar{y} = 2460, \sigma_1 = 48, \sigma_2 = 56$，计算检验统计量的观测值

$$u = \frac{\bar{x} - \bar{y}}{\sqrt{\dfrac{\sigma_1^2}{n_1} + \dfrac{\sigma_2^2}{n_2}}} = \frac{2550 - 2460}{\sqrt{\dfrac{56^2}{10} + \dfrac{48^2}{10}}} = 3.859.$$

由于 $u = 3.859 > 1.645$，落入拒绝域，因而有理由拒绝原假设 H_0，因此在 5% 的显著性水平下，采用新工艺后灯泡的平均寿命有显著性的提高．

2. 两个正态总体的方差未知但相等（$\sigma_1^2 = \sigma_2^2 = \sigma^2$）

（1）双侧检验 $H_0: \mu_1 = \mu_2, H_1: \mu_1 \neq \mu_2$．

由于两总体的方差相等，这里给出总体方差的加权估计量，用 S_w^2 表示，此时两个样本均值差经过标准化后服从自由度为 $n_1 + n_2 - 2$ 的 t 分布，当原假设 H_0 成立时，构造 t 检验统计量

$$T = \frac{\overline{X} - \overline{Y}}{S_w \sqrt{\dfrac{1}{n_1} + \dfrac{1}{n_2}}} \sim t(n_1 + n_2 - 2),$$

其中 $S_w^2 = \dfrac{(n_1 - 1)S_1^2 + (n_2 - 1)S_2^2}{n_1 + n_2 - 2}$ 是两样本方差的加权平均．

给定显著性水平 α，拒绝域为

$$|t| > t_{\frac{\alpha}{2}}(n_1 + n_2 - 2).$$

把两样本观测值代入检验统计量,如果 $|t| > t_{\alpha/2}(n_1 + n_2 - 2)$,则拒绝原假设 H_0,否则,接受 H_0.

(2) 左侧检验 $H_0: \mu_1 \geqslant \mu_2$,$H_1: \mu_1 < \mu_2$.

拒绝域为

$$t < -t_\alpha(n_1 + n_2 - 2).$$

(3) 右侧检验 $H_0: \mu_1 \leqslant \mu_2$,$H_1: \mu_1 > \mu_2$.

拒绝域为

$$t > t_\alpha(n_1 + n_2 - 2).$$

此检验称为**两样本 t 检验**(t **test of two samples**).

例 8.9 为了研究一种新化肥对小麦产量的影响,选用 13 块条件相同、面积相等的土地进行试验,各块土地产量(单位:kg)如表 8.4 所列.

表 8.4 各块土地产量对照表

施过肥的	34	35	30	33	34	32	
未施肥的	29	27	32	28	32	31	31

设 X 与 Y 分别表示在一块土地上施肥与不施肥两种情况下小麦的产量,并设 $X \sim N(\mu_1, \sigma^2)$,$Y \sim N(\mu_2, \sigma^2)$,则这种化肥对产量是否有显著影响?($\alpha = 0.05$)

解 作检验假设 $H_0: \mu_1 = \mu_2$,$H_1: \mu_1 \neq \mu_2$.

在原假设 H_0 成立的条件下,检验统计量

$$T = \frac{\overline{X} - \overline{Y}}{\sqrt{\dfrac{(n_1 - 1)S_1^2 + (n_2 - 1)S_2^2}{n_1 + n_2 - 2}} \sqrt{\dfrac{1}{n_1} + \dfrac{1}{n_2}}} \sim t(n_1 + n_2 - 2).$$

这里 $\alpha = 0.05$,查 t 分布的分位数表 $t_{\alpha/2}(n_1 + n_2 - 2) = t_{0.025}(11) = 2.201$,该检验的拒绝域 $|t| > t_{\alpha/2}(n_1 + n_2 - 2)$.

由 $n_1 = 6$,$n_2 = 7$,$\bar{x} = 33$,$\bar{y} = 30$,代入得到检验统计量 T 的观测值

$$|t| = \left| \frac{\bar{x} - \bar{y}}{s_w \sqrt{1/n_1 + 1/n_2}} \right| = \left| \frac{33 - 30}{1.9\sqrt{1/6 + 1/7}} \right| = 2.838,$$

其中 $s_w = \sqrt{\dfrac{(n_1 - 1)s_1^2 + (n_2 - 1)s_2^2}{n_1 + n_2 - 2}} = \sqrt{\dfrac{5 \times 16/5 + 6 \times 4}{6 + 7 - 2}} = 1.9$.

因为 $|t| = 2.838 > 2.201$,所以拒绝原假设 H_0,说明这种化肥对小麦的产量有显著影响.

8.3.2 成对数据均值的检验

前面对两个正态总体均值假设检验的讨论中,都是假定两正态总体是相互独立的,然而在一些实际问题中,并不满足独立性的条件,可能这两个样本是来自同一总体上的重复测量或观察,它们成对出现且是相关的,比如一种新研发的减肥药物疗效的研究中,比较药物的使用是否有好的效果,用药前后样本数据有一定的相关性,并且成对地出现,成对数据的检验需要假定两个总体配对差值构成的总体服从正态分布,配对差值经过标准化后服从自由度为 $n - 1$ 的 t 分布,在原假设 H_0 为真时,检验统计量

$$T = \frac{\bar{d}}{S_d / \sqrt{n}} \sim t(n-1).$$

其中，$\bar{d} = \frac{1}{n} \sum_{i=1}^{n} d_i$ 为配对差值的均值，$S_d^2 = \frac{1}{n-1} \sum_{i=1}^{n} (d_i - \bar{d})^2$ 为配对差值的样本方差.

该双侧检验的拒绝域为

$$|t| > t_{\alpha/2}(n-1).$$

如果 $|t| > t_{\alpha/2}(n-1)$，则拒绝原假设 H_0，否则，接受 H_0，此检验称为**成对数据的 t 检验**（**t test of pairing data**）.

例 8.10　用甲、乙两台仪器来测量矿石中铁元素的含量，为了鉴定它们的测量结果是否不同，用 9 块矿石进行检验，得到 9 对观察值如下表所列.

	1	2	3	4	5	6	7	8	9
甲(%)	0.20	0.30	0.40	0.50	0.60	0.70	0.80	0.90	1.00
乙(%)	0.10	0.21	0.52	0.32	0.78	0.59	0.68	0.77	0.89
差值(%)	0.10	0.09	−0.12	0.18	−0.18	0.11	0.12	0.13	0.11

则在显著性水平 $\alpha = 0.05$ 下，可否认为这两台仪器测量结果显著不同？

解　假设检验 $H_0: \mu_d = 0, H_1: \mu_d \neq 0$.

在原假设 H_0 为真时，检验统计量

$$T = \frac{\bar{d}}{S_d / \sqrt{n}} \sim t(n-1).$$

在显著性水平 $\alpha = 0.05$ 下，查表求得临界值 $t_{\alpha/2}(n-1) = t_{0.025}(8) = 2.306$，该假设检验的拒绝域为 $|t| > t_{0.025}(8) = 2.306$.

由 $n = 9, \bar{d} = 0.06, s_d = 0.1227$，计算检验统计量的值

$$|t| = \left| \frac{\bar{d}}{s_d / \sqrt{n}} \right| = \left| \frac{0.06}{0.1227 / \sqrt{9}} \right| = 1.467 < 2.306 = t_{0.025}(8),$$

落入接受域内，则在显著性水平 $\alpha = 0.05$ 下，认为这两台仪器测量结果没有显著不同.

注　在什么情况下可以把两个样本看成是匹配样本？可以考虑下面两个例子. 一个例子是研究人员检验新稻种和旧稻种是否有显著差异. 如果从一个地区抽取新稻种的样本，从另一个地区抽取旧稻种的样本，则两个样本是独立的；但如果将一块地一分为二，一边用新稻种，一边用旧稻种，这种稻种生长所依赖的土壤、水分、气候等自然条件均相同，这样的样本就是匹配样本. 另一个例子是欲检验打字员在使用两种不同型号的打字机时打字速度是否有显著差异. 假设让一批打字员使用某种型号的打字机，让另一批打字员使用另一种型号的打字机，这样的样本是独立的；但如果让同一批打字员分别使用不同型号的打字机，这时的样本就是匹配样本. 在两个总体参数的检验问题中，根据可能的情况采取匹配样本的设计，可以有效地提高检验效率.

8.3.3　两个正态总体方差的检验

两正态总体方差的假设检验是数理统计中一项重要的内容，例如，比较两台机器加工的

精度,比较两种投资方案的风险等.前面讨论两个正态总体均值的检验时,要求两个正态总体方差必须是相等的,实际问题中这个假设并不成立,就不能采用 t 检验法.许多情况下两总体方差是否相等往往事先并不知道,因此在进行两个正态总体均值的检验之前,应该先检验两个总体方差是否相等.

设总体 $X \sim N(\mu_1, \sigma_1^2)$,总体 $Y \sim N(\mu_2, \sigma_2^2)$,且 X 与 Y 相互独立,$X_1, X_2, \cdots, X_{n_1}$ 和 $Y_1, Y_2, \cdots, Y_{n_2}$ 分别是来自总体 X 与总体 Y 的容量为 n_1 与 n_2 的两组样本,S_1^2 和 S_2^2 分别表示它们各自的样本方差.

1. 双侧检验 $H_0: \sigma_1^2 = \sigma_2^2$,$H_1: \sigma_1^2 \neq \sigma_2^2$.

S_1^2 和 S_2^2 分别为 σ_1^2 和 σ_2^2 的无偏估计,因此若原假设 H_0 为真,则 $\dfrac{S_1^2}{S_2^2}$ 的观测值 $\dfrac{s_1^2}{s_2^2}$ 应该接近于 1.反之,若 $\dfrac{s_1^2}{s_2^2}$ 过大或过小,则有理由拒绝原假设 H_0,采用检验统计量 $F = \dfrac{S_1^2}{S_2^2}$,则双侧检验拒绝域的形式为 $\dfrac{s_1^2}{s_2^2} < k_1$ 或 $\dfrac{s_1^2}{s_2^2} > k_2$ 其中 k_1 和 k_2 为常数.

当原假设 H_0 为真时,利用检验统计量

$$F = \frac{S_1^2}{S_2^2} \sim F(n_1 - 1, n_2 - 1),$$

$$P\left\{\frac{S_1^2}{S_2^2} < k_1\right\} + P\left\{\frac{S_1^2}{S_2^2} > k_2\right\} = \alpha.$$

一般地,习惯上取 $P\left\{\dfrac{S_1^2}{S_2^2} < k_1\right\} = \dfrac{\alpha}{2}$,$P\left\{\dfrac{S_1^2}{S_2^2} > k_2\right\} = \dfrac{\alpha}{2}$,此双侧检验拒绝域的形式为

$$F < F_{1-\alpha/2}(n_1 - 1, n_2 - 1) \quad \text{或} \quad F > F_{\alpha/2}(n_1 - 1, n_2 - 1).$$

把两组样本观测值代入检验统计量,如果

$$F < F_{1-\alpha/2}(n_1 - 1, n_2 - 1) \quad \text{或} \quad F > F_{\alpha/2}(n_1 - 1, n_2 - 1),$$

则拒绝原假设 H_0,否则,接受 H_0.

2. 左侧检验 $H_0: \sigma_1^2 \geq \sigma_2^2$,$H_1: \sigma_1^2 < \sigma_2^2$.
拒绝域为

$$F < F_{1-\alpha}(n_1 - 1, n_2 - 1).$$

3. 右侧检验 $H_0: \sigma_1^2 \leq \sigma_2^2$,$H_1: \sigma_1^2 > \sigma_2^2$.
拒绝域为

$$F > F_{\alpha}(n_1 - 1, n_2 - 1).$$

例 8.11 现从甲、乙两批电子器材中分别随机抽取 13 个和 10 个样品,测得它们的电阻值后,计算出样本方差分别为 $s_1^2 = 1.40$,$s_2^2 = 4.38$,假设电阻值服从正态分布,是否可以认为两批器材电阻值的方差(1)$\sigma_1^2 = \sigma_2^2$($\alpha = 0.10$);(2)$\sigma_1^2 \geq \sigma_2^2$($\alpha = 0.05$).

解 (1) 作假设检验 $H_0: \sigma_1^2 = \sigma_2^2$,$H_1: \sigma_1^2 \neq \sigma_2^2$.

在原假设 H_0 为真时,检验统计量

$$F = \frac{S_1^2}{S_2^2} \sim F_{\frac{\alpha}{2}}(n_1 - 1, n_2 - 1).$$

这里,$\alpha=0.10$,$n_1=13$,$n_2=10$,$F_{0.05}(12,9)=3.07$,$F_{0.95}(12,9)=\dfrac{1}{F_{0.05}(9,12)}=\dfrac{1}{2.8}=0.36$,该检验的拒绝域 $F<F_{0.95}(12,9)=0.36$ 或 $F>F_{0.05}(12,9)=3.07$.

这里 $s_1^2=1.40$,$s_2^2=4.38$,代入得检验统计量的观测值

$$F=\frac{s_1^2}{s_2^2}=\frac{1.40}{4.38}=0.32<F_{0.95}(12,9)=0.36$$

落在拒绝域中,拒绝原假设 H_0,即认为两批器材电阻值的方差是不等的.

(2) 作假设检验 $H_0:\sigma_1^2\geqslant\sigma_2^2$,$H_1:\sigma_1^2<\sigma_2^2$.

选取检验统计量 $F=\dfrac{S_1^2}{S_2^2}$.

这里 $\alpha=0.05$,$n_1=13$,$n_2=10$,$F_{0.95}(12,9)=\dfrac{1}{F_{0.05}(9,12)}=\dfrac{1}{2.8}=0.36$,检验的拒绝域 $F<F_{0.95}(12,9)=0.36$.

这里 $s_1^2=1.40$,$s_2^2=4.38$,代入得检验统计量的观测值

$$F=\frac{s_1^2}{s_2^2}=\frac{1.40}{4.38}=0.32<F_{0.95}(12,9)=0.36$$

落在拒绝域中,拒绝原假设 H_0,即认为甲批电子器材电阻值的方差小于乙批电子器材电阻值的方差,也就是说,甲批电子器材的电阻质量更稳定些.

对以上关于两个正态总体参数的假设检验进行总结(显著性水平为 α)见表8.5.

表8.5　两个正态总体参数的假设检验

条件	原假设 H_0	备择假设 H_1	检验统计量	拒绝域
σ_1^2,σ_2^2 已知	$\mu_1=\mu_2$	$\mu_1\neq\mu_2$	$U=\dfrac{\overline{X}-\overline{Y}}{\sqrt{\dfrac{\sigma_1^2}{n_1}+\dfrac{\sigma_2^2}{n_2}}}$	$|u|>u_{\alpha/2}$
	$\mu_1\leqslant\mu_2$	$\mu_1>\mu_2$		$u>u_\alpha$
	$\mu_1\geqslant\mu_2$	$\mu_1<\mu_2$		$u<-u_\alpha$
σ_1^2,σ_2^2 未知但 $\sigma_1^2=\sigma_2^2$	$\mu_1=\mu_2$	$\mu_1\neq\mu_2$	$T=\dfrac{\overline{X}-\overline{Y}}{S_w\sqrt{\dfrac{1}{n_1}+\dfrac{1}{n_2}}}$ $S_w^2=\dfrac{(n-1)S_1^2+(n_2-1)S_2^2}{n_1+n_2-2}$	$|t|>t_{\alpha/2}(n_1+n_2-2)$
	$\mu_1\leqslant\mu_2$	$\mu_1>\mu_2$		$t>t_\alpha(n_1+n_2-2)$
	$\mu_1\geqslant\mu_2$	$\mu_1<\mu_2$		$t<-t_\alpha(n_1+n_2-2)$
μ_1,μ_2 未知	$\sigma_1^2=\sigma_2^2$	$\sigma_1^2\neq\sigma_2^2$	$F=\dfrac{S_1^2}{S_2^2}$	$F>F_{\alpha/2}(n_1-1,n_2-1)$ 或 $F<F_{1-\alpha/2}(n_1-1,n_2-1)$
	$\sigma_1^2\leqslant\sigma_2^2$	$\sigma_1^2>\sigma_2^2$		$F>F_\alpha(n_1-1,n_2-1)$
	$\sigma_1^2\geqslant\sigma_2^2$	$\sigma_1^2<\sigma_2^2$		$F<F_{1-\alpha}(n_1-1,n_2-1)$
配对差值构成的总体服从正态分布	$\mu_d=0$	$\mu_d\neq0$	$T=\dfrac{\overline{d}}{S_d/\sqrt{n}}$	$|t|>t_{\alpha/2}(n-1)$
	$\mu_d\leqslant0$	$\mu_d>0$		$t>t_\alpha(n-1)$
	$\mu_d\geqslant0$	$\mu_d<0$		$t<-t_\alpha(n-1)$

习题 8.3

（A）

1. 下列叙述正确的是（　　）.

A. 假设检验 $H_0: \sigma_1^2 = \sigma_2^2$, $H_1: \sigma_1^2 \neq \sigma_2^2$, 要求已知这两个总体的均值相同或经过检验均值相同

B. 假设检验 $H_0: \sigma_1^2 = \sigma_2^2$, $H_1: \sigma_1^2 \neq \sigma_2^2$, 要求这两个总体的均值经过检验相同

C. 假设检验 $H_0: \mu_1 = \mu_2$, $H_1: \mu_1 \neq \mu_2$, 要求已知这两个总体的方差相同或经过检验方差相同

D. 假设检验 $H_0: \mu_1 = \mu_2$, $H_1: \mu_1 \neq \mu_2$, 要求这两个总体的方差已知, 否则无法检验.

2. 甲、乙两位化验员, 对一种矿砂的含铁量各自独立地用同一种方法做了 5 次分析, 得到样本方差分别为 s_1^2 和 s_2^2, 若甲、乙两人测定值的总体都服从正态分布, 要在显著性水平 $\alpha = 0.05$ 下检验两人测定值的方差有无显著差异, 则检验的拒绝域为（　　）.

A. $\left\{ F_{\frac{\alpha}{2}}(n_1-1, n_2-1) \leqslant \dfrac{S_1^2}{S_2^2} \leqslant F_{1-\frac{\alpha}{2}}(n_1-1, n_2-1) \right\}$

B. $\left\{ F_{1-\frac{\alpha}{2}}(n_1-1, n_2-1) \leqslant \dfrac{S_1^2}{S_2^2} \leqslant F_{\frac{\alpha}{2}}(n_1-1, n_2-1) \right\}$

C. $\left\{ \dfrac{S_1^2}{S_2^2} \leqslant F_{1-\frac{\alpha}{2}}(n_1-1, n_2-1) \bigcup \dfrac{S_1^2}{S_2^2} \geqslant F_{\frac{\alpha}{2}}(n_1-1, n_2-1) \right\}$

D. $\left\{ \dfrac{S_1^2}{S_2^2} \leqslant F_{\frac{\alpha}{2}}(n_1-1, n_2-1) \bigcup \dfrac{S_1^2}{S_2^2} \geqslant F_{1-\frac{\alpha}{2}}(n_1-1, n_2-1) \right\}$

3. 甲、乙两地居民月伙食费服从正态分布 $N(\mu_1, 50^2)$ 和 $N(\mu_2, 35^2)$. 今从甲、乙两地各随机抽取 25 人和 30 人, 甲地月平均伙食费为 400 元, 乙地月平均伙食费为 350 元, 在 $\alpha = 0.05$ 水平下, 两地居民的月伙食费是否显著不同?

4. 假设有 A, B 两种药, 试验者欲比较服用 2h 后它们在患者血液中的含量是否一样, 为此, 按照某种规则挑选具有可比性的 14 名患者, 并随机指定其中 8 人服用药品 A, 另外 6 人服用药品 B, 记录他们在服用 2h 后血液中药的浓度（用适当的单位）, 数据如下:

A: 1.23, 1.42, 1.41, 1.62, 1.55, 1.51, 1.60, 1.76;

B: 1.76, 1.41, 1.87, 1.49, 1.67, 1.81.

假定这两组观测值分别服从 $N(\mu_1, \sigma^2)$ 和 $N(\mu_2, \sigma^2)$, 试在显著性水平 $\alpha = 0.10$ 下, 检验患者血液中这两种药的浓度是否有显著不同?

5. 有甲、乙两台机器, 对同样的样本进行分析, 试验分析结果如下表所示（分析结果服从正态分布）.

样本数	1	2	3	4	5	6	7	8
甲	4.3	3.2	3.8	3.5	3.5	4.8	3.3	3.9
乙	3.7	4.1	3.8	3.8	4.6	3.9	2.8	4.4

试问甲、乙两台机器分析结果之间有无显著性差异？($\alpha = 0.05$)

6. 下表分别给出两位文学家马克·吐温(Mark Twain)的 8 篇小品文以及斯诺特格拉斯(Cnodgrass)的 10 篇小品文中由 3 个字母组成的单词的比例.

马克·吐温	0.225	0.262	0.217	0.240	0.230	0.229	0.235	0.217		
斯诺特格拉斯	0.209	0.205	0.196	0.210	0.202	0.207	0.224	0.223	0.220	0.201

设两组数据分别来自两个方差相等且相互独立的正态总体,但参数均未知,问两位作家所写的小品文中包含由 3 个字母组成的单词的比例是否有显著的差异？(取 $\alpha = 0.05$)

7. 用一种新研发的药治疗高血压,记录了 41 例治疗前与治疗后病人的舒张压差值,得到其均值为 16.28,样本标准差为 10.58,假定舒张压之差服从正态分布,则在显著性水平 $\alpha = 0.05$ 下,这种新研发的药治疗高血压是否有效？

(B)

1. 设总体 $X \sim N(\mu_1, \sigma^2)$, $Y \sim N(\mu_2, \sigma^2)$, σ^2 未知,且总体 X 与 Y 相互独立,作假设检验 $H_0: \mu_1 = \mu_2$,若在显著性水平 $\alpha = 0.05$ 下拒绝了原假设 H_0,则当显著性水平改为 $\alpha = 0.01$ 时,下列结论正确的是( ).

    A. 必拒绝 H_0　　　　　　　　　B. 必接受 H_0

    C. 第一类错误的概率变大　　　　D. 可能接受 H_0,也可能拒绝 H_0

2. 为了检测学生学习概率统计的情况,随机抽取 11 名男生,10 名女生的概率统计期中考试成绩

$$\text{男生：} \bar{x} = 78, s_1^2 = 10^2, \quad \text{女生：} \bar{y} = 82, s_2^2 = 12^2.$$

(1) 这次期中考试男生和女生的概率统计成绩方差是否有显著差异($\alpha = 0.05$);

(2) 男、女生之间的成绩有无显著差异($\alpha = 0.05$)？

3. 某化工厂从某种材料中提取某种有效成分,为了提高得率,改良了提炼方法,现对同一质量的材料,用新旧两种方法各做了 10 次试验,其得率(%)分别为

旧方法：78.1,72.4,76.2,74.3,77.4,78.4,76.0,75.5,76.7,77.3;

新方法：79.1,81.0,77.3,79.1,80.0,79.1,79.1,77.3,80.2,82.1.

这两个样本分别来自正态总体 $N(\mu_1, 1)$, $N(\mu_2, 1)$,且相互独立,问新方法是否提高了得率($\alpha = 0.05$)？

4. 有两台机器生产金属部件,分别在两台机器所生产的部件中各取容量 $n_1 = 61$, $n_2 = 41$ 的样本,测得部件重量的样本方差分别为 $s_1^2 = 15.46$, $s_2^2 = 9.66$. 设两样本相互独立,问在显著性水平 $\alpha = 0.05$ 下能否认为第一台机器生产的部件重量的方差显著地大于第二台机器生产的部件重量的方差？

5. 某日从甲、乙两工厂中所生产的同一种产品中,分别抽出若干个产品测量其直径,得

甲厂：15.0,14.5,15.2,15.5,14.8,15.1,15.2,14.8;

乙厂：15.2,15.0,14.8,15.2,15.0,15.0,14.8,15.1,14.8.

设产品直径服从正态分布,问乙厂生产产品的精度是否比甲厂的高？($\alpha = 0.05$)

6. 从铁矿的东、西两支矿脉中,各抽取容量分别为 10 和 9 的样本.分析后,计算得其样

本含铁(%)的平均值与方差分别为

　　东支：$\bar{x}=0.250, s_1^2=0.135, n_1=10$；

　　西支：$\bar{y}=0.285, s_2^2=0.156, n_2=9$.

假定东、西两支矿脉含铁量都服从正态分布,则两支矿脉的含铁量是否有显著差异($\alpha=0.05$)?

7. 某仪器厂在使用一项新工艺的前后,各取 10 个仪器进行寿命试验,测得采用新工艺前仪器寿命的样本均值为 2450h,标准差为 55h,采用新工艺后样本均值为 2500h,标准差为 46h,已知仪器寿命服从正态分布,能否认为采用新工艺后仪器的寿命有显著提高($\alpha=0.05$)?

8. 有两个关于工商管理专业的硕士和学士个人年薪的独立随机样本,如下表所示.

硕 士	学 士
$n_1=20$	$n_1=22$
$\bar{x}_1=60\,000$ 元	$\bar{x}_2=55\,000$ 元
$s_1=2000$ 元	$s_2=1500$ 元

假定两总体标准差相同,试在 5% 的显著性水平下,检验工商管理硕士的个人年薪较工商管理学士是否有显著增加.

9. 9 名运动员在初进学校时,要接受体育训练的检查,训练一星期后,再检查,其对应结果分数如下:

　　进校时检查分数 x_i：76,71,57,49,70,69,26,65,59；

　　一星期后检查分数 y_i：81,85,52,52,70,63,33,83,62.

设分数服从正态分布,试判断运动员的分数是否有显著的提高($\alpha=0.05$)?

8.4　p 值检验法*

除了前面介绍的临界值法,下面再简单介绍一下 p 值检验法.

假设检验目前流行的判别法是 p 值法. 临界值法需要事先确定出显著性水平 α,拒绝域也就相应确定了,根据检验统计量的值落入的区域作出是否拒绝原假设的决策,只要这个值落入拒绝域,就拒绝原假设. 其好处是进行决策的界限清晰,但缺陷是进行决策面临的风险是笼统的,也就是不管检验统计量的值落在拒绝域的任何位置上,犯第一类错误的概率都是 α,α 是一个通用的风险概率,这是传统检验用来进行决策的缺陷,但实际上,α 是假设检验犯第一类错误的最大值,但根据不同的样本结果进行决策,面临的风险事实上是有差别的,有时候,我们更想知道犯第一类错误的真实概率是多少,如果根据样本统计量将这个概率计算出来,我们就知道决策所犯错误的概率究竟有多大,在原假设下出现检验统计量的实现值及(向备择假设方向)更极端值的概率就称为 p 值. p 值越小,就越有理由说明样本数据不支持原假设(更加支持备择假设). 将此 p 值与显著性水平 α 进行比较,如果 p 值小于显著性水平 α,说明小概率事件发生,可以拒绝原假设;如果 p 值大于 α,就不能拒绝原假设. 因此,p 值常常称为该检验的观测显著性水平(observed level of significance). 利用统计软件可以方便地获得 p 值,所以现在的统计分析人员利用 p 值进行假设检验. 在杂志、案例研究、报告等载体上公布假设检验的结果时,大部分研究人员使用 p 值. 他们不是先选择 α

然后做试验,而是(通常在统计软件包的辅助下)计算和记录较好的检验统计量的 p 值.由读者来判断结果的显著性(例如,根据 p 值,读者决定是否拒绝原假设,接受备择假设).通常,如果 p 值小于确定的显著性水平 α,读者将拒绝原假设.用这种形式报告检验的结果有两个优点:(1)如果他们实施了一个标准的假设检验,读者可以根据他们的容许程度来选择最大的 α 值;(2)提供了检验的显著度量.统计学先驱们经常使用下面的结论来描述 p 值(参见图 8-2):

(1) 如果 p 值小于 1%,我们就说有一些显著证据可推断备择假设是真的,我们就说这个检验是高度显著的;

(2) 如果 p 值位于 1%~5%之间,我们就说有一些强证据可推断备择假设是真的,我们也说这个检验是显著的;

(3) 如果 p 值位于 5%~10%之间,我们就说有一些弱证据可推断备择假设是真的,当 p 值大于 5%时,我们说结果不是统计显著的;

(4) 当 p 值超过 10%时,我们就说没有证据可以推断备择假设是真的.

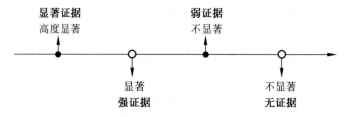

图 8-2　检验显著性与 p 值的关系

计算假设检验 p 值的步骤:

1. 根据抽取的样本值,计算检验统计量的值;

2. ①如果检验是单侧的,则 p 值就是统计量的值偏向备择假设方向那块区域的面积.因此,如果备择假设的形式是">",则 p 值是统计量值右侧区域的面积,相反,如果备择假设的形式是"<",则 p 值是统计量值左侧区域的面积;

②如果检验是双侧的,p 值等于两倍的超过统计量值区域的面积.即如果统计量值是正的,则 p 值等于两倍的右侧区域的面积,如果统计量值是负的,则 p 值等于两倍的左侧区域的面积.

下面以一个正态总体均值的单侧检验进行说明.

设总体 $X \sim N(\mu, \sigma^2)$,$X_1, X_2, \cdots, X_n$ 是取自总体 X 的一个样本,给定显著性水平为 $\alpha(0 < \alpha < 1)$,若 σ^2 已知,假设检验

$$H_0: \mu \leqslant \mu_0, \quad H_1: \mu > \mu_0.$$

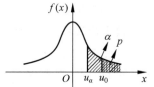

图 8-3　单正态总体均值 μ 右侧
检验中显著性水平和
p 值之间的关系

选取检验统计量 $U = \dfrac{\overline{X} - \mu_0}{\sigma/\sqrt{n}}$,由样本观测值求出 U 的观测值 u_0,进而计算出 $p = P\{U > u_0\}$,如图 8-3 所示.

当 $p \leqslant \alpha$ 时,表示观测值 u_0 落在拒绝域中,因而拒绝 H_0;当 $p > \alpha$ 时,表示观测值 u_0 不落在拒绝域中,因而接受 H_0.

由此可得 p 值的定义及 p 值检验法如下.

定义 8.1 假设检验的 **p 值**(**probability value**)是由检验统计量的样本观测值得出的原假设可被拒绝的最小显著性水平.

按照 p 值的定义,对于任意指定的显著性水平 α,有以下结论:

(1) 当 $p \leqslant \alpha$ 时,在显著性水平 α 下拒绝 H_0;

(2) 当 $p > \alpha$ 时,在显著性水平 α 下接受 H_0.

这种利用 p 值进行检验的方法,称为 **p 值检验法**(**p value test method**).

例 8.12 某种元件的寿命 X(单位:h)服从正态分布 $N(\mu, \sigma^2)$,μ, σ^2 均未知,现测得 16 只元件的寿命如下:

$$159, 280, 101, 212, 224, 379, 179, 264,$$
$$222, 362, 168, 250, 149, 260, 485, 170.$$

问是否有理由认为元件的平均寿命大于 225h?

解 假设检验 $H_0: \mu \leqslant \mu_0 = 225, H_1: \mu > 225$.

由 $n = 16, \bar{x} = 241.5, s = 98.7259$,算得检验统计量 $T = \dfrac{\bar{X} - 225}{S/\sqrt{n}}$ 的观察值为

$$t = \frac{\bar{x} - 225}{s/\sqrt{n}} = \frac{241.5 - 225}{98.7259/\sqrt{16}} = 0.6685.$$

由计算机算得 $p = P_{\mu_0}\{T > 0.6685\} = 0.2570, p > \alpha = 0.05$,故接受 H_0.

用临界值法进行检验时,对于每一个不同的显著性水平 α,都要确定不同的拒绝域,而 p 值检验法的优点在于:只要得到了 p 值,对于每一个不同的显著性水平 α,都可以经过比较,直接做出判断. 在现代计算机统计软件中,一般直接给出检验问题的 p 值.

p 值表示反对原假设 H_0 的依据的强度,p 值越小,反对 H_0 的依据越强、越充分(譬如对于某个检验问题检验统计量的观察值的 $p = 0.0009$,p 值如此小,以至于几乎不可能在 H_0 为真时出现目前的观察值,这说明拒绝 H_0 的理由很强,我们就拒绝 H_0).

习题 8.4

1. 用 p 值检验法进行假设检验,若显著性水平 $\alpha = 0.05$,则( )时,拒绝 H_0.

    A. $p = 0.12$ B. $p = 0.25$ C. $p = 0.08$ D. $p = 0.01$

2. 设总体服从 $N(\mu, 100)$,μ 未知,现有样本:$n = 16, \bar{x} = 13.5$,检验假设问题为 $H_0: \mu \leqslant 10, H_1: \mu > 10$,求 H_0 可被拒绝的最小显著性水平 p($\Phi(1.4) = 0.9192$)

趣味拓展材料 8.1   女士品茶

20 世纪 20 年代后期,在英国剑桥一个夏日的下午,一群大学的绅士和他们的夫人以及来往者,正围坐在户外的桌旁享用下午的奶茶. 奶茶是茶与牛奶按一定比例混合. 在制作时有两种方法:先放牛奶后放茶(MT),先放茶后放牛奶(TM). 这时候,一位女士声称她能区分这两种不同做法调制出来的奶茶. 在场的统计学家费希尔对这个问题很感兴趣,他提出

做一个试验来判断她所说的是否有根据. 准备 8 杯奶茶, MT 和 TM 各半, 请这位女士喝, 让她把 MT 和 TM 分辨出来(先告诉她各种 4 杯), 以 x 记她说对的杯数, 则 x 只能取 8,6, 4,2 和 0 这 5 个值.

立下零假设"该女士没有辨别 MT 和 TM 的能力". 这时, 她从给她的 8 杯中挑出 4 杯 (作为 MT)的方法, 与随机地从 8 杯中挑出 4 杯是一样的. 由此不难算出, 在零假设成立时, x 的分布为

x 值	8	6	4	2	0
概率	$\frac{1}{70}$	$\frac{16}{70}$	$\frac{36}{70}$	$\frac{16}{70}$	$\frac{1}{70}$

取检验统计量 $T=x$, T 值越大, 越说明该女士有分辨力而更倾向于否定零假设. 设 $T=8$, 即女士全说对了, 这时该检验的显著性水平为

$$p = P\{T \geqslant 8\} = \frac{1}{70} \approx 0.014.$$

显著性很高, 有理由认为可否定零假设. 当然, 这也随实验者的看法而异, 也可能他不认为这个结果已提供了强有力的证据, 这时他可加大力度, 例如把 8 杯奶茶改为 12 杯(MT, TM 各 6 杯). 这时在零假设下, $T=12$ 的概率只有 $\frac{1}{924} \approx 0.0011$. 如果某女士试验结果为 $T=12$, 则否定零假设的证据就有力得多.

仍回到费希尔的试验. 若 $T=6$, 成绩也很可观, 但此时的显著性水平为

$$p = P\{T \geqslant 6\} = \frac{1}{70} + \frac{16}{70} = \frac{17}{70} \approx 0.244.$$

就是说, 仅凭瞎碰, 也有近乎 $\frac{1}{4}$ 的机会取得与该女士一样或更好的成绩, 因此这没有为否定零假设提供任何根据.

费希尔强调零假设不能被证明. 如此例 $T=6$, 我们说不能否定零假设, 但也不说明零假设就对了. 应该是该女士可能有一定程度(但非 100%)的鉴别力, 例如判对率为 $\frac{2}{3}$, 那也可以很好地解释 $T=6$ 这个试验结果.

这里的设计部分有两个方面: 一是保证随机性, 即 MT 和 TM 从杯子等外表上不能有差异, 且是按随机的次序把这 8 杯依次交给该女士. 这个做法保证了费希尔的上述第 2 条原则: 在零假设成立的前提下, 可算出检验统计量的确切分布. 另一方面是杯数, 即预定 MT 和 TM 的数目. 比如说, 在预定 8 杯时, 是否把 MT 和 TM 各取一半为好, 还是其他数目, 如 MT 取 2 杯, TM 取 6 杯? 还有, 是告诉该女士 MT 和 TM 各多少杯好, 还是不告诉她好? 对杯数, 当然多一些试验的灵敏度高, 但有一个代价问题(人力、物力、时间). 这问题在此例中也许不显著, 但在费用昂贵且安排的试验费时费力的场合, 就是一个不得不考虑的因素, 至于 MT 和 TM 的数目, 肯定是各半为好. 如在 8 杯的情况, 若 MT 取 2 杯, 则该女士全说对时, 显著性水平还只有 $\frac{1}{28}$, 远不如取 4 杯时的 $\frac{1}{70}$ 为好. 关于是否把 MT 的杯数告诉该女士的问题, 则是不告诉时灵敏度更高. 如在 8 杯而 MT 有 4 杯的场合, 若不告诉该女士, 则由于

瞎碰而全碰对的机会只有$\frac{1}{128}$，比$\frac{1}{70}$的显著性高.

趣味拓展材料8.2　罗纳德·艾尔默·费希尔

罗纳德·艾尔默·费希尔(Ronald Aylmer Fisher,1890—1962)英国著名的统计学家、遗传学家、生物进化学家、数学家,现代数理统计的奠基人之一,还是"优生运动"的倡导者.

费希尔才华横溢,在多个领域都有高质量的丰富产出.特别是在统计学方面,他的论文和专著贡献了现代统计学大量的原创思想,被认为是"几乎独自一人创立了现代统计学"的天才.在20世纪二三十年代提出了许多重要的统计方法,开辟了一系列统计学的分支领域.他发展了正态总体下各种统计量的抽样分布,与叶茨合作创立了"试验设计"这一统计分支并提出相适应的方差分析方法,费

费希尔

希尔在假设检验分支中引进了显著性检验概念,开辟了多元统计分析的方向.在20世纪三四十年代,费希尔和他的学派在数理统计学研究方面占据着主导地位.他的两部著作,1925年出版的《研究工作者的统计方法》和1935年出版的《实验设计》对统计学界影响巨大.这些作品因实用性令学者们如获至宝,其影响力甚至走出欧洲,遍及世界,他是达尔文以来最伟大的生物进化学家,他在抽样分布理论、相关回归分析、多元统计分析、最大似然估计理论、方差分析和假设检验方面有很多的建树.

趣味拓展材料8.3　埃贡·皮尔逊

皮尔逊

埃贡·皮尔逊(Egon Pearson,1895—1980)是现代统计奠基人卡尔·皮尔逊的儿子,为了和他父亲好做区分,我们称他为"小皮尔逊"(称卡尔·皮尔逊为"老皮尔逊"),小皮尔逊的经历比较简单,年轻时即追随其父学习和研究统计学,待奈曼1925年秋到大学学院参加卡尔·皮尔逊主持的研究生班时,埃贡在班上协助其父任辅导,后来到1933年卡尔·皮尔逊退休并将其职务一分为二时,埃贡接替了其统计系主任的工作直至退休.

据说他为人性格比较内向,不善与人交往.在当时统计界名流中,唯有Student与他保持良好的关系.他1926年开始与Student通信以来,书信往来一直到Student去世的1937年.他很珍视这份友谊,临去世前两年他还在编辑他与Student的往来信件,共百余封,其中包含了不少这段时期有关统计学的珍贵史料.

趣味拓展材料8.4　乔治·奈曼

乔治·奈曼(Jerzy Neyman,1894—1981)出生在沙皇俄国,但从来都认为自己是波兰人.有的书籍把他的名字翻译成"杰西"或者"耶日",其实Jerzy是George的波兰拼法.近代波兰,是个命运多舛的国家.读奈曼的传记,也会不由感慨,他早年(到美国之前)的人生经历,简直就像他的祖国一样,历经坎坷.但更令人印象格外深刻的

奈曼

是,总能感到奈曼身上似乎有种颇为乐观的英雄气概.如果用一个武侠人物作比,大概令狐冲最为神似,再多的磨难也"依然故我",洒脱、豪爽、幽默、热忱.

奈曼的童年很幸福,那时波兰还是俄国的殖民地.由于沙皇的"波兰人不得回原籍"政策,成千上万的波兰家庭被驱赶、流放或是逃难,而迁居俄国,成了侨民,奈曼的家族就是其中之一.不过,到奈曼父亲一代,生活已经安定:父亲从事法律,家里衣食无忧,还雇有保姆和仆人.奈曼有个比他大十六岁的大哥,但他几乎是作为家里唯一的孩子长大的.父母非常重视他的教育,所以除了正常上学,还请了家庭教师专门教授他德语和法语.这里,奈曼的语言天赋非常值得一提,据不完全统计,奈曼一生至少精通7种语言(俄语、波兰语、乌克兰语、法语、德语、拉丁语、英语),至少用其中3种语言发表过学术论文,至少用5种语言讲授过数学课,这当然和他优质的早期教育大有关系,也为他日后走南闯北提供了不小的便利.

青年时代,奈曼的理想一定是像勒贝格一样,做一个纯理论数学家.当年,日后的理论概率学家的伯恩斯坦(S. N. Bernstein)就在他大四时候来到哈尔科夫大学任讲师,奈曼去听过他的课,对他也十分欣赏和尊重,但由于沉迷于勒贝格积分,对概率和统计相关研究丝毫不感兴趣.反倒是伯恩斯坦课上推荐他们读的老皮尔逊的《科学的语法》,极大地震动甚至颠覆了来自天主教家庭的他的世界观.对他日后走上统计研究之路,也许可以说是无心插柳,但影响深远.

奈曼迁居波兰后,生活很艰难.他一直执着地保持学术追求,多番努力,到处求取当时非常稀缺的大学教职.但当时只有一家地方农学院希望开辟新兴的统计专业,需要一个教统计的老师.完全迫于生计,奈曼就接受了这个职位,就这样开始了他的统计生涯.但收入微薄,他依然需要靠去中学讲课、去机构和公司兼职才能勉强维持生活.但即便在这样艰苦的条件下,奈曼依然做出了很多成绩:他发表了一系列研究成果,在波兰学界崭露头角.当时,他已经搬到了华沙,供职中央农学院.一件非常幸运的,可以说完全改变奈曼命运的事发生了:1926年,他得到了政府的资助去英国访学,因为他发表的文章和项目申请,在波兰学界已经没人有足够的水平审稿了,于是政府决定派遣他去当时世界第一的统计研究的中心老皮尔逊那里深造.

虽然没有在老皮尔逊那里学到太多东西,但伦敦之行还是收获颇丰.一来是由于老皮尔逊的推荐,他获得了洛克菲勒基金会的资助继续去法国巴黎访学,终于亲见他的偶像勒贝格并聆听了他的课,奈曼非常兴奋,哪怕在那时,奈曼还是一心想要做回理论数学家的.二来,是他结识了老皮尔逊的儿子——小皮尔逊.当这个与他年龄相仿,但从来都沉默寡言的青年人,在他到巴黎后与他通信,也许都让他颇感意外.更让人意外的是,这样的通信竟然把奈曼从追寻偶像的成为理论数学家梦想拉回到统计研究中来,且这一通信就是八年,他们俩成为了挚友和重要合作者:共同完成了永载史册的奈曼-皮尔逊理论.

奈曼在结束了巴黎的访学后,回到波兰继续任教,他和小皮尔逊的合作顺利,硕果累累,但生活没有一日日地变好,而是随着波兰动荡的局势,日趋困难.到1930年前后,战争的局势,迫在眉睫,十分危急.甚至只是为了维持他的研究组的生存,奈曼已经耗尽了全部精力,没有办法再开展研究,他多次写信向小皮尔逊求救.1933年,老皮尔逊退休,大学将统计系一分为二,分别交由费希尔和小皮尔逊管理.相对当时如日中天的费希尔,小皮尔逊可谓人微言轻,但他上任的第一件事就是想方设法开掉了系里仅有的四个成员中的一个,好给奈曼留出一个职位.这件事在 1934 年年底得到了院长的批准,奈曼终于得以举家迁往了伦敦,受到了小皮尔逊一家热情的接待.

1934—1938 年期间,奈曼对统计科学又做出了四项基础性的贡献,每一项都足以让他获得国际声誉.他提出了置信区间理论,它对于统计理论与数据分析中的重要性怎么估计都不会过高.他对传染分布理论的贡献在生物学数据处理中十分有效.他的总体分布抽样法为一种统计学理论铺平了道路,让我们受益颇多,其中就包括盖洛普民意测验.他以及费希尔的彼此带有不同的随机化实验模型的工作,开辟了在农业、生物学、医学和物理学中广泛应用的全新实验领域.

学过统计的人,大多还会知道这个名字——许宝騄先生,他是我们中国统计界伟大的先驱,中国统计学派的祖师爷.许先生其实是小皮尔逊和奈曼在英国最杰出的弟子.尤其是奈曼,特别欣赏许先生,20 世纪 40 年代,他在伯克利最想招募的人就是许先生.但奈曼的聘书,由于国内战乱,通信受阻,许先生一直没收到,但不知为何,哥伦比亚大学的聘书却寄到了.所以许先生先去了哥伦比亚,之后才得知恩师奈曼一直召唤他去伯克利.但好在两边都是熟人,大家友好协商,许先生就一半的时间在哥伦比亚,一半的时间在伯克利.许先生一直心系祖国,辞谢了恩师的多次挽留,于 1947 年回到北京,创中国数理统计之先河.奈曼于 1981 年去世,享年 87 岁.他不仅因为卓越而高产的学术成就,为后世铭记,更是作为统计界的一代宗师,永载史册.

趣味拓展材料 8.5 "英雄难过美人关"是真的吗?

自古以来,英雄与美人的话题一直被津津乐道,一句"英雄难过美人关"也为许多昏庸无能的亡国之君提供了一个浪漫的借口.那么"英雄真的难过美人关"吗? 这在现代社会是否也成立呢?

两位加拿大心理学家 Margo Wilson 与 Martin Daly 应用假设检验的原理来论证了这个说法.在一篇发表于 2004 年《伦敦皇家科学报告》中的论文,Wilson 与 Daly 共征选了96 位男性和 113 位女性,其平均年龄约为 21 岁,并按性别、试验条件随机分成四组后进行心理测验.试验的问题为:您愿意在明天立即获得 15～35 美元,还是在至少一星期后的某一时间(7～236 天之后)获得 50～75 美元.该轮试验的结果是:大多人更倾向于获得较大额但等待时间较长的回报.

为了观察在引入了额外因素后是否会影响试验者的判断选择,心理学家按男女小组分别向试验者展示了一系列图片(分别是长相一般的男或女和长相姣好的男或女等),以观察和比较试验者的思维变化.因此,在第二轮试验中,各组的初始假设设定为:不论外部因素如何介入,都不会影响试验者原来的选择.

有趣的是:在凝视美女图片后,大多数男性改变了想法,选择立即获得金钱,即使所获得的金额较少.但是,若观看那些长相一般的女性图片,大多数男性就会理性地选择等待一段时间,以获取更多的金钱.不过,对大多数女性而言,无论是面对英俊潇洒的帅哥图片还是面容一般的男性图片,她们都仍然宁愿选择等待以获得更多的财富.按照统计学假设检验的原理,若在原假设成立的前提下,通过一次试验就使小概率事件发生,可以认为原假设不正确,因此该试验的结果说明男性确实会因为某些外部因素的影响而改变选择.

从心理学角度来解释这个现象,Wilson 认为:当美丽的情影停留在男性的心中时,男性会希望立刻获得财富,并利用这些财富来打动美人的芳心.也就是说,在面对美女时,男性容易失去理智、情不自禁地短视近利,并宁愿牺牲长远的利益.看来"英雄难过美人关"确实是可以找到科学依据的!

测 试 题 8

一、填空题(每空 1 分,共 16 分)

1. 若总体 $X \sim N(\mu, \sigma^2)$,当 σ^2 已知时,假设检验 $H_0 : \mu = \mu_0$,采用服从_____分布的检验统计量_____;当 σ^2 未知时,假设检验 $H_0 : \mu = \mu_0$,采用服从_____分布的检验统计量_____.

2. 设总体 X 与 Y 相互独立,且 $X \sim N(\mu_1, \sigma_1^2)$,$Y \sim N(\mu_2, \sigma_2^2)$,当 σ_1 与 σ_2 已知时,假设检验 $H_0 : \mu_1 = \mu_2$,采用服从_____分布的检验统计量_____;当 $\sigma_1^2 = \sigma_2^2$ 时,假设检验 $H_0 : \mu_1 = \mu_2$,采用服从_____分布的检验统计量_____.

3. F 检验法可用于检验两个相互独立的正态总体的_____是否有显著差异,检验统计量为_____;χ^2 检验法可用于一个正态总体_____的检验,检验统计量为_____.

4. 设总体 $X \sim N(\mu, \sigma^2)$,若检验假设 $H_0 : \sigma^2 = \sigma_0^2$,$x_1, x_2, \cdots, x_9$ 是一组样本,$\alpha = 0.05$,则 H_0 的拒绝域为_____;若检验假设 $H_0 : \sigma^2 \geqslant \sigma_0^2$,则 H_0 的拒绝域为_____.

5. 设 $X_1, X_2, \cdots, X_{17}$ 为总体 $X \sim N(\mu, \sigma^2)$ 的一组样本,假设检验 $H_0 : \sigma^2 \geqslant 9$,$H_1 : \sigma^2 < 9$ 的拒绝域为 $\{s^2 < 4.479\}$,则犯第一类错误的概率_____,若 $H_1 : \sigma^2 = 3.044$,假设检验推断结果犯第二类错误的概率_____.

二、单项选择题(每题 3 分,共 12 分)

1. 对于正态总体 $N(\mu, \sigma^2)$(σ^2 未知)的假设检验问题:$H_0 : \mu \leqslant 1$,$H_1 : \mu > 1$.若显著性水平 $\alpha = 0.05$,则其拒绝域为(　　).

    A. $|\overline{X} - 1| \geqslant u_{0.05}$ B. $\overline{X} \geqslant 1 + t_{0.05}(n-1)\dfrac{s}{\sqrt{n}}$

    C. $|\overline{X} - 1| \geqslant t_{0.05}(n-1)\dfrac{s}{\sqrt{n}}$ D. $\overline{X} \leqslant 1 - t_{0.05}(n-1)\dfrac{s}{\sqrt{n}}$

2. 机床厂某日从两台机器所加工的同一种零件中分别抽取容量为 n_1 和 n_2 的样本,并且已知这些零件的长度都服从正态分布,为检验这两台机器精度是否相同,则正确的假设是(　　).

    A. $H_0 : \mu_1 = \mu_2$,$H_1 : \mu_1 \neq \mu_2$ B. $H_0 : \sigma_1^2 = \sigma_2^2$,$H_1 : \sigma_1^2 \neq \sigma_2^2$

    C. $H_0 : \sigma_1^2 \geqslant \sigma_2^2$,$H_1 : \sigma_1^2 < \sigma_2^2$ D. $H_0 : \mu_1 \geqslant \mu_2$,$H_1 : \mu_1 < \mu_2$

3. 关于假设检验问题的 p 值法,以下说法正确的是(　　).

    A. 对于任意给定的显著性水平 α,若 $\alpha < p$,则在显著性水平 α 下拒绝 H_0

    B. 对于任意给定的显著性水平 α,若 $\alpha < p$,则在显著性水平 α 下接受 H_0

    C. 对于任意给定的显著性水平 α,若 $\alpha \geqslant p$,则在显著性水平 α 下接受 H_0

    D. 对于任意给定的显著性水平 α,分别用 p 值法和临界值法会得到不同的检验结果

4. 设 $X_1, X_2, \cdots, X_n$ 为取自总体 $X \sim N(\mu, \sigma^2)$ 的一个样本,对于给定的显著性水平 α,已知关于 σ^2 检验的拒绝域为 $\chi^2 \leqslant \chi_{1-\alpha}^2(n-1)$,则相应的备择假设 H_1 为(   ).

    A. $\sigma^2 \neq \sigma_0^2$ B. $\sigma^2 > \sigma_0^2$ C. $\sigma^2 < \sigma_0^2$ D. 无法判断

三、分析判断题(每题 1 分,共 3 分)

1. 若我们作出的决策是拒绝 H_0,则 H_0 一定不会发生.

2. 在假设检验中,原假设 H_0 和对立假设 H_1 的地位是对称的,因此,对于给定的样本观察值和显著性水平,不管将哪一方作为原假设,总能得出相同的结论.

3. 在假设检验中,采用双侧检验还是单侧检验是根据对立假设 H_1 而定的.

四、计算题(9 道题,共 69 分,解答时须写出详细的解题过程)

1. (7 分)某工厂生产的螺钉要求标准长度是 68(mm),实际生产的产品其长度 X 服从正态分布 $N(\mu, 3.6^2)$.考虑假设检验问题

$$H_0: \mu = 68, \quad H_1: \mu \neq 68.$$

记 $\bar{X}$ 为样本均值,按下列方式进行检验:当 $|\bar{X} - 68| > 1$ 时拒绝原假设 H_0;当 $|\bar{X} - 68| \leqslant 1$ 时,接受假设 H_0.当样本容量 $n = 64$ 时,求:

(1) 假设检验推断结果犯第一类错误的概率 α;

(2) 若 $H_1: \mu = 70$,假设检验推断结果犯第二类错误的概率 β.

2. (6 分)某品牌的袋装大米标准重量为 10kg,商品检验部门从市场上随机抽取 10 袋,称得它们的重量(单位:kg)分别是

        $10.2, 9.7, 10.1, 10.3, 10.1, 9.8, 9.9, 10.4, 10.3, 9.8.$

假设每袋大米实际重量 $X \sim N(\mu, 0.1^2)$,试在显著性水平 $\alpha = 0.01$ 下,检验该品牌的袋装大米的重量是否为 10kg?

3. (8 分)某厂生产的电子元件寿命服从正态分布 $N(\mu, \sigma^2)$,其中 $\sigma = 40$(h).现从生产出的一大批元件中随机抽取 9 件,测得使用寿命的均值 $\bar{x}$ 较以往正常生产的均值 μ 大 20(h).设总体方差不变,问在显著性水平 $\alpha = 0.01$ 下,能否认为这批元件的使用寿命有显著提高?

4. (8 分)下面给出了从 2017 年货币基金中随机抽取的 10 只基金的年化收益率(%):

        $4.28, 4.39, 4.86, 4.62, 4.72, 4.76, 4.41, 4.53, 4.46, 4.91.$

给定显著性水平 $\alpha = 0.05$,假定货币基金的年收益率服从正态分布,试问:

(1) 能否认为货币基金的年收益率大于 4.4%?

(2) 能否认为货币基金的年收益率的方差大于 0.04?

5. (8 分)设甲、乙两铁矿石工厂中所产的铁矿石中含铁率分别为 $N(\mu_1, 7.5)$ 和 $N(\mu_2, 2.6)$,为检验这两个铁矿石工厂的铁矿石含铁率有无明显差异,从两工厂中取样,测试结果如下:

    甲厂(%):$24.3, 20.8, 23.7, 21.3, 17.4$;

    乙厂(%):$18.2, 16.9, 20.2, 16.7.$

试在显著性水平 $\alpha = 0.05$ 下,检验"含铁率无差异"这个假设.

6. (8 分)比较甲、乙两种玉米品种蛋白质含量,随机抽取甲种玉米 10 个样品,测得 $\bar{x} = 14.3, s_1^2 = 1.62$.随机抽取乙种玉米 5 个样品,测得 $\bar{y} = 11.7, s_2^2 = 0.14$.假定这两种玉米蛋

白质含量都服从正态分布,且具有相同方差,试在 $\alpha=0.01$ 水平下,检验两种玉米的蛋白质含量有无差异?

7. (8分)一名数学教师教甲、乙两个班级的同一门数学课,在一次期末考试结束后,从甲班抽取 16 名同学,从乙班抽取 21 名同学,两组样本相互独立,甲班成绩的样本标准差为 $s_1=8$,乙班成绩的样本标准差为 $s_2=10$,假设甲、乙两班期末考试成绩分别服从正态分布 $N(\mu_1,\sigma_1^2),N(\mu_2,\sigma_2^2)$,可否认为乙班成绩的标准差比甲班大($\alpha=0.01$)?

8. (8分)为检验小学生中男生与女生的身高是否有显著差异,从某小学三年级中随机抽取了 7 名男生和 6 名女生,测得他们的身高(单位:cm)为:

男生:140,138,143,142,144,137,141;

女生:135,140,142,136,138,140.

假设男、女生的身高均服从正态分布,且两样本相互独立,则小学生中男生与女生的身高是否有显著差异($\alpha=0.10$)(**提示**:需先检验两个总体的方差相等)?

9. (8分)随机地选 9 个人,分别测量他们在早晨起床时和晚上就寝时的身高(单位:cm),得到如下表所列的数据:

序号	1	2	3	4	5	6	7	8	9
早上	174	168	182	181	159	163	165	177	171
晚上	173	167	180	178	158	161	166	176	170

设各对数据的差是来自正态总体 $N(\mu,\sigma^2)$ 的样本,是否可以认为早晨的身高比晚上的身高要高($\alpha=0.05$)?

第 8 章涉及的考研真题

参 考 答 案

第1章习题答案

习题 1.1

（A）

1. （1）$\Omega=\{B,G\}$，有限的； （2）$\Omega=\{2,3,\cdots,12\}$，有限的；
（3）$\Omega=\{0,1,2,\cdots\}$，无限可数的； （4）$\Omega=\{x\mid 0\leqslant x\leqslant 100\}$，无限不可数的；
（5）$\Omega=\{(x,y)\mid 0\leqslant x^2+y^2\leqslant 4\}$，无限不可数的； （6）$\Omega=\{2,3,\cdots\}$，无限可数的.

2. （1）A；（2）$A\bar{B}\bar{C}$；（3）ABC；（4）$\overline{ABC}$；（5）$\bar{A}\cup\bar{B}\cup\bar{C}=\overline{ABC}$；
（6）$\bar{A}BC\cup A\bar{B}C\cup AB\bar{C}\cup ABC$ 或 $AB\cup AC\cup BC$.

3. $A=\{$ 正正,正反 $\}$；$B=\{$ 正正,反反 $\}$；$C=\{$ 正正,正反,反正 $\}$.

4. （1）$\{$甲乙至少一人来听报告$\}$；（2）$\{$甲乙都来听报告$\}$；（3）$\{$甲乙都不来听报告$\}$；（4）$\{$甲乙至少一人不来听报告$\}$.

5. $A\cup\bar{A}B$ 或 $B\cup A\bar{B}$.

6. 略.

7. 两个事件对立必然互不相容,反之不成立. 举例略.

（B）

1. （1）该专业大二没有参加数学建模比赛的男生；（2）参加数学建模比赛的同学全是该专业大二的男生；（3）参加数学建模比赛的同学全是该专业大二的女生.

2. （1）$A\cup B\cup C=A\cup\bar{A}B\cup\bar{A}\bar{B}C$； （2）$B\cup AC=B\cup A\bar{B}C$；
（3）$AB\cup BC=AB\cup\bar{A}BC$； （4）$B-AC=\bar{A}B\cup AB\bar{C}$.

提示：画文氏图. 表示方法不是唯一的.

3. 略.

4. $A_1A_2+A_1A_3+A_2A_3$.

习题 1.2

（A）

1. （1）$\dfrac{1}{12}$；（2）$\dfrac{1}{20}$.

2. $P(A)=1-\dfrac{C_7^4}{C_{10}^4}=\dfrac{5}{6}$.

3. （1）$\dfrac{n!}{N^n}$；（2）$\dfrac{C_N^n n!}{N^n}$；（3）$\dfrac{C_n^m(N-1)^{n-m}}{N^n}$.

4. $P(A)=1-\dfrac{A_{365}^n}{365^n}$.

下面是 n 取不同的值时 $P(A)$ 的数值：

n	10	15	20	25	30	40	45	50	55
P	0.117	0.253	0.414	0.569	0.706	0.891	0.94	0.97	0.99

当 $n=64$ 时, $P(A) \approx 0.997$, "至少两人生日相同"几乎是必然的了. 可见, 一年 365 天, 55 件大事是有的, 所以不管"双喜临门"还是"祸不单行"也就没什么奇怪的了.

5. C.

6. (1) 0.5; (2) 0.9; (3) 0.0486; (4) 0.6561.

7. 0.2.

8. 0.75.

9. (1) 0.5; (2) 0.2; (3) 0.8; (4) 0.2; (5) 0.9.

10. 0.3.

11. $\dfrac{7}{12}$.

12. $P(AB) \leqslant P(A \cup B) \leqslant P(A)+P(B)$.

(B)

1. 0.9.

2. (a) 无放回抽取 (1) $\dfrac{C_2^1 C_{26}^5}{C_{52}^5}$; (2) $\dfrac{C_4^1 C_{13}^5}{C_{52}^5}$; (3) $\dfrac{C_{13}^1 C_4^3 C_{12}^2 C_4^2}{C_{52}^5}$; (4) $\dfrac{C_{13}^2 C_4^2 C_4^2 C_{44}^1}{C_{52}^5}$.

(b) 有放回抽取 (1) $\dfrac{C_2^1 26^5}{52^5}$; (2) $\dfrac{C_4^1 13^5}{52^5}$; (3) $\dfrac{C_{13}^1 4^3 C_{12}^2 4^2}{52^5}$; (4) $\dfrac{C_{13}^2 4^2 4^2 C_{44}^1}{52^5}$.

3. $\dfrac{15}{64}$.

4. $P(A)=\dfrac{2}{5}$.

5. (1) $\dfrac{2^{2r} C_n^{2r}}{C_{2n}^{2r}}$; (2) $\dfrac{2^{2r-4} C_n^2 C_{n-2}^{2r-4}}{C_{2n}^{2r}}$; (3) $\dfrac{C_n^r}{C_{2n}^{2r}}$.

6. (1) $\dfrac{2 \times (n-1)!}{n!}=\dfrac{2}{n}$; (2) $\dfrac{2 \times (n-2)!}{(n-1)!}=\dfrac{2}{n-1}$.

7. 0.88.

8. 0.75.

9. 略.

习题 1.3

(A)

1. (1) $\dfrac{1}{2}$; (2) $\dfrac{1}{3}$.

2. (1) $\dfrac{50}{129}$; (2) $\dfrac{89}{871}$; (3) $\dfrac{391}{500}$.

3. 0.23.

4. (1) 0.3; (2) 0.3; (3) 0.75; (4) 0.6.

5. $\dfrac{1}{3}$.

6. 均为 0.4.

7. (1) 0.0345；(2) 0.232.

8. $\dfrac{20}{21}$.

9. (1) 0.785；(2) 0.372.

10. 0.03.

（B）

1. A.

2. D.

3. (1) 0.2；(2) 0.25.

4. $\dfrac{1}{20}$. 提示：设 A 为"下雨"，B 为"预报下雨"，C 为"带伞"，则

$$P(A\bar{C}) = P[A\bar{C}(B \cup \bar{B})] = P(AB\bar{C}) + P(A\bar{B}\bar{C})$$
$$= P(A)P(B \mid A)P(\bar{C} \mid AB) + P(A)P(\bar{B} \mid A)P(\bar{C} \mid A\bar{B}).$$

5. $\dfrac{13}{48}$.

6. $\displaystyle\sum_{i=0}^{3} \dfrac{C_9^i C_3^{3-i}}{C_{12}^3} \dfrac{C_{9-i}^3}{C_{12}^3}$.

7. (1) 0.9；(2) 0.7.

习题 1.4

（A）

1. 提示：$\dfrac{P(AB)}{P(A)} = \dfrac{P(\bar{A}B)}{P(\bar{A})} = \dfrac{P(B)-P(AB)}{1-P(A)} \Rightarrow P(AB) = P(A)P(B)$.

2. (1) 0.5；(2) 0.9.

3. (1) 0.56；(2) 0.38；(3) 0.94.

4. (1) $\dfrac{13}{30}$；(2) $\dfrac{3}{5}$.

5. (1) 0.056；(2) 0.944.

6. 29.

（B）

1. (1) 0.504；(2) 0.902；(3) 0.098.

2. $\dfrac{1}{4}$.

3. $\dfrac{2}{3}$.

4. $\dfrac{1}{3}$.

5. 0.75.

第 2 章习题答案

习题 2.1

（A）

1. X 全部取值为 $1,2,3,4,5,6$.

2. X 全部取值为 $1,2,3,\cdots$.

3. X 取值区间为 $[0,20]$.

4~5. 略.

(B)

1. X 全部取值为 $2,3,4,5,6,7,8,9,10$.

2. (1) $\{X=0\}$; (2) $\{X\geqslant 2\}$; (3) $\{1\leqslant X\leqslant 3\}$.

3. 第一颗点数为 6,第二颗点数为 1.

习题 2.2

(A)

1. $p=\dfrac{1}{2}$.

2. $P\{X=0\}=\dfrac{2}{3}$, $P\{X=1\}=\dfrac{2\times 4}{6\times 5}=\dfrac{4}{15}$, $P\{X=2\}=\dfrac{2\times 1\times 4}{6\times 5\times 4}=\dfrac{1}{15}$;

$P\{X\leqslant 1\}=P\{X=0\}+P\{X=1\}=\dfrac{14}{15}$.

3. X 的概率分布律为 $P\{X=k\}=(1-p)^{k-1}p+p^{k-1}(1-p)$, $k=2,3,\cdots$.

4. X 表示 6 台饮水机被使用的个数,则 $X\sim B(6,0.2)$. (1) 0.082; (2) 条件概率,0.286.

5. (1) $P\{X=k\}=(0.7)^{k-1}(0.3)$, $k=1,2,\cdots$; (2) $P\{Y=k\}=C_{k-1}^4(0.7)^{k-5}(0.3)^5$, $k=5,6,\cdots$.

6. 0.0047.

(B)

1.

X	1	2	3	4	5
P	0.4	0.24	0.144	0.0864	0.1296

2. $1-2e^{-1}$.

3. $\dfrac{1}{3}$.

4. (1) $P\{X=m\}=\dfrac{C_8^m C_{92}^{5-m}}{C_{100}^5}$, $m=0,1,2,\cdots,5$; (2) $P\{X\geqslant 1\}=1-P\{X=0\}\approx 0.3468$

5. 结合全概率公式

X	0	1	2	3
P	$\dfrac{1}{6}$	$\dfrac{1}{2}$	$\dfrac{3}{10}$	$\dfrac{1}{30}$

习题 2.3

(A)

1. $A=1$; 0; $\ln\dfrac{3}{2}$.

2. $1-\beta-\alpha$.

3. $F_1(x)$ 是分布函数,$F_2(x)$ 不是分布函数.

4. $F(x) = \begin{cases} 0, & x < -1, \\ \dfrac{1}{8}, & -1 \leqslant x < 0, \\ \dfrac{1}{4}, & 0 \leqslant x < 1, \\ \dfrac{1}{2}, & 1 \leqslant x < 2, \\ 1, & x \geqslant 2; \end{cases}$　　$\dfrac{1}{4};\ 0;\ \dfrac{1}{4}.$

5.

X	-1	1	3
P	0.4	0.4	0.2

（B）

1. $a_1 \geqslant 0, a_2 \geqslant 0, a_1 + a_2 = 1.$

2. $A = \dfrac{1}{2}, B = \dfrac{1}{\pi}, P\{|X| \leqslant 1\} = \dfrac{1}{2}.$

3. $a = \dfrac{1}{2}, b = \dfrac{1}{\pi}, P\left\{-2 \leqslant X \leqslant -\dfrac{1}{2}\right\} = \dfrac{1}{3}.$

习题 2.4

（A）

1. (1) $A = 2$;　　(2) $F(x) = \begin{cases} 0, & x < 0 \\ x^2, & 0 \leqslant x < 1, \\ 1, & x \geqslant 1; \end{cases}$　　(3) $\dfrac{3}{4}.$

2. (1) $a = \dfrac{1}{2}$;　　(2) $F(x) = \begin{cases} \dfrac{1}{2}\mathrm{e}^x, & x < 0, \\ 1 - \dfrac{1}{2}\mathrm{e}^{-x}, & x \geqslant 0; \end{cases}$　　(3) $1 - \dfrac{1}{2}\mathrm{e}^{-\frac{1}{2}}, 1 - \dfrac{1}{2}\mathrm{e}^{-\frac{3}{2}} - \dfrac{1}{2}\mathrm{e}^{-1}.$

3. (1) $A = 1$;　　(2) $f(x) = \begin{cases} 2\mathrm{e}^{-2x}, & x \geqslant 0, \\ 0, & x < 0; \end{cases}$　　(3) $1 - \mathrm{e}^{-4}.$

4. $\dfrac{4}{5}.$

5. $0.9505, 0.9505, 0.901.$

6. 利用正态分布概率密度函数的对称性可以得到所求概率为 0.2.

7. (1) $0.5328, 0.9319$；(2) 3.

8. 0.96.

（B）

1. (1) $A = 1$；(2) $F(x) = \begin{cases} 0, & x < -1, \\ \dfrac{x^2}{2} + x + \dfrac{1}{2}, & -1 \leqslant x < 0, \\ -\dfrac{x^2}{2} + x + \dfrac{1}{2}, & 0 \leqslant x < 1, \\ 1, & x \geqslant 1. \end{cases}$

2. (1) $a=-\sqrt[3]{\dfrac{8}{9}}$, $b=2\sqrt[3]{\dfrac{8}{9}}$; (2) $F(x)=\begin{cases} 0, & x<a, \\ \dfrac{1}{8}\left(x^3+\dfrac{8}{9}\right), & a\leqslant x<b, \\ 1, & x\geqslant b. \end{cases}$

3. 0.95.

4. $p_1=p_2$.

5. 略.

习题 2.5

（A）

1.

Y	-3	-1	1	3	5
P	0.1	0.2	0.4	0.2	0.1

Z	1	3	9
P	0.4	0.4	0.2

2.

Y	0	1
P	e^{-2}	$1-e^{-2}$

3. $Y\sim U[1,3]$，则 $f_Y(y)=\begin{cases} \dfrac{1}{2}, & 1\leqslant y\leqslant 3, \\ 0, & \text{其他.} \end{cases}$

4. $f_Y(y)=\begin{cases} \dfrac{1}{\sqrt{2\pi}\,y}e^{-\frac{(\ln y)^2}{2}}, & y\geqslant 0, \\ 0, & y<0. \end{cases}$

5. $f_Y(y)=\begin{cases} \dfrac{1}{2\sqrt{y}}e^{-\sqrt{y}}, & y\geqslant 0, \\ 0, & y<0. \end{cases}$

（B）

1. $P\{Y=1\}=\dfrac{1}{3}$，$P\{Y=-1\}=\dfrac{2}{3}$.

2. $f_Z(z)=\begin{cases} e^{-z}, & z\geqslant 0, \\ 0, & \text{其他.} \end{cases}$

3. $f_Y(y)=\begin{cases} \dfrac{1}{\pi\sqrt{1-y^2}}, & -1<y<1, \\ 0, & \text{其他.} \end{cases}$

4. $f_Y(y)=\begin{cases} \dfrac{2}{9\sqrt{y}}, & 0<y<1, \\ \dfrac{1}{9}\left(1+\dfrac{1}{\sqrt{y}}\right), & 1\leqslant y<4, \\ 0, & \text{其他.} \end{cases}$

5. 略.

第 3 章习题答案

习题 3.1

（A）

1. (1) $A=\dfrac{1}{\pi^2}$，$B=\dfrac{\pi}{2}$，$C=\dfrac{\pi}{2}$；　　　(2) $\dfrac{9}{16}$；

(3) $F_x(x)=\dfrac{1}{\pi}\left(\dfrac{\pi}{2}+\arctan\dfrac{x}{3}\right)$；　　(4) $F_x(x)=\dfrac{1}{\pi}\left(\dfrac{\pi}{2}+\arctan\dfrac{y}{4}\right)$.

2. (1) $F(4,5)-F(4,3)-F(2,5)+F(2,3)$；

(2) $P\{2<X<+\infty,3<Y<+\infty\}=1-F(2,+\infty)-F(+\infty,3)+F(2,3)$.

3. 不是. $P\{0<X\leqslant 1,0<Y\leqslant 1\}=-1$.

4. 0.7.

（B）

1. (1) $F(b,c)-F(a,c)$；(2) $F(+\infty,b)-F(+\infty,0)$；(3) $F(+\infty,b)-F(a,b)$.

2. $a\geqslant 0$，$b\geqslant 0$，$a+b=1$.

习题 3.2

（A）

1.

X \ Y	0	1	2
0	$\dfrac{1}{5}$	$\dfrac{2}{5}$	$\dfrac{1}{15}$
1	$\dfrac{1}{5}$	$\dfrac{2}{15}$	0

2.

(1)

X	-1	0	1
P	$\dfrac{3}{8}$	$\dfrac{1}{4}$	$\dfrac{3}{8}$

(2)

Y	-1	0	1
P	$\dfrac{3}{8}$	$\dfrac{1}{4}$	$\dfrac{3}{8}$

(3) $\dfrac{1}{4}$.

3. (1) $P\{X_1=X_2\}=0$；

(2)

X \ Y	-1	0	1
-1	0	$\dfrac{1}{4}$	0
0	$\dfrac{1}{4}$	0	$\dfrac{1}{4}$
1	0	$\dfrac{1}{4}$	0

$$4.\ F(x,y)=\begin{cases}0, & x<0 \text{ 或 } y<0,\\[2mm]\dfrac{1}{4}, & 0\leqslant x<1,0\leqslant y<1,\\[2mm]\dfrac{1}{2}, & 0\leqslant x<1,y\geqslant1 \text{ 或 } x\geqslant1,0\leqslant y<1,\\[2mm]1, & x\geqslant1,y\geqslant1.\end{cases}$$

（**B**）

1. 0.1458.

2.

X \ Y	1	3	$p_i.$
0	0	$\dfrac{1}{8}$	$\dfrac{1}{8}$
1	$\dfrac{3}{8}$	0	$\dfrac{3}{8}$
2	$\dfrac{3}{8}$	0	$\dfrac{3}{8}$
3	0	$\dfrac{1}{8}$	$\dfrac{1}{8}$
$p._{j}$	$\dfrac{3}{4}$	$\dfrac{1}{4}$	

习题 3.3

（**A**）

1. (1) $c=\dfrac{21}{4}$;

(2) $f_X(x)=\displaystyle\int_{-\infty}^{+\infty}f(x,y)\mathrm{d}y=\begin{cases}\dfrac{21}{8}x^2(1-x^4), & -1\leqslant x\leqslant1,\\0, & \text{其他,}\end{cases}$ $f_Y(y)=\displaystyle\int_{-\infty}^{+\infty}f(x,y)\mathrm{d}x=$

$\begin{cases}\dfrac{7}{2}y^{\frac{5}{2}}, & 0\leqslant y\leqslant1,\\0, & \text{其他.}\end{cases}$

2. $f(x,y)=\dfrac{12}{\pi^2(9+x^2)(16+y^2)}.$

3. (1) $P\{X+Y>1\}=\dfrac{65}{72}$; (2) $P\{Y>X\}=\dfrac{17}{24}$;

(3) $F(x,y)=\begin{cases}0, & x\leqslant0 \text{ 或 } y\leqslant0,\\[2mm]\dfrac{1}{3}x^2y\left(x+\dfrac{y}{4}\right), & 0<x\leqslant1,0<y\leqslant2,\\[2mm]\dfrac{1}{3}x^2(2x+1), & 0<x\leqslant1,y>2,\\[2mm]\dfrac{1}{12}(4+y)y, & x>1,0<y\leqslant2,\\[2mm]1, & x>1,y>2.\end{cases}$

4. $f_X(x) = \int_{-\infty}^{+\infty} f(x,y)\mathrm{d}y = \begin{cases} 6(x-x^2), & 0 \leqslant x \leqslant 1, \\ 0, & \text{其他,} \end{cases}$

$f_Y(y) = \int_{-\infty}^{+\infty} f(x,y)\mathrm{d}x = \begin{cases} 6(\sqrt{y}-y), & 0 \leqslant y \leqslant 1, \\ 0, & \text{其他.} \end{cases}$

(B)

1. $\dfrac{5}{8}$.

2. $f_X(x) = g_X(x) = \begin{cases} 0.5+x, & 0 \leqslant x \leqslant 1, \\ 0, & \text{其他,} \end{cases}$ $\qquad f_Y(y) = g_Y(y) = \begin{cases} 0.5+y, & 0 \leqslant y \leqslant 1 \\ 0, & \text{其他.} \end{cases}$

习题 3.4

(A)

1. 不独立.

2.

X \ Y	1	2	$p_{i\cdot}$
0	$\dfrac{1}{24}$	$\dfrac{1}{8}$	$\dfrac{1}{6}$
1	$\dfrac{1}{8}$	$\dfrac{3}{8}$	$\dfrac{1}{2}$
2	$\dfrac{1}{12}$	$\dfrac{1}{4}$	$\dfrac{1}{3}$
$p_{\cdot j}$	$\dfrac{1}{4}$	$\dfrac{3}{4}$	1

3. (1) $f(x,y) = \begin{cases} \dfrac{1}{2}\mathrm{e}^{-\frac{1}{2}y}, & 0 < x < 1, y > 0, \\ 0, & \text{其他;} \end{cases}$ $\qquad$ (2) $\dfrac{1}{2} - \dfrac{1}{2}\mathrm{e}^{-\frac{1}{2}}$.

4. (1) $f_X(x) = \begin{cases} \dfrac{1}{60}, & 0 \leqslant x \leqslant 60, \\ 0, & \text{其他,} \end{cases}$ $\quad f_Y(y) = \begin{cases} \dfrac{1}{60}, & 0 \leqslant y \leqslant 60, \\ 0, & \text{其他;} \end{cases}$ $\quad$ (2) 独立.

5. $\dfrac{1}{2}$.

(B)

1. $\dfrac{1}{2}$.

2. $\dfrac{1}{2}$.

3. 略.

习题 3.5

(A)

1.

(1)

X	1	2	3
$P\{X=i\mid Y=1\}$	$\dfrac{3}{11}$	$\dfrac{8}{11}$	0

(2)

Y	1	2	3
$P\{Y=j\mid X=2\}$	$\dfrac{4}{7}$	0	$\dfrac{3}{7}$

2. (1) 当 $0 \leqslant y \leqslant 2$ 时,$f_{X\mid Y}(x\mid y)=\begin{cases}\dfrac{6x^2+2xy}{2+y}, & 0\leqslant x\leqslant 1,\\[2mm] 0, & \text{其他},\end{cases}$

当 $0\leqslant x\leqslant 1$ 时,$f_{Y\mid X}(y\mid x)=\begin{cases}\dfrac{3x+y}{6x+2}, & 0\leqslant y\leqslant 2,\\[2mm] 0, & \text{其他};\end{cases}$

(2) $\dfrac{5}{32}$.

3. (1) $f_X(x)=\begin{cases}3x^2, & 0<x<1,\\ 0, & \text{其他},\end{cases}$ $f_Y(y)=\begin{cases}\dfrac{3}{2}(1-y^2), & 0<y<1,\\[2mm] 0, & \text{其他};\end{cases}$

(2) $f_{X\mid Y}\left(x\mid\dfrac{1}{2}\right)=\begin{cases}4x^2, & \dfrac{1}{2}<x<1,\\[2mm] 0, & \text{其他},\end{cases}$ $f_{Y\mid X}\left(y\mid\dfrac{1}{3}\right)=\begin{cases}3, & 0<y<\dfrac{1}{3}\\[2mm] 0, & \text{其他};\end{cases}$ (3) $\dfrac{37}{48}$.

(B)

1. (1) $P\{X=n,Y=m\}=\dfrac{(\lambda p)^m[\lambda(1-p)]^{n-m}\mathrm{e}^{-\lambda}}{m!(n-m)!}$,$m=0,1,2,\cdots,n$,$n=0,1,2,\cdots$;

(2) $P\{Y=m\}=\dfrac{(\lambda p)^m\mathrm{e}^{-\lambda p}}{m!}$,$m=0,1,2,\cdots,n$.

2. $\dfrac{47}{64}$.

习题 3.6

(A)

1. $P\{Z=k\}=\dfrac{(\lambda_1+\lambda_2)^k}{k!}\mathrm{e}^{-\lambda_1+\lambda_2}$,$k=0,1,2,\cdots$.

2. $f_Z(z)=\begin{cases}0, & z<0\\ 1-\mathrm{e}^{-z}, & 0\leqslant z<1\\ (\mathrm{e}-1)\mathrm{e}^{-z}, & z\geqslant 1\end{cases}$

3. $f_{\max}(z)=\begin{cases}2z, & 0<z<1,\\ 0, & \text{其他},\end{cases}$ $f_{\min}(z)=\begin{cases}2(1-z), & 0<z<1,\\ 0, & \text{其他}.\end{cases}$

4. (1) $f(x,y)=\begin{cases}\lambda\mu\mathrm{e}^{-(\lambda x+\mu y)}, & x>0,y>0,\\ 0, & \text{其他};\end{cases}$ (2) $P\{Z=0\}=\dfrac{\mu}{\lambda+\mu}$,$P\{Z=1\}=\dfrac{\lambda}{\lambda+\mu}$.

5. $\dfrac{1}{2}$.

（B）

1.

X	-1	0	1
p	0.1344	0.7312	0.1344

2. (1) $f_T(t)=\begin{cases}2\lambda e^{-2\lambda t}, & t>0,\\ 0, & t\leqslant 0,\end{cases}$ 即 $T=\min\{X_1,X_2\}$ 服从参数为 2λ 的指数分布；

(2) $S=T+X_3=\min\{X_1,X_2\}+X_3\sim f_S(s)=\begin{cases}2\lambda e^{-2\lambda s}(e^{\lambda s}-1), & s>0,\\ 0, & s\leqslant 0.\end{cases}$

3. 略.

第4章习题答案

习题 4.1

（A）

1. 1.284.

2. 0.2%.

3. $\dfrac{3}{4}$.

4. $x_3=21,a=0.2$.

5. (1) $A=\dfrac{3}{4}$；(2) $E(X)=0$.

6. $a=1,b=0.5$.

7. 略.

8. (1) $E(X+Y)=\dfrac{3}{4}$；$E(2X-3Y^2)=\dfrac{5}{8}$；(2) $E(XY)=\dfrac{1}{8}$.

（B）

1. 5.4.

2. $\dfrac{1}{\lambda}(1-e^{-\lambda})$.

3. 0.1.

4. 1,3.

5. 10.

6. $E(X)=-0.2,E(Y)=0,E(XY)=0$.

7. $E(X)=\dfrac{2}{3},E(Y)=\dfrac{4}{3},E(XY+1)=\dfrac{17}{9}$.

8. $E(XY)=4$.

习题 4.2

（A）

1. 1.33,1.2411.

2. $1, \dfrac{1}{6}$.

3. 二项,0.6,0.48.

4. X 可取 $0, 1, 2, \cdots, 9, 1 - \left(\dfrac{1}{3}\right)^9$.

5. 12.

6. $a = -\dfrac{1}{3}, b = \dfrac{2}{3}$ 或 $a = \dfrac{1}{3}, b = -\dfrac{2}{3}$.

（B）

1. $\dfrac{8}{9}$.

2. $a = 1, b = 7$.

3. $E(X) = 0.6, D(X) = 1.27$.

4. $E(Y) = n, D(Y) = 2n$.

5. $\Phi\left(\dfrac{2}{3}\right)$.

6. 略.

7. $\geqslant 0.9$.

8. $\geqslant 0.271$.

习题 4.3

（A）

1. $-0.18, -0.2942$.

2. 6,1.

3. 0.

4. A.

5. A.

（B）

1. $-\dfrac{1}{36}, -\dfrac{1}{11}, \dfrac{5}{9}$.

2. (1) $E(U) = 24$；(2) $D(V) = 27$.

3. $\dfrac{\alpha^2 - \beta^2}{\alpha^2 + \beta^2}$.

4. 略.

第5章习题答案

习题 5.1

（A）

1. 中心极限定理,大数定律.

2. 频率,期望值.

3. 23.

（B）

1. $N\left(\lambda,\dfrac{\lambda}{n}\right)$.

2. 由题意知，$X\sim U[7,53]$，则有 $E(X)=\dfrac{60}{2}=30$，再由大数定律得，$\dfrac{1}{n}\sum\limits_{i=1}^{n}X_i$ 依概率收敛于期望，所以所求数值为 30h.

3. 不适用.

4. 随机抽取样本，取产量的平均值，只要 $n\to\infty$，根据辛钦大数定律，可以认定该值为所求值的近似值.

5. 略.

习题 5.2

（A）

1. 由中心极限定理 $P\{X\leqslant 30\}=P\left\{\dfrac{X-20}{\sqrt{16}}\leqslant\dfrac{30-20}{\sqrt{16}}\right\}\approx\Phi(2.5)=0.00938$.

2.（1）由中心极限定理，所求概率为 $P\{49\leqslant T\leqslant 55\}\approx\Phi(0.75)-\Phi(-0.15)=0.333$.

（2）μ 满足 $P\{50\leqslant X_n\}\approx 1-\Phi\left(\dfrac{500-\mu}{3\sqrt{\mu}}\right)>q_0$.

（B）

1. $P\left\{\sum\limits_{i=1}^{16}X_i>1920\right\}=1-\Phi(0.8)=0.2119$.

2. $P\{X\geqslant 400\}\approx\Phi(3.39)=0.0003$.

3. $P\{X\geqslant 85\}\approx 1-\Phi\left(-\dfrac{5}{3}\right)=0.9525$.

4. 略.

第6章习题答案

习题 6.1

（A）

1. $X_1,X_2,\cdots,X_n$ 相互独立；$X_1,X_2,\cdots,X_n$ 与总体 X 同分布.

2. 被研究的对象的全体；每一个研究对象；从总体中随机抽取的 n 个个体组合的集合.

3. $f(x_1,x_2,\cdots,x_6)=\dfrac{\lambda^{x_1}}{x_1!}e^{-\lambda}\dfrac{\lambda^{x_2}}{x_2!}e^{-\lambda}\cdots\dfrac{\lambda^{x_6}}{x_6!}e^{-\lambda}=e^{-6\lambda}\dfrac{\lambda^{\sum\limits_{i=1}^{n}x_i}}{\prod\limits_{i=1}^{6}x_i!}$.

（B）

1. $f(x_1,x_2,\cdots,x_n)=\prod\limits_{i=1}^{n}\dfrac{1}{(\sqrt{2\pi}\sigma)^n}\exp\left[-\dfrac{1}{2\sigma^2}\sum\limits_{i=1}^{n}(x_i-\mu)^2\right]$.

2. $f(x_1,x_2,\cdots,x_n)=f_{x_1}(x_1)f_{x_2}(x_2)\cdots f_{x_n}(x_n)=\begin{cases}\lambda^n e^{-\lambda\sum\limits_{i=1}^{n}x_i}, & x_i>0, i-1,2,\cdots,n,\\ 0, & \text{其他}.\end{cases}$

3. $f(x_1,x_2,\cdots,x_6)=\begin{cases}\theta^{-6}, & 0<x_1,x_2,\cdots,x_6<\theta, \\ 0, & \text{其他.}\end{cases}$

习题 6.2

(A)

1. 1,2,3,6 是统计量；不是统计量的有 4,5.

2. $\overline{X}=\dfrac{1}{n}\sum\limits_{i=1}^{n}X_i,\ \overline{x}=\dfrac{1}{n}\sum\limits_{i=1}^{n}x_i,\ S^2=\dfrac{1}{n-1}\sum\limits_{i=1}^{n}(X_i-\overline{X})^2,\ s^2=\dfrac{1}{n-1}\sum\limits_{i=1}^{n}(x_i-\overline{x})^2.$

3. $\overline{x}=\dfrac{1}{n}\sum\limits_{i=1}^{n}x_i=\dfrac{1}{10}\times 6400=640,\ s^2=\dfrac{1}{n-1}\sum\limits_{i=1}^{n}(x_i-\overline{x})^2=\dfrac{1}{9}\times 78=8.667.$

(B)

1. $\overline{x}=100,\ s^2=42.5.$

2. (1) T_1 和 T_4 是，T_2 和 T_3 不是. 因为 T_1 和 T_4 中不含总体中的唯一未知参数 θ，而 T_2 和 T_3 中含有未知参数 θ；

(2) 样本均值 $\overline{x}=0.8$，样本方差 $s^2=0.0433$，样本标准差 $s=\sqrt{s^2}=\sqrt{0.0433}=0.2082.$

3. 频率分布表：

观测值	3	6	7	8	10	12
频数	3	2	2	1	1	1
频率	$\dfrac{3}{10}$	$\dfrac{1}{5}$	$\dfrac{1}{5}$	$\dfrac{1}{10}$	$\dfrac{1}{10}$	$\dfrac{1}{10}$

样本分布函数：$F(x)=\begin{cases}0, & X<3, \\ \dfrac{3}{10}, & 3<X\leqslant 6, \\ \dfrac{1}{2}, & 6<X\leqslant 7, \\ \dfrac{3}{5}, & 7<X\leqslant 8, \\ \dfrac{4}{5}, & 8<X\leqslant 10, \\ \dfrac{9}{10}, & 10<X\leqslant 12, \\ 1, & X>12.\end{cases}$

4. $\overline{x}=10.01(\text{mm}),\ s^2=0.068,\ s=0.26(\text{mm}).$

习题 6.3

(A)

1. $E(\overline{X})=E(X)=\dfrac{1}{\lambda},\ E(S^2)=D(X)=\dfrac{1}{\lambda^2}.$

2. (1) $c=1$，自由度为 2；(2) $d=\dfrac{\sqrt{6}}{2}$，自由度为 3.

3. (1) $X\sim B(1,p)$ 时，$E(\overline{X})=p,\ D(\overline{X})=\dfrac{p(p-1)}{n},\ E(S^2)=D(X)=p(1-p)$；

(2) $X \sim E(\lambda)$ 时，$E(\bar{X}) = \dfrac{1}{\lambda}, D(\bar{X}) = \dfrac{1}{n\lambda^2}, E(S^2) = D(X) = \dfrac{1}{\lambda^2}$;

(3) $X \sim U(0, 2\theta)$（其中 $\theta > 0$）时，$E(\bar{X}) = \theta, D(\bar{X}) = \dfrac{\theta^2}{3n}, E(S^2) = D(X) = \dfrac{\theta^2}{3}$.

4. $T^2 = \dfrac{X}{\sqrt{\dfrac{Y}{n}}} \sim F(1, n)$.

5. $c = -1.81$.

6. $\chi_{0.99}^2(12) = 26.217, \chi_{0.05}^2(10) = 18.307, t_{0.99}(12) = 2.681, t_{0.01}(12) = -2.681, F_{0.05}(10, 9) = 3.14$.

7. $P\{|\bar{X} - E(X)| > 3\} = P\{|\bar{X} - 80| > 3\} = 1 - P\left\{ \left| \dfrac{\bar{X} - 80}{2} \right| \leqslant \dfrac{3}{2} \right\} = 1 - \left[2\Phi\left(\dfrac{3}{2} \right) - 1 \right]$.

8. $\chi_{0.9}^2(15) = 8.547, t_{0.05}(9) = 2.262, F_{0.01}(10, 9) = 5.26, F_{0.99}(28, 2) = \dfrac{1}{F_{0.01}(2, 28)} = 0.1835$,

$F_{0.99}(10, 10) = \dfrac{1}{F_{0.01}(10, 10)} = 0.2062$.

（B）

1. $E(\bar{X}) = E(X) = p, D(\bar{X}) = \dfrac{D(X)}{n} = \dfrac{p(1-p)}{n}, E(S^2) = D(X) = p(1-p)$.

2. 略.

3. $N(0, 0.9)$.

4. $\dfrac{1}{20}$; $\dfrac{1}{100}$; 2.

5. $\sigma_1 = \sigma_2$.

6. T 服从 $t(n)$ 分布.

7. $N(0, 1)$; $\sqrt{\dfrac{2}{\pi}}$.

8. 服从自由度为 $(2, 2)$ 的 F 分布.

第7章习题答案

习题 7.1

（A）

1. $\hat{p} = 2\bar{X} - 1$.

2. $\hat{p} = \dfrac{\bar{X}}{m}$.

3. $\hat{a} = \bar{X} - \sqrt{3B_2}, \hat{b} = \bar{X} + \sqrt{3B_2}$.

4. $\bar{X}$.

5. $E(X)$ 的矩估计值为 $\bar{x} = 13.395$，$D(X)$ 的矩估计值为 $s_8^2 = 0.006\,45$，标准差 $\sqrt{D(X)}$ 的矩估计值为 $s_8 = 0.080\,31$.

（B）

1. $\hat{\theta} = \dfrac{3 - \bar{x}}{4} = \dfrac{1}{4}$.

2. $\hat{\theta} = \dfrac{1}{1168} \approx 0.000\,856$.

3. 矩估计量 $\hat{\theta} = \overline{X} - 1$,极大似然估计量 $\hat{\theta} = \min\{X_1, X_2, \cdots, X_n\}$.

4. $\hat{\lambda} = \sqrt{\dfrac{1}{n}\sum\limits_{i=1}^{n} X_i^2 - \overline{X}^2}$, $\quad \hat{\theta} = \overline{X} - \sqrt{\dfrac{1}{n}\sum\limits_{i=1}^{n} X_i^2 - \overline{X}^2}$.

5. 矩估计量 $\hat{\theta} = \sqrt{\dfrac{n-1}{n}}\,S$, $\quad \hat{\mu} = \overline{X} - \sqrt{\dfrac{n-1}{n}}\,S$;

极大似然估计量: $\hat{\theta} = \overline{X} - \min\{X_1, X_2, \cdots, X_n\}$, $\quad \hat{\mu} = \min\{X_1, X_2, \cdots, X_n\}$.

习题 7.2

(A)

1. $\hat{\mu}_1, \hat{\mu}_2, \hat{\mu}_3$ 均为无偏估计,$\hat{\mu}_1$ 比 $\hat{\mu}_2$ 和 $\hat{\mu}_3$ 更有效.

2. $\overline{X}$ 比 $\hat{X}$ 更有效.

3. (1) $E(\hat{p}_1) = p, E(\hat{p}_2) = p$;(2) 提示:$D(\hat{p}_1) = \dfrac{1}{m}p(1-p), D(\hat{p}_2) = \dfrac{1}{mn}p(1-p)$.

4. $\dfrac{2020}{2021}$.

5. $\dfrac{1}{2(n-1)}$.

(B)

1. $\sqrt{\dfrac{\pi}{2n(n-1)}}$.

2. $\dfrac{1}{n}$.

3. 提示:切比雪夫不等式.

4. 略.

5. (1) $\hat{\theta} = \dfrac{3}{2}\overline{X}$;(2) $E(\hat{\theta}) = \theta$;(3) 提示:切比雪夫不等式.

习题 7.3

(A)

1. $n \geqslant 4u_{\frac{\alpha}{2}}^2 \dfrac{\sigma^2}{L^2}$.

2. $(15\,634, 44\,545)$.

3. $(7.216, 8.784)$.

4. $(4031.6, 20\,514.3)$.

5. (1) μ 的置信区间为 $(2.689, 2.721)$;(2) σ^2 的置信区间为 $(0.000\,459, 0.002\,015)$.

(B)

1. $(8.21, 12.80)$.

2. $(492.7, 525.3)$.

3. $(148.1, 162.5)$.

4. (1) $(5.608,6.392)$;(2) $(5.562,6.438)$.

5. $(101.44,109.28)$.

第8章习题答案

习题 8.1

(A)

1. 假设检验;拒绝原假设;接受原假设.

2. A.

3. B.

4. C.

5. D.

6. 0.05.

7. (1) $P\{接受\ H_0\,|\,H_0\ 不真\}=\beta$;   (2) $P\{拒绝\ H_0\,|\,H_0\ 为真\}=\alpha$;

(3) $P\{拒绝\ H_0\,|\,H_0\ 不真\}=1-\beta$;   (4) $P\{接受\ H_0\,|\,H_0\ 为真\}=1-\alpha$.

8. 0.0359.

9~10. 略.

(B)

1. $H_0:\mu\leqslant0.12,H_1:\mu>0.12$.

2. C.

3. $C=\dfrac{\sigma}{\sqrt{n}}u_{\alpha/2}=\dfrac{3}{5}\times1.96=1.176$.

4. 0.025;0.484.

习题 8.2

(A)

1. C.

2. $U=\dfrac{\overline{X}-4.55}{0.1/\sqrt{n}}$; $|u|>u_{\alpha/2}$; $T=\dfrac{\overline{X}-4.55}{S/\sqrt{n}}$; $|t|>t_{\alpha/2}(n-1)$.

3. $\chi^2=\dfrac{(n-1)S^2}{25}$; $\chi^2>\chi^2_{\alpha}(n-1)$.

4. D.

5. (1) $T=\dfrac{\overline{X}}{S/\sqrt{n}}=\dfrac{\overline{X}}{S_1/\sqrt{n-1}}$;   (2) $\chi^2=\dfrac{(n-1)S^2}{\sigma_0^2}=\dfrac{nS_1^2}{\sigma_0^2}$.

6. $T=\dfrac{\overline{X}-30}{S/\sqrt{16}}$;其值为 $t=\dfrac{\overline{x}-30}{S/\sqrt{n}}=\dfrac{31.645-30}{2/\sqrt{16}}=3.29>t_{0.05}(15)=1.753$;拒绝原假设 H_0.

7. B.

8. 认为机器工作不正常.

9. 拒绝原假设,即在显著性水平 $\alpha=0.10$ 下认为该患者的红细胞与健康人的红细胞有显著差异.

10. 拒绝原假设,认为总体的方差不等于 0.25.

11. 拒绝原假设,不能认为该公司生产的品牌的瓶装饮料达到了标准差 $\sigma=0.02$L 的要求.

12. (1) 拒绝原假设,不能认为各袋质量的标准差为 5g;(2) 拒绝原假设,不能认为各袋质量的标准差为 5g.

（B）

1. A.

2. （1）$C=0.65$；　（2）拒绝原假设；　（3）$\alpha=0.0006$.

3. （1）不能拒绝原假设,即在显著性水平 $\alpha=0.05$ 下可以认为生产工艺升级后其拉伸强度没有显著变化;（2）0.3859.

4. 拒绝原假设,认为这批元件不合格.

5. 拒绝原假设,可以认为新工艺提高了灯管的寿命.

6. 接受原假设,即认为贷款的平均规模没有显著超过 60 万元.

7. 拒绝原假设,认为这批导线的标准差显著地偏大.

8. 接受原假设,可以认为 $\sigma \geqslant 0.04\%$.

9. 在显著性水平 $\alpha=0.05$ 下,这天的自动生产线工作不正常.

习题 8.3

（A）

1. C.

2. C.

3. 拒绝原假设,认为甲、乙两地居民的月伙食费显著不同.

4. 接受原假设,可以认为患者血液中这两种药的浓度相同.

5. 接受原假设,认为甲、乙两台机器分析结果之间无显著性差异.

6. 拒绝原假设,即认为两个作家所写的小品文中包含由 3 个字母组成的词的比例有显著的差异.

7. 拒绝原假设,认为这种新研发的药治疗高血压有效.

（B）

1. D.

2. （1）接受原假设,可以认为这次期中考试男生和女生的概率统计成绩方差相同;

（2）接受原假设,可以认为这次期中考试男生和女生的概率统计成绩无显著差异.

3. 拒绝原假设,即认为新方法提高了得率,值得推广.

4. 接受原假设,不能认为第一台机器生产的部件重量的方差显著地大于第二台机器生产的部件重量的方差.

5. 拒绝原假设,即可以认为乙厂生产产品的精度比甲厂显著的高.

6. 接受原假设,可以认为两支矿脉的含铁量无显著差异.

7. 拒绝原假设,认为采用新工艺后灯泡的寿命显著地提高了.

8. 拒绝原假设,可以认为工商管理硕士的个人年薪较工商管理学士有显著增加.

9. 接受原假设,即认为运动员的分数没有显著提高.

习题 8.4

1. D.

2. $p=0.0808$.

备选二维码 1　　　　备选二维码 2

参 考 文 献

[1] 张天德,叶宏,孙钦福.经济数学:概率论与数理统计[M].北京:人民邮电出版社,2022.

[2] 叶中行,王蓉华,徐晓岭,等.概率论与数理统计[M].北京:北京大学出版社,2009.

[3] 人民教育出版社、课程教材研究所,中学数学课程教材研究开发中心.普通高中课程标准实验教科书——数学:选修 2-3[M].北京:人民教育出版社,2009.

[4] 丁芳清,闰桂芳,李玥,等.概率论与数理统计[M].合肥:中国科学技术大学出版社,2017.

[5] 王蓉华,徐晓岭,叶中行,等.概率论与数理统计(习题精选)[M].北京:北京大学出版社,2010.

[6] 周誓达.概率论与数理统计习题精选[M].3 版.北京:中国人民大学出版社,2012.

[7] 贾军国,郭同德.概率论与数理统计[M].郑州:郑州大学出版社,2019.

[8] 姚孟臣.概率论与数理统计[M].2 版.北京:中国人民大学出版社,2016.

[9] 王涛.统计学:基于 R 软件的实现[M].2 版.北京:科学出版社,2020.

[10] 王明华.概率论与数理统计[M].2 版.北京:中国财政经济出版社,2013.

[11] 郭文英,刘强,孙阳,等.概率论与数理统计[M].北京:中国人民大学出版社,2018.

[12] 隋亚莉,李鸿儒.概率统计[M].3 版.北京:清华大学出版社,2009.

[13] 刘家春.概率论与数理统计[M].2 版.哈尔滨:哈尔滨工业大学出版社,2007.

[14] 胡泽春.高等概率论基础及极限理论[M].北京:清华大学出版社,2014.

[15] 贾鲁军,傅宗飞,吴爱娟.概率论与数理统计(经济类)[M].北京:机械工业出版社,2022.

[16] 孙道德.概率论与数理统计学习与应用[M].北京:中国人民大学出版社,2023.

[17] 陈希孺.数理统计学简史[M].哈尔滨:哈尔滨工业大学出版社,2021.

[18] 巩馥洲.概率统计的研究与发展[J].中国科学院院刊,2012,27(2),175-188.

附 录

附表 1 泊松分布数值表

$$P\{X=k\}=\frac{\lambda^k}{k!}e^{-\lambda}$$

k \ λ	0.1	0.2	0.3	0.4	0.5	0.6	0.7	0.8	0.9	1.0	1.5	2.0	2.5	3.0	3.5	4.0
0	0.904 837	0.818 731	0.740 818	0.676 320	0.606 531	0.548 812	0.496 585	0.449 329	0.406 570	0.367 879	0.223 130	0.135 335	0.082 085	0.049 787	0.030 197	0.018 316
1	0.090 484	0.163 746	0.222 245	0.268 128	0.303 265	0.329 287	0.347 610	0.359 463	0.365 913	0.367 879	0.334 695	0.270 671	0.205 212	0.149 361	0.105 691	0.073 263
2	0.004 524	0.016 375	0.033 337	0.053 626	0.075 816	0.098 786	0.121 663	0.143 785	0.164 661	0.183 940	0.251 021	0.270 671	0.256 516	0.224 042	0.184 959	0.146 525
3	0.000 151	0.001 092	0.003 334	0.007 150	0.012 636	0.019 757	0.028 388	0.038 343	0.049 398	0.061 313	0.125 510	0.180 447	0.213 763	0.224 042	0.215 785	0.195 367
4	0.000 004	0.000 055	0.000 250	0.000 715	0.001 580	0.002 964	0.004 968	0.007 669	0.011 115	0.015 328	0.047 067	0.090 224	0.133 602	0.168 031	0.188 812	0.195 367
5		0.000 002	0.000 015	0.00C 057	0.000 158	0.000 356	0.000 696	0.001 227	0.002 001	0.003 066	0.014 120	0.036 089	0.066 801	0.100 819	0.132 169	0.156 293
6			0.000 001	0.00C 004	0.000 013	0.000 036	0.000 081	0.000 164	0.000 300	0.000 511	0.003 530	0.012 030	0.027 834	0.050 409	0.077 098	0.104 196
7					0.000 001	0.000 003	0.000 008	0.000 019	0.000 039	0.000 073	0.000 756	0.003 437	0.009 941	0.021 604	0.038 549	0.059 540
8							0.000 001	0.000 002	0.000 004	0.000 009	0.000 142	0.000 859	0.003 106	0.008 102	0.016 865	0.029 770
9										0.000 001	0.000 024	0.000 191	0.000 863	0.002 701	0.006 559	0.013 231
10											0.000 004	0.000 038	0.000 216	0.000 810	0.002 296	0.005 292
11												0.000 007	0.000 049	0.000 221	0.000 730	0.001 925
12												0.000 001	0.000 010	0.000 055	0.000 213	0.000 642
13													0.000 002	0.000 013	0.000 057	0.000 197
14														0.000 003	0.000 014	0.000 056
15														0.000 001	0.000 003	0.000 015
16															0.000 001	0.000 004
17																0.000 001

续表

k \\ λ	4.5	5.0	5.5	6.0	6.5	7.0	7.5	8.0	8.5	9.0	9.5	10.0
0	0.011 109	0.006 738	0.004 087	0.002 479	0.001 503	0.000 912	0.000 553	0.000 335	0.000 203	0.000 123	0.000 075	0.000 045
1	0.049 990	0.033 690	0.022 477	0.014 873	0.009 773	0.006 383	0.004 148	0.002 684	0.001 730	0.001 111	0.000 711	0.000 454
2	0.112 479	0.084 224	0.061 812	0.044 618	0.031 760	0.022 341	0.015 556	0.010 735	0.007 350	0.004 998	0.003 378	0.002 270
3	0.163 718	0.140 374	0.113 323	0.089 235	0.068 814	0.052 129	0.038 888	0.028 626	0.020 826	0.014 994	0.010 696	0.007 567
4	0.189 808	0.175 467	0.155 819	0.133 853	0.111 822	0.091 226	0.072 917	0.057 252	0.044 255	0.033 737	0.025 403	0.018 917
5	0.170 827	0.175 467	0.171 001	0.160 623	0.145 369	0.127 717	0.109 374	0.091 604	0.075 233	0.060 727	0.048 265	0.037 833
6	0.128 120	0.146 223	0.157 117	0.160 623	0.157 483	0.149 003	0.136 719	0.122 138	0.106 581	0.091 090	0.076 421	0.063 055
7	0.082 363	0.104 445	0.123 449	0.137 677	0.146 234	0.149 003	0.146 484	0.139 587	0.129 419	0.117 116	0.103 714	0.090 079
8	0.046 329	0.065 278	0.084 872	0.103 258	0.118 815	0.130 377	0.137 328	0.139 587	0.137 508	0.131 756	0.123 160	0.112 599
9	0.023 165	0.036 266	0.051 866	0.068 838	0.085 811	0.101 405	0.114 441	0.124 077	0.129 869	0.131 756	0.130 003	0.125 110
10	0.010 424	0.018 133	0.028 526	0.041 303	0.055 777	0.070 983	0.085 830	0.099 262	0.110 303	0.118 580	0.122 502	0.125 110
11	0.004 264	0.008 242	0.014 263	0.022 529	0.032 959	0.045 171	0.058 521	0.072 190	0.085 300	0.097 020	0.106 662	0.113 736
12	0.001 599	0.003 434	0.006 537	0.011 261	0.017 853	0.026 350	0.036 575	0.048 127	0.060 421	0.072 765	0.084 440	0.094 780
13	0.000 554	0.001 321	0.002 766	0.005 199	0.008 927	0.014 188	0.021 101	0.029 616	0.039 506	0.050 376	0.061 706	0.072 908
14	0.000 178	0.000 472	0.001 086	0.002 228	0.004 144	0.007 094	0.011 305	0.016 924	0.023 986	0.032 384	0.041 872	0.052 077
15	0.000 053	0.000 157	0.000 399	0.000 891	0.001 796	0.003 311	0.005 652	0.009 026	0.013 592	0.019 431	0.026 519	0.034 718
16	0.000 015	0.000 049	0.000 137	0.000 334	0.000 730	0.001 448	0.002 649	0.004 513	0.007 220	0.010 930	0.015 746	0.021 699
17	0.000 004	0.000 014	0.000 044	0.000 118	0.000 279	0.000 596	0.001 169	0.002 124	0.003 611	0.005 786	0.008 799	0.012 764
18	0.000 001	0.000 004	0.000 014	0.000 039	0.000 100	0.000 232	0.000 487	0.000 944	0.001 705	0.002 893	0.004 644	0.007 091
19		0.000 001	0.000 004	0.000 012	0.000 035	0.000 085	0.000 192	0.000 397	0.000 762	0.001 370	0.002 322	0.003 732
20			0.000 001	0.000 004	0.000 011	0.000 030	0.000 072	0.000 150	0.000 324	0.000 617	0.001 103	0.001 866
21				0.000 001	0.000 004	0.000 010	0.000 026	0.000 061	0.000 132	0.000 264	0.000 433	0.000 889
22					0.000 001	0.000 003	0.000 009	0.000 022	0.000 050	0.000 108	0.000 216	0.000 404
23						0.000 001	0.000 003	0.000 008	0.000 019	0.000 042	0.000 089	0.000 176
24							0.000 001	0.000 003	0.000 007	0.000 016	0.000 025	0.000 073
25								0.000 001	0.000 002	0.000 006	0.000 014	0.000 029
26									0.000 001	0.000 002	0.000 004	0.000 011
27										0.000 001	0.000 002	0.000 004
28											0.000 001	0.000 001
29												0.000 001

k \\ λ	20
5	0.0001
6	0.0002
7	0.0005
8	0.0013
9	0.0029
10	0.0058
11	0.0106
12	0.0176
13	0.0271
14	0.0382
15	0.0517
16	0.0646
17	0.0760
18	0.0814
19	0.0888
20	0.0888
21	0.0846
22	0.0767
23	0.0669
24	0.0557
25	0.0446
26	0.0343
27	0.0254
28	0.0182
29	0.0125
30	0.0083
31	0.0054
32	0.0034
33	0.0020
34	0.0012
35	0.0007
36	0.0004
37	0.0002
38	0.0001
39	0.0001

k \\ λ	30
12	0.0001
13	0.0002
14	0.0005
15	0.0010
16	0.0019
17	0.0034
18	0.0057
19	0.0089
20	0.0134
21	0.0192
22	0.0261
23	0.0341
24	0.0426
25	0.0571
26	0.0590
27	0.0655
28	0.0702
29	0.0726
30	0.0726
31	0.0703
32	0.0659
33	0.0599
34	0.0529
35	0.0453
36	0.0378
37	0.0306
38	0.0242
39	0.0186
40	0.0139
41	0.0102
42	0.0073
43	0.0051
44	0.0035
45	0.0023
46	0.0015
47	0.0010
48	0.0006

附表 2　标准正态分布函数表

$$\Phi(u) = \frac{1}{\sqrt{2\pi}} \int_{-\infty}^{u} e^{-\frac{x^2}{2}}\, dx \quad (u \geqslant 0)$$

u	0.00	0.01	0.02	0.03	0.04	0.05	0.06	0.07	0.08	0.09
0.0	0.500 00	0.5040	0.5080	0.5120	0.5160	0.5199	0.5239	0.5279	0.5319	0.5359
0.1	0.5398	0.5438	0.5478	0.5517	0.5557	0.5596	0.5636	0.5675	0.5714	0.5753
0.2	0.5793	0.5832	0.5871	0.5910	0.5948	0.5987	0.6026	0.6064	0.6103	0.6141
0.3	0.6179	0.6217	0.6255	0.6293	0.6331	0.6368	0.6404	0.6443	0.6480	0.6517
0.4	0.6554	0.6591	0.6628	0.6664	0.6700	0.6736	0.6772	0.6808	0.6844	0.6879
0.5	0.6915	0.6950	0.6985	0.7019	0.7054	0.7088	0.7123	0.7157	0.7190	0.7224
0.6	0.7257	0.7291	0.7324	0.7357	0.7389	0.7422	0.7454	0.7486	0.7517	0.7549
0.7	0.7580	0.7611	0.7642	0.7673	0.7703	0.7734	0.7764	0.7794	0.7823	0.7852
0.8	0.7881	0.7910	0.7939	0.7967	0.7995	0.8023	0.8051	0.8078	0.8106	0.8133
0.9	0.8159	0.8186	0.8212	0.8238	0.8264	0.8289	0.8315	0.8340	0.8365	0.8389
1.0	0.8413	0.8438	0.8461	0.8485	0.8508	0.8531	0.8554	0.8577	0.8599	0.8621
1.1	0.8643	0.8665	0.8686	0.8708	0.8727	0.8749	0.8770	0.8790	0.8810	0.8830
1.2	0.8849	0.8869	0.8888	0.8907	0.8925	0.8944	0.8962	0.8980	0.8997	0.901 47
1.3	0.903 20	0.904 90	0.906 58	0.908 24	0.909 88	0.911 49	0.913 09	0.914 66	0.916 21	0.917 74
1.4	0.919 24	0.920 73	0.922 20	0.923 64	0.925 07	0.926 47	0.927 85	0.929 22	0.930 56	0.931 89
1.5	0.933 19	0.934 48	0.935 74	0.936 99	0.938 22	0.939 43	0.940 62	0.941 79	0.942 95	0.944 08
1.6	0.945 20	0.946 30	0.947 38	0.948 45	0.949 50	0.950 53	0.951 54	0.952 54	0.953 52	0.954 49
1.7	0.955 43	0.956 37	0.957 28	0.958 18	0.959 07	0.959 94	0.960 80	0.961 64	0.962 46	0.963 27
1.8	0.964 07	0.964 85	0.965 62	0.966 38	0.967 21	0.967 84	0.968 56	0.969 26	0.969 95	0.970 62
1.9	0.971 28	0.971 93	0.972 57	0.973 20	0.973 81	0.974 41	0.975 00	0.975 58	0.976 15	0.976 70
2.0	0.977 25	0.977 78	0.978 31	0.978 82	0.979 32	0.979 82	0.980 30	0.980 77	0.981 24	0.981 69
2.1	0.982 14	0.982 57	0.983 00	0.983 41	0.983 82	0.984 22	0.984 61	0.985 00	0.985 37	0.985 74
2.2	0.986 10	0.986 45	0.986 79	0.987 13	0.987 45	0.987 78	0.988 09	0.988 40	0.988 70	0.988 99
2.3	0.989 28	0.989 56	0.989 83	$0.9^{2}0097$	$0.9^{2}0358$	$0.9^{2}0613$	$0.9^{2}0863$	$0.9^{2}1106$	$0.9^{2}1344$	$0.9^{2}1576$
2.4	$0.9^{2}1802$	$0.9^{2}2024$	$0.9^{2}2240$	$0.9^{2}2451$	$0.9^{2}2656$	$0.9^{2}2857$	$0.9^{2}3053$	$0.9^{2}3244$	$0.9^{2}3431$	$0.9^{2}3613$

续表

u	0.00	0.01	0.02	0.03	0.04	0.05	0.06	0.07	0.08	0.09
2.5	$0.9^2 3790$	$0.9^2 3963$	$0.9^2 4132$	$0.9^2 4279$	$0.9^2 4457$	$0.9^2 4614$	$0.9^2 4766$	$0.9^2 4915$	$0.9^2 5060$	$0.9^2 5201$
2.6	$0.9^2 5339$	$0.9^2 5473$	$0.9^2 5604$	$0.9^2 5731$	$0.9^2 5855$	$0.9^2 5975$	$0.9^2 6093$	$0.9^2 6207$	$0.9^2 6319$	$0.9^2 6427$
2.7	$0.9^2 6533$	$0.9^2 6636$	$0.9^2 6736$	$0.9^2 6833$	$0.9^2 6928$	$0.9^2 7020$	$0.9^2 7110$	$0.9^2 7197$	$0.9^2 7282$	$0.9^2 7365$
2.8	$0.9^2 7445$	$0.9^2 7523$	$0.9^2 7599$	$0.9^2 7673$	$0.9^2 7744$	$0.9^2 7814$	$0.9^2 7882$	$0.9^2 7943$	$0.9^2 8012$	$0.9^2 8074$
2.9	$0.9^2 8134$	$0.9^2 8193$	$0.9^2 8250$	$0.9^2 8305$	$0.9^2 8359$	$0.9^2 8411$	$0.9^2 8462$	$0.9^2 8511$	$0.9^2 8559$	$0.9^2 8605$
3.0	$0.9^2 8650$	$0.9^2 8694$	$0.9^2 8736$	$0.9^2 8777$	$0.9^2 8817$	$0.9^2 8856$	$0.9^2 8893$	$0.9^2 8930$	$0.9^2 8965$	$0.9^2 8999$
3.1	$0.9^3 0324$	$0.9^3 0646$	$0.9^3 0957$	$0.9^3 1260$	$0.9^3 1553$	$0.9^3 1836$	$0.9^3 2112$	$0.9^3 2378$	$0.9^3 2636$	$0.9^3 2886$
3.2	$0.9^3 3129$	$0.9^3 3363$	$0.9^3 3590$	$0.9^3 3810$	$0.9^3 4024$	$0.9^3 4230$	$0.9^3 4429$	$0.9^3 4623$	$0.9^3 4810$	$0.9^3 4991$
3.3	$0.9^3 5166$	$0.9^3 5335$	$0.9^3 5499$	$0.9^3 5658$	$0.9^3 5811$	$0.9^3 5959$	$0.9^3 6103$	$0.9^3 6242$	$0.9^3 6376$	$0.9^3 6505$
3.4	$0.9^3 6633$	$0.9^3 6752$	$0.9^3 6869$	$0.9^3 6982$	$0.9^3 7091$	$0.9^3 7197$	$0.9^3 7299$	$0.9^3 7398$	$0.9^3 7493$	$0.9^3 7585$
3.5	$0.9^3 7674$	$0.9^3 7759$	$0.9^3 7842$	$0.9^3 7922$	$0.9^3 7999$	$0.9^3 8074$	$0.9^3 8146$	$0.9^3 8215$	$0.9^3 8282$	$0.9^3 8347$
3.6	$0.9^3 8409$	$0.9^3 8469$	$0.9^3 8527$	$0.9^3 8583$	$0.9^3 8637$	$0.9^3 8689$	$0.9^3 8739$	$0.9^3 8787$	$0.9^3 8834$	$0.9^3 8879$
3.7	$0.9^3 8922$	$0.9^3 8964$	$0.9^4 0039$	$0.9^4 0426$	$0.9^4 0799$	$0.9^4 1158$	$0.9^4 1504$	$0.9^4 1838$	$0.9^4 2159$	$0.9^4 2468$
3.8	$0.9^4 2765$	$0.9^4 3052$	$0.9^4 3327$	$0.9^4 3593$	$0.9^4 3848$	$0.9^4 4094$	$0.9^4 4331$	$0.9^4 4558$	$0.9^4 4777$	$0.9^4 4988$
3.9	$0.9^4 5190$	$0.9^4 5385$	$0.9^4 5573$	$0.9^4 5753$	$0.9^4 5926$	$0.9^4 6092$	$0.9^4 6253$	$0.9^4 6406$	$0.9^4 6554$	$0.9^4 6696$
4.0	$0.9^4 6833$	$0.9^4 6964$	$0.9^4 7090$	$0.9^4 7211$	$0.9^4 7327$	$0.9^4 7439$	$0.9^4 7546$	$0.9^4 7649$	$0.9^4 7748$	$0.9^4 7843$
4.1	$0.9^4 7934$	$0.9^4 8022$	$0.9^4 8106$	$0.9^4 8186$	$0.9^4 8263$	$0.9^4 8338$	$0.9^4 8409$	$0.9^4 8477$	$0.9^4 8542$	$0.9^4 8605$
4.2	$0.9^4 8665$	$0.9^4 8723$	$0.9^4 8778$	$0.9^4 8832$	$0.9^4 8882$	$0.9^4 8931$	$0.9^4 8978$	$0.9^5 0226$	$0.9^5 0655$	$0.9^5 1066$
4.3	$0.9^5 1460$	$0.9^5 1837$	$0.9^5 2199$	$0.9^5 2545$	$0.9^5 2876$	$0.9^5 3193$	$0.9^5 3497$	$0.9^5 3788$	$0.9^5 4006$	$0.9^5 4332$
4.4	$0.9^5 4587$	$0.9^5 4831$	$0.9^5 5065$	$0.9^5 5288$	$0.9^5 5502$	$0.9^5 5706$	$0.9^5 5902$	$0.9^5 6089$	$0.9^5 6268$	$0.9^5 6439$
4.5	$0.9^5 6602$	$0.9^5 6759$	$0.9^5 6908$	$0.9^5 7051$	$0.9^5 7187$	$0.9^5 7313$	$0.9^5 7442$	$0.9^5 7561$	$0.9^5 7675$	$0.9^5 7784$
4.6	$0.9^5 7888$	$0.9^5 7987$	$0.9^5 8081$	$0.9^5 8172$	$0.9^5 8258$	$0.9^5 8340$	$0.9^5 8419$	$0.9^5 8494$	$0.9^5 8566$	$0.9^5 8634$
4.7	$0.9^5 8699$	$0.9^5 8761$	$0.9^5 8821$	$0.9^5 8877$	$0.9^5 8931$	$0.9^5 8983$	$0.9^6 0320$	$0.9^6 0789$	$0.9^6 1235$	$0.9^6 1661$
4.8	$0.9^6 2007$	$0.9^6 2453$	$0.9^6 2822$	$0.9^6 3173$	$0.9^6 3508$	$0.9^6 3827$	$0.9^6 4131$	$0.9^6 4420$	$0.9^6 4656$	$0.9^6 4958$
4.9	$0.9^6 5208$	$0.9^6 5446$	$0.9^6 5673$	$0.9^6 5889$	$0.9^6 6094$	$0.9^6 6289$	$0.9^6 6475$	$0.9^6 6652$	$0.9^6 6821$	$0.9^6 6918$

附表 3　χ² 分布上侧分位数表

$$P\{\chi^2(n) > \chi^2_\alpha\} = \alpha, \quad (n \text{ 为自由度})$$

n \ α	0.995	0.99	0.975	0.95	0.90	0.10	0.05	0.025	0.01	0.005
1	—	—	0.001	0.004	0.016	2.706	3.841	5.024	6.635	7.879
2	0.010	0.020	0.051	0.103	0.211	4.605	5.991	7.378	9.210	10.597
3	0.072	0.115	0.216	0.352	0.584	6.251	7.815	9.348	11.345	12.838
4	0.207	0.297	0.484	0.711	1.064	7.779	9.488	11.143	13.277	14.860
5	0.412	0.554	0.831	1.145	1.610	9.236	11.017	12.833	15.086	16.750
6	0.676	0.872	1.237	1.635	2.204	10.645	12.592	14.449	16.812	18.548
7	0.989	1.239	1.690	2.167	2.833	12.017	14.067	16.013	18.475	20.278
8	1.344	1.646	2.180	2.733	3.490	13.362	15.507	17.535	20.090	21.995
9	1.735	2.088	2.700	3.325	4.168	14.684	16.919	19.023	21.666	23.589
10	2.156	2.558	3.247	3.940	4.856	15.987	18.307	20.483	23.209	25.188
11	2.603	3.053	3.816	4.575	5.578	17.275	19.675	21.920	24.725	26.757
12	3.074	3.571	4.404	5.226	6.304	18.549	21.026	23.337	26.217	28.299
13	3.565	4.107	5.009	5.892	7.042	19.812	22.362	24.736	27.688	29.819
14	4.075	4.660	5.629	6.571	7.790	21.064	23.685	26.119	29.141	31.319
15	4.601	5.229	6.262	7.261	8.547	22.307	24.996	27.488	30.578	32.801
16	5.142	5.812	6.908	7.962	9.3122	23.542	26.296	28.845	32.000	34.267
17	5.697	6.408	7.564	8.672	10.085	24.769	27.587	30.191	33.409	35.718
18	6.265	7.015	8.231	9.390	10.865	25.989	28.869	31.526	34.805	37.156
19	6.844	7.633	8.907	10.117	11.651	27.204	30.144	32.852	36.191	38.582
20	7.434	8.260	9.591	10.851	12.443	28.412	31.410	34.170	37.566	39.997
21	8.034	8.897	10.283	11.591	13.240	29.615	32.671	35.497	38.932	41.401
22	8.643	9.542	10.982	12.338	14.042	30.813	33.924	36.781	40.289	42.796

续表

n \ α	0.995	0.99	0.975	0.95	0.90	0.10	0.05	0.025	0.01	0.005
23	9.260	10.196	11.689	13.091	14.848	32.007	35.172	38.076	41.638	44.181
24	9.886	10.856	12.401	13.848	15.659	33.196	36.415	39.364	42.980	45.559
25	10.520	11.524	13.120	14.611	16.473	34.382	37.652	40.646	44.314	46.928
26	11.160	12.198	13.844	15.379	17.292	35.563	38.885	41.923	45.642	48.290
27	11.808	12.879	14.573	16.151	18.114	36.741	40.113	43.194	46.963	49.645
28	12.461	13.565	15.308	16.928	18.939	37.916	41.337	44.461	48.278	50.993
29	13.121	14.257	16.047	17.708	19.768	39.087	42.557	45.722	49.588	52.336
30	13.787	14.954	16.791	18.493	20.599	40.256	43.773	46.979	50.892	53.672
31	14.458	15.655	17.539	19.281	21.434	41.422	44.985	48.232	52.191	55.003
32	15.134	16.362	18.291	20.072	22.271	42.585	46.194	49.480	53.486	56.328
33	15.815	17.047	19.047	20.867	23.110	43.745	47.400	50.725	54.776	57.648
34	16.506	17.789	19.806	21.664	23.952	44.903	48.602	51.966	56.061	58.964
35	17.192	18.509	20.569	22.465	24.797	46.059	49.802	53.203	57.342	60.275
36	17.887	19.233	21.336	23.269	25.643	47.212	50.998	54.437	58.619	61.581
37	18.586	19.960	22.106	24.075	26.492	48.363	52.192	55.668	59.892	62.883
38	19.289	20.691	22.878	24.884	27.343	49.513	53.384	56.896	61.162	64.181
39	19.996	21.426	23.654	25.695	28.196	50.660	54.572	58.120	62.428	65.476
40	20.707	22.164	24.433	26.509	29.015	51.805	55.758	59.342	63.691	66.766
41	21.421	22.906	25.212	27.326	29.907	52.949	56.942	60.561	64.950	68.053
42	22.138	23.650	25.999	28.144	30.765	54.090	58.124	61.777	66.206	69.336
43	22.859	24.398	26.785	28.965	31.625	55.230	59.304	62.990	67.459	70.616
44	23.584	25.148	27.575	29.787	32.487	56.369	60.481	64.201	68.710	71.893
45	24.311	25.901	28.366	30.612	33.350	57.505	61.656	65.410	69.957	73.166

$$P\{|t|>t_\alpha\}=\alpha$$

n \ α	0.9	0.8	0.7	0.6	0.5	0.4	0.3	0.2	0.1	0.05	0.02	0.01	0.001
1	0.159	0.325	0.510	0.727	1.000	1.376	1.963	3.807	6.314	12.706	31.821	63.65	636.62
2	0.142	0.289	0.445	0.617	0.816	1.061	1.386	1.886	2.920	4.303	6.965	9.925	31.598
3	0.137	0.277	0.424	0.584	0.765	0.978	1.250	1.638	2.353	3.182	4.540	5.841	12.924
4	0.134	0.271	0.414	0.569	0.741	0.941	1.190	1.533	2.132	2.776	3.747	4.604	8.610
5	0.132	0.267	0.408	0.559	0.727	0.920	1.156	1.476	2.015	2.571	3.365	4.032	6.895
6	0.131	0.265	0.404	0.553	0.718	0.906	1.134	1.440	1.943	2.447	3.143	3.707	5.959
7	0.130	0.263	0.402	0.549	0.711	0.896	1.119	1.415	1.895	2.365	2.998	3.499	5.405
8	0.130	0.262	0.399	0.546	0.706	0.889	1.108	1.397	1.860	2.306	2.896	3.355	5.041
9	0.129	0.261	0.398	0.543	0.703	0.883	1.100	1.383	1.833	2.262	2.821	3.250	4.781
10	0.129	0.260	0.397	0.542	0.700	0.879	1.093	1.372	1.812	2.228	2.764	3.169	4.587
11	0.129	0.260	0.396	0.540	0.697	0.876	1.088	1.363	1.796	2.201	2.718	3.106	4.437
12	0.128	0.259	0.395	0.539	0.695	0.873	1.083	1.356	1.782	2.179	2.681	3.055	4.318
13	0.128	0.259	0.394	0.538	0.694	0.870	1.079	1.350	1.771	2.160	2.650	3.012	4.221
14	0.128	0.258	0.393	0.537	0.692	0.868	1.076	1.345	1.761	2.145	2.624	2.977	4.140
15	0.128	0.258	0.392	0.536	0.691	0.866	1.074	1.341	1.753	2.131	2.602	2.947	4.073
16	0.128	0.258	0.392	0.535	0.690	0.865	1.071	1.337	1.746	2.120	2.583	2.921	4.015
17	0.128	0.257	0.392	0.534	0.689	0.863	1.069	1.333	1.740	2.110	2.567	2.898	3.965
18	0.127	0.257	0.391	0.534	0.688	0.862	1.067	1.330	1.734	2.101	2.552	2.878	3.922
19	0.127	0.257	0.391	0.533	0.688	0.861	1.066	1.328	1.729	2.093	2.539	2.861	3.883
20	0.127	0.257	0.391	0.533	0.687	0.860	1.064	1.325	1.725	2.086	2.528	2.845	3.850
21	0.127	0.257	0.391	0.532	0.686	0.859	1.063	1.323	1.721	2.080	2.518	2.831	3.819
22	0.127	0.256	0.390	0.532	0.686	0.858	1.061	1.321	1.717	2.074	2.508	2.819	3.792

续表

n \ α	0.9	0.8	0.7	0.6	0.5	0.4	0.3	0.2	0.1	0.05	0.02	0.01	0.001
23	0.127	0.256	0.390	0.532	0.685	0.858	1.060	1.319	1.714	2.069	2.500	2.807	3.767
24	0.127	0.256	0.390	0.531	0.685	0.857	1.059	1.318	1.711	2.064	2.492	2.797	3.745
25	0.127	0.256	0.390	0.531	0.684	0.856	1.058	1.316	1.708	2.060	2.485	2.787	3.725
26	0.127	0.256	0.390	0.531	0.684	0.856	1.058	1.315	1.706	2.056	2.479	2.779	3.707
27	0.127	0.256	0.389	0.531	0.684	0.855	1.057	1.314	1.703	2.052	2.473	2.771	3.690
28	0.127	0.256	0.389	0.530	0.683	0.855	1.056	1.313	1.701	2.048	2.467	2.763	3.674
29	0.127	0.256	0.389	0.530	0.683	0.854	1.055	1.311	1.699	2.045	2.462	2.756	3.659
30	0.127	0.256	0.389	0.530	0.683	0.854	1.055	1.310	1.697	2.042	2.457	2.750	3.646
40	0.126	0.255	0.388	0.529	0.681	0.851	1.050	1.303	1.684	2.021	2.432	2.704	3.551
60	0.126	0.254	0.387	0.527	0.679	0.848	1.046	1.296	1.671	2.000	2.390	2.660	3.460
120	0.126	0.254	0.386	0.526	0.677	0.845	1.041	1.289	1.658	1.980	2.358	2.617	3.373
∞	0.126	0.253	0.385	0.526	0.674	0.842	1.036	1.282	1.645	1.960	2.326	2.576	3.291

$$P\{F(n_1,n_2)>F_\alpha(n_1,n_2)\}=\alpha$$

$$\alpha=0.05$$

n_2 \ n_1	1	2	3	4	5	6	7	8	9	10	12	15	20	24	30	40	60	120	∞
1	161.4	199.5	215.7	224.6	230.2	234.0	236.8	238.9	240.5	241.9	243.9	245.9	248.0	249.1	250.1	251.1	252.2	253.3	254.3
2	18.51	19.00	19.16	19.25	19.30	19.33	19.35	19.37	19.38	19.40	19.41	19.43	19.45	19.45	19.46	19.47	19.48	19.49	19.50
3	10.13	9.55	9.28	9.12	9.01	8.94	8.89	8.85	8.81	8.79	8.74	8.70	8.66	8.64	8.62	8.59	8.57	8.55	8.53
4	7.71	6.94	6.59	6.39	6.26	6.16	6.09	6.04	6.00	5.96	5.91	5.86	5.80	5.77	5.75	5.72	5.69	5.66	5.63
5	6.61	5.79	5.41	5.19	5.05	4.95	4.88	4.82	4.77	4.74	4.68	4.62	4.56	4.53	4.50	4.46	4.43	4.40	4.36
6	5.99	5.14	4.76	4.53	4.39	4.28	4.21	4.15	4.10	4.06	4.00	3.94	3.87	3.84	3.81	3.77	3.74	3.70	3.67
7	5.59	4.74	4.35	4.12	3.97	3.87	3.79	3.73	3.68	3.64	3.57	3.51	3.44	3.41	3.38	3.34	3.30	3.27	3.23
8	5.32	4.46	4.07	3.84	3.69	3.58	3.50	3.44	3.39	3.35	3.28	3.22	3.15	3.12	3.08	3.04	3.01	2.97	2.93
9	5.12	4.26	3.86	3.63	3.48	3.37	3.29	3.23	3.18	3.14	3.07	3.01	2.94	2.90	2.86	2.83	2.79	2.75	2.71
10	4.96	4.10	3.71	3.48	3.33	3.22	3.14	3.07	3.02	2.98	2.91	2.85	2.77	2.74	2.70	2.66	2.62	2.58	2.54
11	4.84	3.98	3.59	3.36	3.20	3.09	3.01	2.95	2.90	2.85	2.79	2.72	2.65	2.61	2.57	2.53	2.49	2.45	2.40
12	4.75	3.89	3.49	3.26	3.11	3.00	2.91	2.85	2.80	2.75	2.69	2.62	2.54	2.51	2.47	2.43	2.38	2.34	2.30
13	4.67	3.81	3.41	3.18	3.03	2.92	2.83	2.77	2.71	2.67	2.60	2.53	2.46	2.42	2.38	2.34	2.30	2.25	2.21
14	4.60	3.74	3.34	3.11	2.96	2.85	2.76	2.70	2.65	2.60	2.53	2.46	2.39	2.35	2.31	2.27	2.22	2.18	2.13
15	4.54	3.68	3.29	3.06	2.90	2.79	2.71	2.64	2.59	2.54	2.48	2.40	2.33	2.29	2.25	2.20	2.16	2.11	2.07
16	4.49	3.63	3.24	3.01	2.85	2.74	2.66	2.59	2.54	2.49	2.42	2.35	2.28	2.24	2.19	2.15	2.11	2.06	2.01
17	4.45	3.59	3.20	2.96	2.81	2.70	2.61	2.55	2.49	2.45	2.38	2.31	2.23	2.19	2.15	2.10	2.06	2.01	1.96
18	4.41	3.55	3.16	2.93	2.77	2.66	2.58	2.51	2.46	2.41	2.34	2.27	2.19	2.15	2.11	2.06	2.02	1.97	1.92
19	4.38	3.52	3.13	2.90	2.74	2.63	2.54	2.48	2.42	2.38	2.31	2.23	2.16	2.11	2.07	2.03	1.98	1.93	1.88
20	4.35	3.49	3.10	2.87	2.71	2.60	2.51	2.45	2.39	2.35	2.28	2.20	2.12	2.08	2.04	1.99	1.95	1.90	1.84
21	4.32	3.47	3.07	2.84	2.68	2.57	2.49	2.42	2.37	2.32	2.25	2.18	2.10	2.05	2.01	1.96	1.92	1.87	1.81

续表

n_2 \ n_1	1	2	3	4	5	6	7	8	9	10	12	15	20	24	30	40	60	120	∞
22	4.30	3.44	3.05	2.82	2.66	2.55	2.46	2.40	2.34	2.30	2.23	2.15	2.07	2.03	1.98	1.94	1.89	1.84	1.78
23	4.28	3.42	3.03	2.80	2.64	2.53	2.44	2.37	2.32	2.27	2.20	2.13	2.05	2.01	1.96	1.91	1.86	1.81	1.76
24	4.26	3.40	3.01	2.78	2.62	2.51	2.42	2.36	2.30	2.25	2.18	2.11	2.03	1.98	1.94	1.89	1.84	1.79	1.73
25	4.24	3.39	2.99	2.76	2.60	2.49	2.40	2.34	2.28	2.24	2.16	2.09	2.01	1.96	1.92	1.87	1.82	1.77	1.71
26	4.23	3.37	2.98	2.74	2.59	2.47	2.39	2.32	2.27	2.22	2.15	2.07	1.99	1.95	1.90	1.85	1.80	1.75	1.69
27	4.21	3.35	2.96	2.73	2.57	2.46	2.37	2.31	2.25	2.20	2.13	2.06	1.97	1.93	1.88	1.84	1.79	1.73	1.67
28	4.20	3.34	2.95	2.71	2.56	2.45	2.36	2.29	2.24	2.19	2.12	2.04	1.96	1.91	1.87	1.82	1.77	1.71	1.65
29	4.18	3.33	2.93	2.70	2.55	2.43	2.35	2.28	2.22	2.18	2.10	2.03	1.94	1.90	1.85	1.81	1.75	1.70	1.64
30	4.17	3.32	2.92	2.69	2.53	2.42	2.33	2.27	2.21	2.16	2.09	2.01	1.93	1.89	1.84	1.79	1.74	1.68	1.62
40	4.08	3.23	2.84	2.61	2.45	2.34	2.25	2.18	2.12	2.08	2.00	1.92	1.84	1.79	1.74	1.69	1.64	1.58	1.51
60	4.00	3.15	2.76	2.53	2.37	2.25	2.17	2.10	2.04	1.99	1.92	1.84	1.75	1.70	1.65	1.59	1.53	1.47	1.39
120	3.92	3.07	2.68	2.45	2.29	2.17	2.09	2.02	1.96	1.91	1.83	1.75	1.66	1.61	1.55	1.50	1.43	1.35	1.25
∞	3.84	3.00	2.60	2.37	2.21	2.10	2.01	1.94	1.88	1.83	1.75	1.67	1.57	1.52	1.46	1.39	1.32	1.22	1.00

$\alpha = 0.025$

n_2 \ n_1	1	2	3	4	5	6	7	8	9	10	12	15	20	24	30	40	60	120	∞
1	647.8	799.5	864.2	899.6	921.8	937.1	948.2	956.7	963.3	968.6	976.7	984.9	993.1	997.2	1001	1006	1010	1014	1018
2	38.51	39.00	39.17	39.25	39.30	39.33	39.36	39.37	39.39	39.40	39.41	39.43	39.45	39.46	39.46	39.47	39.48	39.49	39.50
3	17.44	16.04	15.44	15.10	14.88	14.73	14.62	14.54	14.47	14.42	14.34	14.25	14.17	14.12	14.08	14.04	13.99	13.95	13.90
4	12.22	10.65	9.98	9.60	9.36	9.20	9.07	8.98	8.90	8.84	8.75	8.66	8.56	8.51	8.46	8.41	8.36	8.31	8.26
5	10.01	8.43	7.76	7.39	7.15	6.98	6.85	6.76	6.68	6.62	6.52	6.43	6.33	6.28	6.23	6.18	6.12	6.07	6.02
6	8.81	7.26	6.60	6.23	5.99	5.82	5.70	5.60	5.52	5.46	5.37	5.27	5.17	5.12	5.07	5.01	4.96	4.90	4.85
7	8.07	6.54	5.89	5.52	5.29	5.12	4.99	4.90	4.82	4.76	4.67	4.57	4.47	4.42	4.36	4.31	4.25	4.20	4.14
8	7.57	6.06	5.42	5.05	4.82	4.65	4.53	4.43	4.36	4.30	4.20	4.10	4.00	3.95	3.89	3.84	3.78	3.73	3.67
9	7.21	5.71	5.08	4.72	4.48	4.32	4.20	4.10	4.03	3.96	3.87	3.77	3.67	3.61	3.56	3.51	3.45	3.39	3.33
10	6.94	5.46	4.83	4.47	4.24	4.07	3.95	3.85	3.78	3.72	3.62	3.52	3.42	3.37	3.31	3.26	3.20	3.14	3.08
11	6.72	5.26	4.63	4.28	4.04	3.88	3.76	3.66	3.59	3.53	3.43	3.33	3.23	3.17	3.12	3.06	3.00	2.94	2.88
12	6.55	5.10	4.47	4.12	3.89	3.73	3.61	3.51	3.44	3.37	3.28	3.18	3.07	3.02	2.96	2.91	2.85	2.79	2.72
13	6.41	4.97	4.35	4.00	3.77	3.60	3.48	3.39	3.31	3.25	3.15	3.05	2.95	2.89	2.84	2.78	2.72	2.66	2.60

续表

n_2 \ n_1	1	2	3	4	5	6	7	8	9	10	12	15	20	24	30	40	60	120	∞
14	6.30	4.86	4.24	3.89	3.66	3.50	3.38	3.29	3.21	3.15	3.05	2.95	2.84	2.79	2.73	2.67	2.61	2.55	2.49
15	6.20	4.77	4.15	3.80	3.58	3.41	3.29	3.20	3.12	3.06	2.96	2.86	2.76	2.70	2.64	2.59	2.52	2.46	2.40
16	6.12	4.69	4.08	3.73	3.50	3.34	3.22	3.12	3.05	2.99	2.89	2.79	2.68	2.63	2.57	2.51	2.45	2.38	2.32
17	6.04	4.62	4.01	3.66	3.44	3.28	3.16	3.06	2.98	2.92	2.82	2.72	2.62	2.56	2.50	2.44	2.38	2.32	2.25
18	5.98	4.56	3.95	3.61	3.38	3.22	3.10	3.01	2.93	2.87	2.77	2.67	2.56	2.50	2.44	2.38	2.32	2.26	2.19
19	5.92	4.51	3.90	3.56	3.33	3.17	3.05	2.96	2.88	2.82	2.72	2.62	2.51	2.45	2.39	2.33	2.27	2.20	2.13
20	5.87	4.46	3.86	3.51	3.29	3.13	3.01	2.91	2.84	2.77	2.68	2.57	2.46	2.41	2.35	2.29	2.22	2.16	2.09
21	5.83	4.42	3.82	3.48	3.25	3.09	2.97	2.87	2.80	2.73	2.64	2.53	2.42	2.37	2.31	2.25	2.18	2.11	2.04
22	5.79	4.38	3.78	3.44	3.22	3.05	2.93	2.84	2.76	2.70	2.60	2.50	2.39	2.33	2.27	2.21	2.14	2.08	2.00
23	5.75	4.35	3.75	3.41	3.18	3.02	2.90	2.81	2.73	2.67	2.57	2.47	2.36	2.30	2.24	2.18	2.11	2.04	1.97
24	5.72	4.32	3.72	3.38	3.15	2.99	2.87	2.78	2.70	2.64	2.54	2.44	2.33	2.27	2.21	2.15	2.08	2.01	1.94
25	5.69	4.29	3.69	3.35	3.13	2.97	2.85	2.75	2.68	2.61	2.51	2.41	2.30	2.24	2.18	2.12	2.05	1.98	1.91
26	5.66	4.27	3.67	3.33	3.10	2.94	2.82	2.73	2.65	2.59	2.49	2.39	2.28	2.22	2.16	2.09	2.03	1.95	1.88
27	5.63	4.24	3.65	3.31	3.08	2.92	2.80	2.71	2.63	2.57	2.47	2.36	2.25	2.19	2.13	2.07	2.00	1.93	1.85
28	5.61	4.22	3.63	3.29	3.06	2.90	2.78	2.69	2.61	2.55	2.45	2.34	2.23	2.17	2.11	2.05	1.98	1.91	1.83
29	5.59	4.20	3.61	3.27	3.04	2.88	2.76	2.67	2.59	2.53	2.43	2.32	2.21	2.15	2.09	2.03	1.96	1.89	1.81
30	5.57	4.18	3.59	3.25	3.03	2.87	2.75	2.65	2.57	2.51	2.41	2.31	2.20	2.14	2.07	2.01	1.94	1.87	1.79
40	5.42	4.05	3.46	3.13	2.90	2.74	2.62	2.53	2.45	2.39	2.29	2.18	2.07	2.01	1.94	1.88	1.80	1.72	1.64
60	5.29	3.93	3.34	3.01	2.79	2.63	2.51	2.41	2.33	2.27	2.17	2.06	1.94	1.88	1.82	1.74	1.67	1.58	1.48
120	5.15	3.80	3.23	2.89	2.67	2.52	2.39	2.30	2.22	2.16	2.05	1.94	1.82	1.76	1.69	1.61	1.53	1.43	1.31
∞	5.02	3.69	3.12	2.79	2.57	2.41	2.29	2.19	2.11	2.05	1.94	1.83	1.71	1.64	1.57	1.48	1.39	1.27	1.00

$\alpha = 0.01$

n_2 \ n_1	1	2	3	4	5	6	7	8	9	10	12	15	20	24	30	40	60	120	∞
1	4052	4999.5	5403	5625	5764	5859	5928	5982	6022	6056	6106	6157	6209	6235	6261	6287	6313	6339	6366
2	98.50	99.00	99.17	99.25	99.30	99.33	99.36	99.37	99.39	99.40	99.42	99.43	99.45	99.46	99.47	99.47	99.48	99.49	99.50
3	34.12	30.82	29.46	28.71	28.24	27.91	27.67	27.49	27.35	27.23	27.05	26.87	26.69	26.60	26.50	26.41	26.32	26.22	26.13

续表

n_2 \ n_1	1	2	3	4	5	6	7	8	9	10	12	15	20	24	30	40	60	120	∞
4	21.20	18.00	16.69	15.98	15.52	15.21	14.98	14.80	14.66	14.55	14.37	14.20	14.02	13.93	13.84	13.75	13.65	13.56	13.46
5	16.26	13.27	12.06	11.39	10.97	10.67	10.46	10.29	10.16	10.05	9.89	9.72	9.55	9.47	9.38	9.29	9.20	9.11	9.02
6	13.75	10.92	9.78	9.15	8.75	8.47	8.26	8.10	7.98	7.87	7.72	7.56	7.40	7.31	7.23	7.14	7.06	6.97	6.88
7	12.25	9.55	8.45	7.85	7.46	7.19	6.99	6.84	6.72	6.62	6.47	6.31	6.16	6.07	5.99	5.91	5.82	5.74	5.65
8	11.26	8.65	7.59	7.01	6.63	6.37	6.18	6.03	5.91	5.81	5.67	5.52	5.36	5.28	5.20	5.12	5.03	4.95	4.86
9	10.56	8.02	6.99	6.42	6.06	5.80	5.61	5.47	5.35	5.26	5.11	4.96	4.81	4.73	4.65	4.57	4.48	4.40	4.31
10	10.04	7.56	6.55	5.99	5.64	5.39	5.20	5.06	4.94	4.85	4.71	4.56	4.41	4.33	4.25	4.17	4.08	4.00	3.91
11	9.65	7.21	6.22	5.67	5.32	5.07	4.89	4.74	4.63	4.54	4.40	4.25	4.10	4.02	3.94	3.86	3.78	3.69	3.60
12	9.33	6.93	5.95	5.41	5.06	4.82	4.64	4.50	4.39	4.30	4.16	4.01	3.86	3.78	3.70	3.62	3.54	3.45	3.36
13	9.07	6.70	5.74	5.21	4.86	4.62	4.44	4.30	4.19	4.10	3.96	3.82	3.66	3.59	3.51	3.43	3.34	3.25	3.17
14	8.86	6.51	5.56	5.04	4.69	4.46	4.28	4.14	4.03	3.94	3.80	3.66	3.51	3.43	3.35	3.27	3.18	3.09	3.00
15	8.68	6.36	5.42	4.89	4.56	4.32	4.14	4.00	3.89	3.80	3.67	3.52	3.37	3.29	3.21	3.13	3.05	2.96	2.87
16	8.53	6.23	5.29	4.77	4.44	4.20	4.03	3.89	3.78	3.69	3.55	3.41	3.26	3.18	3.10	3.02	2.93	2.84	2.75
17	8.40	6.11	5.18	4.67	4.34	4.10	3.93	3.79	3.68	3.59	3.46	3.31	3.16	3.08	3.00	2.92	2.83	2.75	2.65
18	8.29	6.01	5.09	4.58	4.25	4.01	3.84	3.71	3.60	3.51	3.37	3.23	3.08	3.00	2.92	2.84	2.75	2.66	2.57
19	8.18	5.93	5.01	4.50	4.17	3.94	3.77	3.63	3.52	3.43	3.30	3.15	3.00	2.92	2.84	2.76	2.67	2.58	2.49
20	8.10	5.85	4.94	4.43	4.10	3.87	3.70	3.56	3.45	3.37	3.23	3.09	2.94	2.86	2.78	2.69	2.61	2.52	2.42
21	8.02	5.78	4.87	4.37	4.04	3.81	3.64	3.51	3.40	3.31	3.17	3.03	2.88	2.80	2.72	2.64	2.55	2.46	2.36
22	7.95	5.72	4.82	4.31	3.99	3.76	3.59	3.45	3.35	3.26	3.12	2.98	2.83	2.75	2.67	2.58	2.50	2.40	2.31
23	7.88	5.66	4.76	4.26	3.94	3.71	3.54	3.41	3.30	3.21	3.07	2.93	2.78	2.70	2.62	2.54	2.45	2.35	2.26
24	7.82	5.61	4.72	4.22	3.90	3.67	3.50	3.36	3.26	3.17	3.03	2.89	2.74	2.66	2.58	2.49	2.40	2.31	2.21
25	7.77	5.57	4.68	4.18	3.85	3.63	3.46	3.32	3.22	3.13	2.99	2.85	2.70	2.62	2.54	2.45	2.36	2.27	2.17
26	7.72	5.53	4.64	4.14	3.82	3.59	3.42	3.29	3.18	3.09	2.96	2.81	2.66	2.58	2.50	2.42	2.33	2.23	2.13
27	7.68	5.49	4.60	4.11	3.78	3.56	3.39	3.26	3.15	3.06	2.93	2.78	2.63	2.55	2.47	2.38	2.29	2.20	2.10
28	7.64	5.45	4.57	4.07	3.75	3.53	3.36	3.23	3.12	3.03	2.90	2.75	2.60	2.52	2.44	2.35	2.26	2.17	2.06
29	7.60	5.42	4.54	4.04	3.73	3.50	3.33	3.20	3.09	3.00	2.87	2.73	2.57	2.49	2.41	2.33	2.23	2.14	2.03
30	7.56	5.39	4.51	4.02	3.70	3.47	3.30	3.17	3.07	2.98	2.84	2.70	2.55	2.47	2.39	2.30	2.21	2.11	2.01
40	7.31	5.18	4.31	3.83	3.51	3.29	3.12	2.99	2.89	2.80	2.66	2.52	2.37	2.29	2.20	2.11	2.02	1.92	1.80

续表

n_2 \ n_1	1	2	3	4	5	6	7	8	9	10	12	15	20	24	30	40	60	120	∞
60	7.08	4.98	4.13	3.65	3.34	3.12	2.95	2.82	2.72	2.63	2.50	2.35	2.20	2.12	2.03	1.94	1.84	1.73	1.60
120	6.85	4.79	3.95	3.48	3.17	2.96	2.79	2.66	2.56	2.47	2.34	2.19	2.03	1.95	1.86	1.76	1.66	1.53	1.38
∞	6.83	4.61	3.78	3.32	3.02	2.86	2.64	2.51	2.41	2.32	2.18	2.04	1.88	1.79	1.70	1.59	1.47	1.32	1.00

$\alpha = 0.005$

n_2 \ n_1	1	2	3	4	5	6	7	8	9	10	12	15	20	24	30	40	60	120	∞
1	16 211	20 000	21 615	22 300	23 056	23 437	23 715	23925	24 091	24 224	24 426	24 630	24 836	24 940	25 044	25 148	25253	25 359	25 465
2	198.5	199.0	199.2	199.2	199.3	199.3	199.4	199.4	199.4	199.4	199.4	199.4	199.4	199.5	199.5	199.5	199.5	199.5	199.5
3	55.55	49.80	47.47	46.19	45.39	44.84	44.43	44.13	43.88	43.69	43.39	43.08	42.78	42.62	42.47	42.31	42.15	41.99	41.83
4	31.33	26.28	24.26	23.15	22.46	21.97	21.62	21.35	21.14	20.97	20.70	20.44	20.17	20.03	19.89	19.75	19.61	19.47	19.32
5	22.78	18.31	16.53	15.56	14.94	14.51	14.20	13.96	13.77	13.62	13.38	13.15	12.90	12.78	12.66	12.53	12.40	12.27	12.14
6	18.63	14.54	12.92	12.03	11.46	11.07	10.79	10.57	10.39	10.25	10.03	9.81	9.59	9.47	9.36	9.24	9.12	9.00	8.88
7	16.24	12.40	10.88	10.05	9.52	9.16	8.89	8.68	8.51	8.38	8.18	7.97	7.75	7.65	7.53	7.42	7.31	7.19	7.08
8	14.69	11.04	9.60	8.81	8.30	7.95	7.69	7.50	7.34	7.21	7.01	6.81	6.61	6.50	6.40	6.29	6.18	6.06	5.95
9	13.61	10.11	8.72	7.96	7.47	7.13	6.88	6.69	6.54	6.42	6.23	6.03	5.83	5.73	5.62	5.52	5.41	5.30	5.19
10	12.83	9.43	8.08	7.34	6.87	6.54	6.30	6.12	5.97	5.85	5.66	5.47	5.27	5.17	5.07	4.97	4.86	4.75	4.64
11	12.23	8.91	7.60	6.88	6.42	6.10	5.86	5.68	5.54	5.42	5.24	5.05	4.86	4.76	4.65	4.55	4.44	4.34	4.23
12	11.75	8.51	7.23	6.52	6.07	5.76	5.52	5.35	5.20	5.09	4.91	4.72	4.53	4.43	4.33	4.23	4.12	4.01	3.90
13	11.37	8.19	6.93	6.23	5.79	5.48	5.25	5.08	4.94	4.82	4.64	4.46	4.27	4.17	4.07	3.97	3.87	3.76	3.65
14	11.06	7.92	6.68	6.00	5.56	5.26	5.03	4.86	4.72	4.60	4.43	4.25	4.06	3.96	3.86	3.76	3.66	3.55	3.44
15	10.80	7.70	6.48	5.80	5.37	5.07	4.85	4.67	4.54	4.42	4.25	4.07	3.88	3.79	3.69	3.58	3.48	3.37	3.26
16	10.58	7.51	6.30	5.64	5.21	4.91	4.69	4.52	4.38	4.27	4.10	3.92	3.73	3.64	3.54	3.44	3.33	3.22	3.11
17	10.38	7.35	6.16	5.50	5.07	4.78	4.56	4.39	4.25	4.14	3.97	3.79	3.61	3.52	3.41	3.31	3.21	3.10	2.98
18	10.22	7.21	6.03	5.37	4.96	4.66	4.44	4.28	4.14	4.03	3.86	3.68	3.50	3.40	3.30	3.20	3.10	2.99	2.87
19	10.07	7.09	5.92	5.27	4.85	4.56	4.34	4.18	4.04	3.93	3.76	3.59	3.40	3.31	3.21	3.11	3.00	2.89	2.78
20	9.94	6.99	5.82	5.17	4.76	4.47	4.26	4.09	3.96	3.85	3.68	3.50	3.32	3.22	3.12	3.02	2.92	2.81	2.69
21	9.83	6.89	5.73	5.09	4.68	4.39	4.18	4.01	3.88	3.77	3.60	3.43	3.24	3.15	3.05	2.95	2.84	2.73	2.61
22	9.73	6.81	5.65	5.02	4.61	4.32	4.11	3.94	3.81	3.70	3.54	3.36	3.18	3.08	2.98	2.88	2.77	2.66	2.55
23	9.63	6.73	5.58	4.95	4.54	4.26	4.05	3.88	3.75	3.64	3.47	3.30	3.12	3.02	2.92	2.82	2.71	2.60	2.48

续表

n_2 \ n_1	1	2	3	4	5	6	7	8	9	10	12	15	20	24	30	40	60	120	∞
24	9.55	6.66	5.52	4.89	4.49	4.20	3.99	3.83	3.69	3.59	3.42	3.25	3.06	2.97	2.87	2.77	2.66	2.55	2.43
25	9.48	6.60	5.46	4.84	4.43	4.15	3.94	3.78	3.64	3.54	3.37	3.20	3.01	2.92	2.82	2.72	2.61	2.50	2.38
26	9.41	6.54	5.41	4.79	4.38	4.10	3.89	3.73	3.60	3.49	3.33	3.15	2.97	2.87	2.77	2.67	2.56	2.45	2.33
27	9.34	6.49	5.36	4.74	4.34	4.06	3.85	3.69	3.56	3.45	3.28	3.11	2.93	2.83	2.73	2.63	2.52	2.41	2.29
28	9.28	6.44	5.32	4.70	4.30	4.02	3.81	3.65	3.52	3.41	3.25	3.07	2.89	2.79	2.69	2.59	2.48	2.37	2.25
29	9.23	6.40	5.28	4.66	4.26	3.98	3.77	3.61	3.48	3.38	3.21	3.04	2.86	2.76	2.66	2.56	2.45	2.33	2.21
30	9.18	6.35	5.24	4.62	4.23	3.95	3.74	3.58	3.45	3.34	3.18	3.01	2.82	2.73	2.63	2.52	2.42	2.30	2.18
40	8.83	6.07	4.98	4.37	3.99	3.71	3.51	3.35	3.22	3.12	2.95	2.78	2.60	2.50	2.40	2.30	2.18	2.06	1.93
60	8.49	5.79	4.73	4.14	3.76	3.49	3.29	3.13	3.02	2.90	2.74	2.57	2.39	2.29	2.19	2.08	1.96	1.83	1.69
120	8.18	5.54	4.50	3.92	3.55	3.28	3.09	2.93	2.81	2.71	2.54	2.37	2.19	2.09	1.98	1.87	1.75	1.61	1.43
∞	7.88	5.30	4.28	3.72	3.35	3.09	2.92	2.74	2.62	2.52	2.36	2.19	2.00	1.90	1.79	1.67	1.53	1.36	1.00